C 语言程序设计基础教程

主　编　雷莉霞　刘媛媛
副主编　甘　岚　范　萍

电子工业出版社·

Publishing House of Electronics Industry

北京·BEIJING

内 容 简 介

本书对 C 语言做了全面、详细、系统的介绍，并选择 Visual C++ 6.0 作为编译平台。全书共 11 章，第 1 章为 C 语言程序设计概述；第 2 章介绍了数据结构与算法；第 3 章介绍了基本数据类型、运算符和表达式；第 4 章至第 6 章介绍了用 C 语言进行结构化程序设计的基本方法，包括结构化程序的顺序结构、选择结构、循环结构及其设计方法；第 7 章介绍了数组；第 8 章介绍了函数的定义和使用方法，以及编译预处理的相关知识；第 9 章介绍了指针的概念，并做了充分阐述；第 10 章介绍了构造型数据类型；第 11 章详细阐述了 C 语言的文件操作。

本书供相关专业本（专）科学生、考研人员学习参考，也可供有关教师和编程技术人员参考。

图书在版编目（CIP）数据

C 语言程序设计基础教程 / 雷莉霞，刘媛媛主编．—北京：电子工业出版社，2019.3
ISBN 978-7-121-36083-1

Ⅰ．①C… Ⅱ．①雷… ②刘… Ⅲ．①C 语言—程序设计—高等学校—教材 Ⅳ．①TP312.8

中国版本图书馆 CIP 数据核字（2019）第 038566 号

策划编辑：祁玉芹
责任编辑：祁玉芹
特约编辑：寇国华
印　　刷：中国电影出版社印刷厂
装　　订：中国电影出版社印刷厂
出版发行：电子工业出版社
　　　　　北京市海淀区万寿路 173 信箱　邮编　100036
开　　本：787×1092　1/16　印张：18.5　字数：450 千字
版　　次：2019 年 3 月第 1 版
印　　次：2022 年 8 月第 3 次印刷
定　　价：46.50 元

前　言

　　C 语言概念简洁、数据类型丰富、表达能力强、运算符多且用法灵活，控制流和数据结构新颖，并且程序结构性和可读性好，有利于培养程序开发人员良好的编程习惯，并易于体现结构化程序设计思想。它具有高级语言程序设计的特点，又具有汇编语言的功能。C 语言既能有效地进行算法描述，又能对硬件直接进行操作；既适合编写应用程序，又适合开发系统软件，是目前世界上应用广泛、最具影响的程序设计语言之一。C 语言本身还具有整体语言紧凑整齐、设计精巧、编辑方便、编译与目标代码运行效率高、操作简便，以及使用灵活等许多鲜明特点。特别是它扩充了图形、彩色、窗口等功能，以及高效的集成开发环境，赢得了广大用户的喜爱，得到了广泛的应用。

　　本书全面介绍了 C 语言的概念、特性和结构化程序设计方法。全书共 11 章，第 1 章为 C 语言程序设计概述；第 2 章介绍了数据结构与算法；第 3 章介绍了基本数据类型、运算符和表达式；第 4 章至第 6 章介绍了用 C 语言进行结构化程序设计的基本方法，包括结构化程序的顺序结构、选择结构、循环结构及其设计方法；第 7 章介绍了数组；第 8 章介绍了函数的定义和使用方法，以及编译预处理的相关知识；第 9 章介绍了指针的概念，并做了充分阐述；第 10 章介绍了构造型数据类型；第 11 章详细阐述了 C 语言的文件操作。

　　本书注重教材的可读性和实用性，每章的内容均是作者根据多年 C 语言及计算机相关专业课程的教学实践组织而成的。学习目标和意义明确，难点和关键知识点阐述详细，并附有大量的图表，以方便读者正确、直观地理解问题。全书精选了大量例题，例题由浅入深，强化了知识点、算法、编程方法和技巧，并给出了详细的解释。全部例题已在 Visual C++ 6.0 平台调试通过，可直接引用；此外，本书还简要介绍了数据结构与算法，使读者能够对程序设计有全面的认识。从大的方向了解程序设计语言的基本概念，从而更易于接受课程的内容，这正好适应了目前我国提倡的对大学生进行计算机思维教学的需要。

　　为配合读者学习本书，作者另编写了一本《C 语言程序设计基础实验教程》作为本书的配套教材，供读者复习和检查学习效果时使用。

本书由华东交通大学雷莉霞、刘媛媛任主编，甘岚、范萍任副主编，其中甘岚编写了第3、5章，刘媛媛编写了第6、9、10章，范萍编写了第2、8、11章，雷莉霞编写了第1、4、7章和附录，并负责全书的统稿工作。

在本书的编写过程中得到了华东交通大学信息工程学院计算机基础部全体老师的热情支持和指导，在此表示衷心感谢。

由于作者水平有限，加之时间仓促，书中错误和不当之处在所难免，敬请读者批评指正。

编者

2018 年 11 月

目 录

第 *1* 章　C 语言程序设计概述

计算机自从 20 世纪 40 年代诞生以来，无论是在硬件方面还是在软件方面都有了极大的发展，在计算机应用的各个领域也都取得了丰硕的成果。

计算机本身是无生命的机器，要使其运行并为人类完成各种各样的工作，就必须让它执行相应的程序，这些程序都是依靠程序设计语言编写的。

在众多的程序设计语言中，C 语言有其独特之处，它作为一种高级程序设计语言，具备方便性、灵活性和通用性等特点；同时，它为程序开发人员提供了直接操作计算机硬件的功能，即具备低级语言的特点，适合各种类型的软件开发，因此 C 语言是深受程序开发人员欢迎的程序设计语言。

本章主要从程序设计的角度，介绍有关程序设计的基本概念，并结合 C 语言的发展描述 C 语言程序的基本结构及其开发环境等内容。

1.1　程序设计语言概述

为了让计算机能够按照人的意图处理事务，人们必须事先设计完成各种任务的程序，并预先将它们存放在存储器中。

计算机主要由两大部分构成，即硬件和软件，主机、显示器等都属于硬件；软件又分为系统软件（即操作系统）、通用软件和应用软件，软件的主体是程序，因此程序设计语言是计算机科学技术中非常重要的一个部分。

程序实际上是用计算机语言描述的某一问题的解决步骤，是符合一定语法规则的符号序列。人们借助计算机能够处理的语言指示计算机要处理的对象及如何处理，这就是程序设计。通过在计算机上运行程序发出一系列指令，即可使计算机按人们的要求解决特定的问题。

1.1.1　程序设计语言的发展与分类

要完成程序设计自然离不开程序设计语言，不同的问题可以用不同的程序设计语言来解决，但解决问题的难易程度各不相同。了解程序设计语言的发展过程有助于读者加深对程序设计语言的认识，能更好地用其来解决有关问题。

当今程序设计语言发展非常迅速，新的程序设计语言层出不穷，其功能也越来越强大。程序设计语言有很多种，常用的不过十多种。按照程序设计语言与计算机硬件的联系程度将其分为 3 类，即机器语言、汇编语言和高级语言，前两类依赖于计算机硬件，有时统称为"低级语言"；高级语言一般与计算机硬件无关。

（1）机器语言。

机器语言是用二进制代码表示的计算机能直接识别和执行的一种机器指令的集合，它是计算机的设计者通过计算机的硬件结构赋予计算机的操作功能。机器语言具有灵活、直接执行和速度快等特点，不同型号的计算机的机器语言互不相通，按照一种计算机的机器指令编制的程序不能在另一种计算机上执行。例如，运行在 IBM PC 上的机器语言程序不能在 51 单片机上运行。

机器指令由操作码和操作数组成，操作码指出要执行的操作，操作数指定完成该操作的数据或它在内存中的地址。

例如，计算 1+2 的机器语言程序如下：

```
10110000 00000001    ；将 1 存入寄存器 AL 中
00000100 00000010    ；将 2 与寄存器 AL 中的值相加，结果放在寄存器 AL 中
11110100             ；停机
```

由此可见用机器语言编写程序，开发人员首先要熟记所用计算机的全部指令代码和代码的含义。编写程序时，开发人员必须处理每条指令和每一数据的存储分配和输入/输出，并且必须记住编程过程中每步所使用的工作单元处在何种状态。这是一件十分烦琐的工作，编写程序花费的时间往往是实际运行时间的几十倍或几百倍。而且编写的程序全是 0 和 1 组成的指令代码，直观性差，难以记忆，还容易出错。

（2）汇编语言。

20 世纪 50 年代中期，为了克服机器语言的缺点，人们采用了有助于记忆的符号（称为"指令助记符"）与符号地址来代替机器指令中的操作码和操作数。指令助记符是一些有意义的英文单词的缩写和符号，如用 ADD（Addition）表示加法，用 SUB（Subtract）表示减法，用 MOV（Move）表示数据的传送等。而操作数可以直接用十进制数书写，地址码可以用寄存器名、存储单元的符号地址等表示，这种表示计算机指令的语言称为"汇编语言"。

例如，上述计算 1+2 的汇编语言程序如下：

```
MOV AL,1    ；将 1 存入寄存器 AL 中
ADD AL,2    ；将 2 与寄存器 AL 中的值相加，结果放在寄存器 AL 中
HLT         ；停机
```

由此可见，汇编语言克服了机器语言的难读难改的缺点；同时保持了占存储空间小和执行速度快的优点，因此许多系统软件的核心部分采用汇编语言编写。但是汇编语言仍是一种面向机器的语言，每条汇编命令都一一对应于机器指令。而不同计算机的指令长度、寻址方式、寄存器数目等都不一样，使得汇编语言的通用性和可读性很差。

（3） 高级语言。

高级语言是更接近自然语言和数学语言的程序设计语言，是面向应用的计算机语言，与具体的机器无关。其优点是符合人类叙述问题的习惯，而且简单易学。高级语言与计算机的硬件结构及指令系统无关，有更强的表达能力，可方便地表示数据的运算和程序的控制结构，并且能更好地描述各种算法，容易学习掌握。但高级语言编译生成的程序代码一般比用汇编程序语言设计的程序代码要长，执行的速度也慢。

高级语言并不是特指的某一种具体的语言，而是包括很多编程语言，如目前流行的 Java、C、C++、C#、Pascal、Python、Lisp、Prolog 和 FoxPro 等，这些语言的语法及命令格式都不相同。

例如，上述计算 1+2 的 BASIC 语言程序如下：

```
A=1+2              ;将 1 加 2 的结果存入变量 A 中
PRINT A            ;输出 A 的值
END                ;程序结束
```

这个程序和我们平时的数学思维相似，非常直观易懂且容易记忆。

1.1.2 程序设计的过程

程序设计是给出解决特定问题程序的过程，是软件构造活动中的重要组成部分。程序设计往往以某种程序设计语言为工具，给出这种语言编写的程序，程序设计过程应当包括分析、设计、编码、测试、排错等不同阶段。专业的程序设计人员常被称为"开发人员"。任何设计活动都是在各种约束条件和相互矛盾的需求之间寻求一种平衡，程序设计也不例外。在计算机技术发展的早期，由于机器资源比较昂贵，程序的时间和空间代价往往是设计关心的主要因素。随着硬件技术的飞速发展和软件规模的日益庞大，程序的结构、可维护性、可复用性和可扩展性等因素日益重要。

（1） 分析问题。

对于接受的任务要认真分析，研究所给定的条件，明确最后应达到的目标。并且找出解决问题的规律，选择解决的方法，解决实际问题。

（2） 设计算法。

设计解题的方法和具体步骤。

（3） 编写程序。

将算法转换成计算机程序设计语言，编辑、编译和连接源程序生成可执行程序。

（4） 运行程序，分析结果。

运行可执行程序得到运行结果，能得到运行结果并不意味着程序正确。要对结果进行分析，看其是否合理。如果不合理，要对程序进行调试，即通过上机发现和排除程序中的问题。

（5） 编写程序文档。

许多程序是提供给他人使用的，如同正式的产品应当提供产品说明书一样，正式提供给用户使用的程序必须提供程序说明书，内容应包括程序名称、程序功能、运行环境、程序的安装和启动、需要输入的数据，以及使用注意事项等。

1.2 程序设计方法

1.2.1 结构化程序设计

1. 结构化程序设计方法的出现

E.W.Dijkstra 在 1965 年提出的结构化程序设计方法是软件发展中的一个重要的里程碑，它的主要观点是采用自顶向下和逐步求精的程序设计方法，并且任何程序都可由顺序、选择、循环 3 种基本控制结构构造。该方法以模块化设计为中心，将待开发的软件系统划分为若干个相互独立的模块。这样使完成每一个模块的工作变得单纯而明确，为设计一些较大的软件打下了良好的基础。

该方法的要点如下。

（1）自顶而下，逐步求精。

该设计思想的出发点是从问题的总体目标开始抽象低层的细节，首先专心构造高层的结构，然后一层一层地分解和细化。这使设计者能把握主题，高屋建瓴。从而避免一开始就陷入复杂的细节中，使复杂的设计过程变得简单明了，过程的结果也容易正确可靠。

（2）使用 3 种基本控制结构构造程序。

任何程序都可由顺序、选择、循环 3 种基本控制结构构造。

- 用顺序方式对过程分解，确定各个部分的执行顺序。
- 用选择方式对过程分解，确定某个部分的执行条件。
- 用循环方式对过程分解，确定某个部分重复的开始和结束的条件。

对处理过程仍然模糊的部分反复使用以上分解方法，最终可将所有细节确定下来。

（3）主开发人员组的组织形式。

开发人员组织方式应采用一个主开发人员（负责全部技术活动）、一个后备开发人员（协调、支持主开发人员）和一个程序管理员（负责事务性工作，如收集和记录数据、文档资料管理等）为核心，再加上一些专家（如通信专家、数据库专家）和其他技术人员组成小组。

2. 基本结构

按照结构化程序设计的观点，任何算法和功能的实现都可以通过由程序模块组成的 3 种基本结构的组合，即顺序结构、选择结构和循环结构组成。

（1）顺序结构。

顺序结构是自然的顺序，由前到后执行，如图 1-1 所示。由图中可以看出这两个程序模块是按顺序执行的，即首先执行 A 语句，然后执行 B 语句。从逻辑上看，顺序结构中的两个程序模块可以合并成一个新的程序模块，通过这种方法可以将许多顺序执行的语句合并成一个比较大的程序模块。

（2） 选择结构。

选择结构如图 1-2 所示。

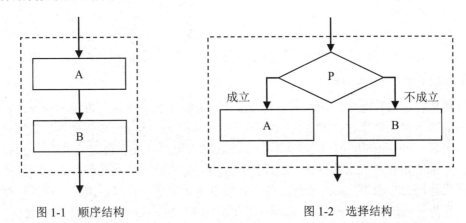

图 1-1　顺序结构　　　　　　　　　　图 1-2　选择结构

从图中可以看出根据逻辑条件成立与否分别选择执行 A 或者 B。虽然选择结构比顺序结构稍微复杂一些，但是仍然可以将其整体作为一个新的程序模块，即一个入口（从顶部进入模块开始判断）和一个出口（无论是执行 A 还是 B 都应从选择结构框的底部退出）。

（3） 循环结构。

循环结构有两种格式，如图 1-3 所示。

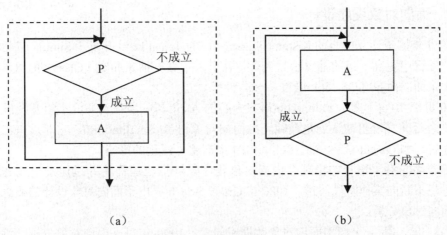

（a）　　　　　　　　　　　　　　（b）

图 1-3　两种循环结构

在图 1-3 （a）（当型循环）中进入循环结构后首先判断条件 P 是否成立，如果成立，则执行 A，反之则退出循环结构；在图 1-3 （b）（直到型循环）中执行 A 后判断条件 P，如果条件仍然成立，则再次执行内嵌的 A。循环反复，直至条件不成立时退出循环结构。与顺序结构和选择结构相同，循环结构也可以抽象为一个新的模块。

3. 设计原则

（1） 自顶向下。

程序设计时应先考虑总体，后考虑细节；先考虑全局目标，后考虑局部目标。不要一开始就过多追求众多的细节，应从最上层总目标开始设计逐步使问题具体化。

（2） 逐步细化。

对复杂问题，应设计一些子目标作为过渡，逐步细化。

（3） 模块化。

一个复杂问题肯定是由若干稍简单的问题构成的。模块化是把程序要解决的总目标分解为子目标，再进一步分解为具体的小目标，把每一个小目标称为"一个模块"。

4. 限制使用 goto 语句

结构化程序设计方法的起源来自对 goto 语句的认识和争论，肯定的结论是在查模块和进程的非正常出口处往往需要用 goto 语句，使用 goto 语句会使程序执行效率较高。在合成程序目标时 goto 语句往往是有用的，如返回语句用 goto；否定的结论是 goto 语句是有害的，是造成程序混乱的祸根。程序的质量与 goto 语句的数量呈反比，应该在所有高级程序设计语言中取消 goto 语句。取消后程序易于理解、排错、维护，以及进行正确性证明。作为争论的结论，1974 年 Knuth 发表了令人信服的总结并证实了如下观点。

（1） goto 语句确实有害，应当尽量避免。

（2） 完全避免使用 goto 语句也并非是个明智的方法，有些地方使用 goto 语句会使程序流程更清楚、效率更高。

（3） 争论的焦点不应该放在是否取消 goto 语句上，而应该放在用什么样的程序结构上，其中最关键的是应在以提高程序清晰性为目标的结构化方法中限制使用 goto 语句。

1.2.2 面向对象程序设计

1967 年挪威计算中心的 Kisten Nygaard 和 Ole-Johan Dahl 开发了 Simula 67 语言，它提供了比子程序更高一级的抽象和封装，并且引入了数据抽象和类（Class）的概念，被认为是第 1 个面向对象（Object）语言。

20 世纪 70 年代初，Palo Alto 研究中心的 Alan Kay 所在的研究小组开发出 Smalltalk 语言，之后又开发出被认为是最纯正的面向对象语言 Smalltalk-80。它对后来出现的面向对象语言，如 Object-C、C++、Self、Eiffl 都产生了深远的影响。

随着面向对象语言的出现，面向对象程序设计也应运而生并迅速发展。之后面向对象的思想不断向其他阶段渗透，1980 年 Grady Booch 提出了面向对象设计的概念，由此开始了面向对象分析。

1985 年，第 1 个商用面向对象数据库问世，1990 年以来面向对象分析、测试、度量和管理等研究都得到长足发展。

实际上"对象"和"对象的属性"这样的概念可以追溯到 20 世纪 50 年代初，它们首先出现在有关人工智能的早期著作中。但是出现了面向对象语言之后，面向对象思想才得到了迅速的发展。过去的几十年中程序设计语言对抽象机制的支持程度不断提高，从机器语言到汇编语言再到高级语言，直到面向对象语言。汇编语言出现后开发人员避免了直接使用 0 和 1，而是利用符号来表示机器指令，从而更方便地编写程序。当程序规模继续增长时出现了 Fortran、C、Pascal 等高级语言，这些高级语言使得编写复杂的程序变得容易，开发人员可以更好地应对日益增加的复杂性。但是如果软件系统达到一定规模，即使应用结构化程序设计方法，局势仍将变得不可控制。作为一种降低复杂性的工具，面向对象语言和面向对象程序设计也随之产生。

1. 面向对象的基本概念

（1） 对象。

对象是人们要进行研究的任何事物，从最简单的整数到复杂的飞机等均可看作对象。它不仅能表示具体的事物，还能表示抽象的规则、计划或事件。

（2） 类。

类是一个共享相同结构和行为的对象集合，它定义了一种事物的抽象特点。通常来说，类定义了事物的属性及其可以做到的行为。举例来说，“狗”这个类会包含狗的一切基础特征。例如，它的孕育、毛皮颜色和吠叫的能力。类可以为程序提供模板和结构，一个类的方法和属性被称为“成员”。

（3） 封装（Encapsulation）。

封装的第 1 层意思是将数据和操作捆绑在一起创造出一个新的类型的过程，第 2 层意思是将接口与实现分离的过程。

（4） 继承。

继承是类之间的关系，在这种关系中一个类共享了一个或多个其他类定义的结构和行为，子类可以对基类的行为进行扩展、覆盖和重定义。

（5） 组合。

组合描述了“有”关系，既是类之间的关系，也是对象之间的关系，在这种关系中一个对象或者类包含了其他对象和类。

（6） 多态。

多态是类型理论中的一个概念，一个名称可以表示很多不同类的对象。这些类和一个共同超类有关，因此这个名称表示的任何对象可以以不同的方式响应一些共同的操作集合。

（7） 动态绑定。

动态绑定也称“动态类型”，指的是一个对象或者表达式的类型直到运行时才确定。通常由编译器插入特殊代码来实现，与之对立的是静态类型。

（8） 静态绑定。

静态绑定也称“静态类型”，指的是一个对象或者表达式的类型在编译时确定。

（9） 消息传递。

消息传递指的是一个对象调用了另一个对象的方法。

（10） 方法。

方法也称为“成员函数”，指对象上的操作，作为类声明的一部分来定义。方法定义了可以对一个对象执行的操作。

2. 面向对象的特点

（1） 抽象。

类的定义中明确指出类是一组具有内部状态和运动规律对象的抽象，抽象是一种从一般的观点看待事物的方法。它要求集中于事物的本质特征（内部状态和运动规律），而非具体细节或具体实现。面向对象鼓励用抽象的观点来看待现实世界，也就是说现实世界是一组抽象的对象，即类组成的。

（2）继承。

继承是子类自动共享父类之间数据和方法的机制，由类的派生功能体现。一个类直接继承其他类的全部描述，同时可修改和扩充。继承具有传递性，分为单继承（一个子类只有一父类）和多重继承（一个子类有多个父类）。类的对象是各自封闭的，如果没有继承机制，则类对象中数据、方法就会出现大量重复。继承不仅支持系统的可重用性，而且还促进系统的可扩充性。

（3）封装。

封装是一种信息隐蔽技术，它体现于类的说明，是对象的重要特性。封装使数据和加工该数据的方法（函数）封装为一个整体，以实现独立性很强的模块。使得用户只能见到对象的外特性（能接受哪些消息，具有哪些处理能力），而对象的内特性（保存内部状态的私有数据和实现加工能力的算法）对用户是隐蔽的。封装的目的在于把对象的设计者和对象的使用者分开，使用者不必知晓行为实现的细节，只须用设计者提供的消息来访问该对象。

（4）多态（覆盖）。

多态指对象根据所接收的消息而做出动作，同一消息被不同的对象接收时可产生完全不同的动作，这种现象称为"多态性"。利用多态性用户可发送一个通用的信息，而将所有的实现细节都留给接收消息的对象自行决定，这样同一消息即可调用不同的方法。例如，Print 消息被发送给一张图或表时调用的打印方法与将同样的 Print 消息发送给一个正文文件而调用的打印方法会完全不同。多态性的实现受到继承性的支持，利用类继承的层次关系把具有通用功能的协议存放在类层次中尽可能高的地方。而将实现这一功能的不同方法置于较低层次，这样在这些低层次上生成的对象就能给通用消息以不同的响应。在面向对象程序设计语言中可通过在派生类中重定义基类函数（定义为重载函数或虚函数）来实现多态性。

面向对象设计是一种把面向对象的思想应用于软件开发过程中指导开发活动的系统方法，是建立在对象概念基础上的方法学。对象是由数据和允许的操作组成的封装体，与客观实体有直接对应关系，一个对象类定义了具有相似性质的一组对象。而继承是对具有层次关系的类的属性和操作进行共享的一种方式。所谓面向对象就是基于对象概念，以对象为中心，以类和继承为构造机制来认识、理解、刻画客观世界，以及设计、构建相应的软件系统。

1.3　C 语言的发展及特点

1.3.1　C 语言的发展

C 语言最早的原型是 ALGOL 60，1963 年，剑桥大学将其发展成为 CPL（Combined Programming Language）。

1967 年，剑桥大学的 Martin Richards 对 CPL 语言进行了简化，推出了 BCPL（Basic Combined Programming Language）语言。

20 世纪 60 年代，美国 AT&T 公司贝尔实验室（AT&T Bell Laboratory）的研究员 Ken Thompson 为 PDP-7 计算机开发了后来被命名为 "UNIX" 的操作系统。

1970 年，Ken Thompson 以 BCPL 语言为基础，设计出简单且接近硬件的 B 语言（取 BCPL 的首字母），并且用 B 语言编写了第 1 个 UNIX 操作系统。

1972 年，贝尔实验室的 Dennis M.Ritchie 在 B 语言的基础上最终设计出了一种新的语言，取了 BCPL 的第 2 个字母作为这种语言的名字，这就是 C 语言。

1977 年，Dennis M.Ritchie 发表了不依赖于具体机器系统的 C 语言编译文本 "可移植的 C 语言编译程序"。

1978 年，Dennis M.Ritchie 和 Brian W.Kernighan 合作推出了《The C Programming Language》的第 1 版（按照惯例，该著作简称为"K&R"）。书末的参考指南（Reference Manual）给出了当时 C 语言的完整定义，成为那时 C 语言事实上的标准，人们称之为 "K&R C"。从这一年以后，C 语言被移植到了多种机型上并得到了广泛支持，使其在当时的软件开发中几乎一统天下。

1983 年，ASC X3（ANSI 属下专门负责信息技术标准化的机构，现已改名为"INCITS"）成立了一个专门的技术委员会 J11（J11 是委员会编号，全称是"X3J11"），负责起草关于 C 语言的标准草案。

1989 年，ANSI 发布了第 1 个完整的 C 语言标准，即 ANSI X3.159—1989，简称 "C89"，不过人们也习惯称其为"ANSIC"。C89 在 1990 年被国际标准组织 ISO（International Organization for Standardization）一字不改地采纳，所以也有 "C90" 的说法。1999 年，在做了一些必要的修正和完善后，ISO 发布了新的 C 语言标准，命名为"ISO/IEC 9899：1999"，简称 "C99"。

1999 年，ANSI 和 ISO 又通过了最新版本的 C 语言标准和技术勘误文档，该标准也被称为 "C99"，这基本上是目前关于 C 语言的最新和最权威的定义了。

现在各种 C 编译器都提供了对 C89 和 C90 的完整支持，对 C99 只提供了部分支持，还有一部分提供了对某些 K&R C 风格的支持。

2011 年 12 月 8 日，ISO 正式发布了新的 C 语言的新标准 C11，之前被称为 "C1X"，官方名称为 "ISO/IEC 9899:2011"。

1.3.2 C 语言的特点和优点

1. 特点

（1） 是一个有结构化程序设计、具有变量作用域（Variable Scope）及递归功能的过程式语言。

（2） 传递参数均以值传递（Pass By Value），也可以传递指针（A Pointer Passed By Value）。

（3） 不同的变量类型可以用结构体（Struct）组合在一起。

（4） 只有 32 个保留字（Reserved Keywords），使变量、函数命名有更多弹性。

（5） 部分变量类型可以转换，如整型和字符型变量。

（6） 通过指针（Pointer）可以很容易地对存储器进行低级控制。

（7） 预编译处理（Preprocessor）使 C 语言的编译更具弹性。

2. 优点

（1） 简洁紧凑、灵活方便。

C 语言一共只有 32 个关键字和 9 种控制语句，程序书写形式自由，区分大小写，把高级语言的基本结构和语句与低级语言的实用性结合了起来。

（2） 运算符丰富。

C 语言的运算符包含的范围广泛，共有 34 种运算符。它把括号、赋值、强制类型转换等都作为运算符处理，从而使运算类型极其丰富，表达式类型多样化，灵活使用各种运算符可以实现在其他高级语言中难以实现的运算。

（3） 数据类型丰富。

C 语言的数据类型有整型、实型、字符型、数组类型、指针类型、结构体类型、共用体类型等，能用来实现各种复杂的数据结构的运算，并引入了指针概念，使程序效率更高。

（4） 表达方式灵活实用。

C 语言提供多种运算符和表达式，对问题的表达可通过多种途径获得，其程序设计更主动、灵活。它对语法的限制不太严格，程序设计自由度大，如整型量与字符型数据及逻辑型数据可以通用等。

（5） 允许直接访问物理地址，对硬件进行操作。

由于 C 语言允许直接访问物理地址，可以直接对硬件进行操作，因此既具有高级语言的功能，又具有低级语言的许多功能。它能够像汇编语言一样对位（bit）、字节和地址进行操作，而这三者是计算机最基本的工作单元，可用来写系统软件。

（6） 生成的目标代码质量高，程序执行效率高。

C 语言描述问题比汇编语言简洁，工作量小、可读性好，易于调试、修改和移植。而代码质量与汇编语言相当，一般只比汇编程序生成的目标代码效率低 10%～20%。

（7） 可移植性好。

C 语言在不同机器上的 C 编译程序的 86%代码是公共的，所以 C 语言的编译程序便于移植。在一个环境中用 C 语言编写的程序不改动或稍加改动，即可移植到另一个完全不同的环境中运行。

（8） 表达力强。

C 语言有丰富的数据结构和运算符，包含多种数据结构，如整型、数组类型、指针类型和联合类型等，用来实现各种数据结构的运算。

C 语言能直接访问硬件的物理地址，兼有高级语言和低级语言的许多优点。它既可用来编写系统软件，又可用来开发应用软件，已成为一种通用程序设计语言；另外 C 语言具有强大的图形功能，支持多种显示器和驱动器，并且计算功能和逻辑判断功能也很强大。

1.4　简单的 C 语言程序

1.4.1　C 语言程序示例

　　本节介绍的几个 C 语言程序示例，由简到难表现了 C 语言源程序在组成结构上的特点。虽然有关内容尚未介绍，但可从这些例子中了解组成一个 C 语言源程序的基本部分和书写格式。

　　【例 1-1】在屏幕上输出一行信息"This is a C Program."。
　　C 源程序（文件名 lt1_1.c）：

```
#include <stdio.h>
void main()
{
  printf("This is a C Program.\n");
}
```

　　这是一个最简单的 C 语言程序，程序第 2 行中的 main 是 C 语言程序中"主函数"的名字。main 前面的 void 表示此主函数是"空类型"，void 是"空"的意思，即执行此函数后不产生一个函数值。每一个 C 语言程序都必须有一个 main 函数，每一个函数要有函数名和一对花括号{}括起的函数体。本例中主函数内只有一个 printf 语句，它是 C 编译系统提供的标准函数库中的输出函数，按原样输出圆括号中双引号内的字符串。"\n"是换行符，在执行程序时输出"This is a C Program."，然后执行回车换行。语句最后有一个分号。

　　在使用标准函数库中的输入/输出函数时，编译系统要求程序提供有关信息（例如，对这些输入/输出函数的声明），程序第 1 行"#include <stdio.h>"用来提供这些信息。stdio.h 是 C 编译系统提供的一个文件名，stdio 是"stdandard input & output"的缩写，即有关"标准输入/输出"的信息。在开始时对此可暂不必深究，以后会有详细介绍，在此只须记住在 C 语言程序中用到系统提供的标准函数库中的输入/输出函数时应在程序开头一行写：

```
#include <stdio.h>
```

　　【例 1-2】一个长方体的高已经给出，然后输入长和宽，计算这个长方体的体积。
　　C 源程序（文件名 lt1_2.c）：

```
#include <stdio.h>              /*包含头文件*/
#define Height 10               /*定义符号常量*/
int calculate(int Long,int Width);   /*函数声明*/
int main()                     /*主函数*/
{
    int m_Long;               /*定义整型变量，表示长度*/
    int m_Width;              /*定义整型变量，表示宽度*/
    int result;               /*定义整型变量，表示长方体的体积*/
    printf("长方体的高度为：%d\n",Height);       /*显示提示*/
```

```
   printf("请输入长度：\n");                /*显示提示*/
   scanf("%d",&m_Long);                     /*输入长方体的长度*/
   printf("请输入宽度：\n");                /*显示提示*/
   scanf("%d",&m_Width);                    /*输入长方体的宽度*/
   result=calculate(m_Long,m_Width);        /*调用函数，计算体积*/
   printf("长方体的体积是：");              /*显示提示*/
   printf("%d\n",result);                   /*输出体积*/
   return 0;                                /*返回整型 0*/
}
int calculate(int Long,int Width)           /*定义计算体积函数*/
{
   int result=Long*Width*Height;            /*定义变量并计算体积*/
   return result;                           /*将计算的体积结果返回*/
}
```

本程序的第 2 行 "#define Height 10   /*定义符号常量*/"，使用 "#define" 定义一个标识符号 "Height"，并且指定这个符号代表的值为 10。这样在程序中只要使用 Height 这个标识符的位置就代表使用的是 10 这个数值。Height 是一个符号常量，右侧的/*......*/表示注释部分。注释可以用汉字或英文字符表示，它只是说明，对编译和运行不起作用。注释可以出现在一行中的最右侧，也可以单独成为一行，可以根据需要写在程序中的任何一行。

程序第 3 行是 "int calculate(int Long,int Width);   /*函数声明*/"，它的作用是声明一个函数。即如果此处声明 calculate 函数，那么在程序代码的后面会有 calculate 函数的具体定义内容。这样程序中如果出现 calculate 函数，程序就会根据该函数的定义执行有关的操作。

程序代码中第 6～8 行如下：

```
   int m_Long;              /*定义整型变量，表示长度*/
   int m_Width;             /*定义整型变量，表示宽度*/
   int result;              /*定义整型变量，表示长方体的体积*/
```

这 3 行是定义变量，在 C 语言中必须在使用变量之前定义变量。之后编译器会根据变量的类型为其分配内存空间，变量的作用就是存储数据，并用于计算。这就像在二元一次方程中 x 和 y 是变量，当为其赋值后，如 x 为 5，y 为 10，这样二者相加的结果等于 15。

程序代码的第 11 行如下：

```
   scanf("%d",&m_Long);                 /*输入长方体的长度*/
```

在 C 语言中，scanf 函数用来接收键盘输入的内容并保存在相应的变量中。可以看到在 scanf 的参数中 *m_Long* 是之前定义的整型变量，作用是存储输入的内容。其中的&符号是取地址运算符，其具体内容在后续章节中介绍。

程序代码中的第 22 行如下：

```
   int result=Long*Width*Height;        /*定义变量并计算体积*/
```

这行代码在 calculate 函数体内，其功能是将变量 *Long* 乘以 *Width* 再乘以 Height 得到的结果保存在 *result* 变量中，其中的*号代表乘法运算符。

通过分析我们大致可以将上面程序的执行过程总结如下。

（1） 包含程序所需要的头文件。

（2） 定义一个常量 Height，其值代表 10。

（3） 对 calculate 函数进行声明。

（4） 进入 main 函数，程序开始执行。

（5） 在 main 函数中，首先定义 3 个整型变量分别代表长方体的长、宽和体积。

（6） 显示提示文字，然后根据显示的文字输入有关数据。

（7） 输入长方体的长度和宽度后调用 calculate 函数计算长方体的体积。

（8） 定义 calculate 函数的位置在 main 函数的后面，在 calculate 函数体内计算并返回长方体体积的计算结果。

（9） 在 main 函数中 *result* 变量得到了 calculate 函数返回的结果。

（10） 通过输出语句显示长方体的体积。

（11） 程序结束。

【例 1-3】求两个数中的较大者。

C 源程序（文件名 lt1_3.c）：

```
#include <stdio.h>
void main()                    /*主函数*/
{
 int max(int x,int y);         /*对被调用函数max的声明*/
 int a, b, c;                  /*定义变量a、b、c*/
 scanf("%d,%d",&a,&b);         /*输入变量a和b的值*/
 c=max(a,b);                   /*调用max函数,将得到的值赋给c*/
 printf("max=%d\n",c);         /*输出c的值*/
}
  int  max(int x, int y)       /*定义函数max*/
  {
    int z;                     /*定义变量z*/
    if  (x>y)  z=x;            /*如果x>y，将x赋值给z*/
    else z=y;                  /*如果x<y，将y赋值给z*/
    return (z);                /*把z的值返回给函数max*/
  }
```

程序运行结果如下：

```
2,6 ↙
max=6
```

说明：本程序中的 max 函数将 *x* 和 *y* 中较大者的值赋给变量 *z*，return 语句将 *z* 的值返回给主调函数 main。

1.4.2　C 语言程序构成简介

一个 C 语言程序都是从 main 函数开始执行的，该函数可放在任何位置。

C 语言程序整体由函数构成，程序中的 main 是主函数，在程序中可以定义其他函数完成特定的功能。虽然可以将所有的执行代码全部放入 main 函数中，但是将其分成多个模块，每一个模块使用一个函数表示,那么整个程序看起来就具有结构性,并且易于阅读和修改。

每一个函数都要执行特定的功能,其操作范围为"{"和"}"一对花括号括起的部分。C 语言用其表示程序的结构层次,注意左右花括号要对应使用。在编写程序时为了防止遗漏对应的花括号,可以先写出两个对应的花括号,再在其中添加代码。

如果注意观察前面的两个示例,就会发现在每一个执行语句后面都会有一个分号作为语句结束的标志。

在程序中可以使用英文的大小写字母,一般情况下使用小写字母,因为易于阅读。在定义常量时常常使用大写字母,而在定义函数时有时也会将第 1 个字母大写。

空行和空格在程序中也经常使用,其作用是增加程序的可读性,使代码位置安排合理、美观。例如,如下代码非常不利于阅读:

```
int add(int num1,int num2)
{
int result=num1+num2;
return result;}
```

如果将其中的执行语句在函数中缩进排版,使得函数体内代码开头与函数头的代码不在一列,就会有层次感。例如:

```
int add(int num1,int num2)
{
    int result=num1+num2;
    return result;
}
```

1.5 执行 C 程序

1.5.1 步骤

为了使计算机能按照人的意志工作,必须根据问题的要求编写相应的程序。程序是一组计算机能识别和执行的指令,每一条指令执行特定的操作,用计算机语言编写的程序称为"源程序"(Source Program)。由于计算机只能识别和执行由 0 和 1 组成的二进制的指令,而不能识别和执行用高级语言书写的语句,因此必须首先用一种称为"编译程序"的软件把源程序翻译成二进制形式的"目标程序"(Object Program),然后将该目标程序与系统的函数库及其他目标程序连接起来形成可执行的目标程序。

上机运行一个 C 源程序的步骤是上机输入与编辑源程序→编译源程序后,得到目标程序→连接目标程序与库函数得到可执行的目标程序→运行可执行的目标程序,如图 1-4 所示。

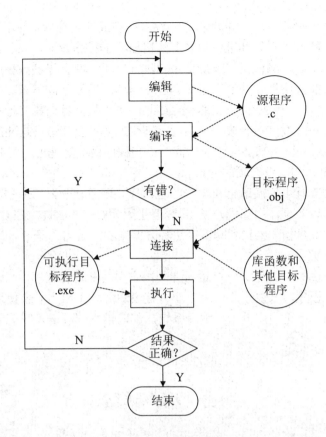

图 1-4　C 程序运行步骤

其中实线表示操作流程，虚线表示文件的输入/输出。例如，编辑后得到一个后缀名为".c"的源程序文件。然后编译源程序文件得到后缀名为".obj"的目标程序文件，连接目标程序与系统提供的库函数等得到后缀名为".exe"的可执行的目标程序，最后执行可执行目标程序".exe"文件。

在编译、连接和执行程序的过程中都有可能出现错误，此时可根据系统给出的错误提示修改源程序，并重复以上环节直到得出正确的结果为止。

1.5.2　C 程序的集成开发工具

为了编译、连接和运行 C 程序，必须要有相应的 C 编译系统。目前使用的大多数 C 编译系统都是集成开发环境（IDE），即把程序的编辑、编译、连接和运行等操作全部集中在一个界面中，特点是功能丰富且直观易用。

C 程序的集成开发工具很多，常用的有 Turbo C 2.0、Turbo C++ 3.0、Microsoft C、Microsoft Visual C++ 6.0（以下简称"VC6.0"）、Dev C++、Borland C++、C++ Builder、Gcc 等。这些集成开发工具各有特点，分别适用于 DOS、Windows 和 Linux 环境。

Turbo C 2.0 不仅是一个快捷、高效的编译程序，还是一个易学易用的集成开发环境，用其无需独立地编辑、编译和连接程序就能建立并运行 C 语言程序。因为这些功能都组合在它的集成开发环境内，并且可以通过一个简单的界面使用这些功能。

Dev C++是一个 Windows 下的 C 和 C++程序的集成开发环境，使用 MingW32/GCC 编译器并遵循 C/C++标准。开发环境包括多页面窗口、工程编辑器，以及调试器等，在工程编辑器中集合了编辑器、编译器、连接程序和执行程序。并且提供高亮度语法显示，以减少编辑错误，还有完善的调试功能满足初学者与编程高手的不同需求。

微软公司 1998 年 6 月 29 日发布的 Visual C++ 6.0 是世界上最流行的 C++开发工具，它为不断增长的 C++开发产业带来了一系列提高生产力的新功能，这些新功能能够在不牺牲 Visual C++所特有的强大功能与性能的同时提高程序的编写速度；另外，Visual C++ 6.0 还提供更好的对 Web 与企业开发的支持。

有些集成开发工具不仅仅适合开发 C 语言程序，还适合开发 C++语言程序。这些开发工具开始是为 C++语言设计的集成开发工具，但是因为 C++语言建立在 C 语言的基础之上，C 语言的基本表达式、基本结构和基本语法等方面同样适合 C++语言，因此这些集成开发工具也用于开发 C 语言程序。

学习本课程的目的主要是掌握 C 语言并利用它编写和运行程序，可以用任何一种编译系统编译和连接源程序，只要用户认为方便、有效即可。不应当只会使用一种编译系统，而对其他一无所知。无论使用哪一种编译系统，都应当举一反三，在需要时用其他编译系统工作。

1.6　小　　结

计算机是由程序控制的，要使其按照人的意图工作必须用计算机语言编写程序。

机器语言和汇编语言依赖于具体计算机，属于低级语言。难学难用，无通用性；高级语言接近人类自然语言和数学语言，容易学习和推广。它不依赖于具体计算机，通用性强。

程序设计方法主要有结构化设计和面向对象设计方法，前者主要采用自顶向下、逐步求精及模块化的程序设计方法。任何程序都可由顺序、选择、循环 3 种基本控制结构构造，结构化程序设计主要强调的是程序的易读性。

C 语言是目前世界上使用最广泛的一种计算机语言，特点是简洁紧凑，使用方便灵活，功能很强。既有高级语言的优点，又具有低级语言的功能；既可用于编写系统软件，又可用于编写应用软件，掌握 C 语言程序设计是程序设计人员的一项基本功。

一个 C 语言程序是由一个或多个函数构成的，其中必须有一个 main 函数，程序从该函数开始执行。在函数体内可以包括若干语句，语句以分号结束。一行内可以写多个语句，一个语句可以分多行书写。

运行 C 语言程序的步骤为编辑、编译、连接和执行，可以用不同的 C 编译系统编译 C 语言程序。目前所用的编译系统多采用集成开发环境，即把编辑、编译、连接和执行等步骤在一个集成开发环境中完成。

目前所使用的 C++集成开发环境功能强，使用方便。由于 C++和 C 兼容，因此可以用 C++集成开发环境编译、连接和执行 C 程序。

习　题

1. **选择题**

（1）　C 语言是一种（　　）。

A. 机器语言　　　　　　　　　　　B. 汇编语言

C. 高级语言　　　　　　　　　　　D. 低级语言

（2）　下列各项中，错误的是（　　）。

A. C 语言能写操作系统　　　　　　B. C 语言是函数式语言

C. 数据类型多样化　　　　　　　　D. 书写格式自由，不规范

（3）　C 语言规定在一个源程序中，main 函数的位置（　　）。

A. 必须在最开始　　　　　　　　　B. 必须在系统调用的库函数的后面

C. 可以任意　　　　　　　　　　　D. 必须在最后

（4）　构成 C 语言的基本单位是（　　）。

A. 过程　　　　　　　　　　　　　B. 函数

C. 语句　　　　　　　　　　　　　D. 命令

（5）　用 C 语言编写的程序（　　）。

A. 可立即执行　　　　　　　　　　B. 是一个源程序

C. 经过编译即可执行　　　　　　　D. 经过编译连接后才能执行

2. **填空题**

（1）　假设 C 源程序文件名为"test.c"，为得出该程序的运行结果，应执行的文件名是_____，此文件是通过_____产生的。

（2）　C 语言程序是由_____构成的，一个 C 语言程序必须有一个_____。

（3）　程序设计方法主要有_____和面向对象设计方法。

3. **简答题**

（1）　什么是计算机低级语言和高级语言？各有什么特点？

（2）　简述 C 语言的主要特点。

（3）　C 语言以函数为程序的基本单位，有什么好处？

（4）　一个 C 语言程序是如何构成的？

第 2 章　数据结构与算法

2.1　引　　言

瑞士计算机科学家尼古拉斯·沃斯（Niklaus Wirth）提出了一个著名公式，即"算法+数据结构=程序"（Algorithms + Data Structures=Programs），算法与数据结构对于程序设计的重要性不言自明。

程序是计算机指令的各种组合，用于控制计算机的工作流程完成一定的逻辑功能，以实现某种任务；算法则可以理解为由基本运算及规定的运算顺序所构成的完整的解题步骤，或者看成是按照要求设计好的有限且确切计算序列，并且这样的计算序列可以解决一类问题。算法是程序的逻辑抽象，是解决某类客观问题的数学过程。一般认为，一个数据结构是由数据元素依据某种逻辑联系组织起来的，这种数据元素间的逻辑关系称为"数据的逻辑结构"。数据结构具有两个层面上的含义，即逻辑结构和物理结构，客观事物自身所具有的结构特点称为"逻辑结构"。例如，家族谱系是一个天然的树型逻辑结构；逻辑结构在计算机中的具体实现则称为"物理结构"，如树型逻辑结构具体是采用指针表示还是数组实现。

许多大型系统的构造经验表明系统实现的困难程度和系统构造的质量都严重地依赖是否选择了最优的数据结构。许多时候确定了数据结构后，算法就容易得到了。当然有些情况下事情也会反过来，即根据特定算法来选择数据结构与之适应。

总的来说，数据结构和算法并不是一门教授如何编程的课程。它们可以脱离任何计算机程序设计语言，而只需要从抽象意义上概括描述。说得简单一点，数据结构是一门教授数据在计算机中如何组织的课程，而算法是一门教授数据在计算机中如何运算的课程，前者是结构学；后者是数学。程序设计就像盖房子，数据结构是砖和瓦，而算法则是设计图纸。若想盖房子，首先必须要有原材料（数据结构）；其次必须按照设计图纸（算法）一砖一瓦地盖。数据结构是程序设计的基础，算法则是程序设计的灵魂，是程序设计的思想所在。在程序设计中，数据结构就像物质，而算法则是意识。双方相互依赖，缺一不可。

2.2　数据结构概述

数据是信息的载体，是描述客观事物的数字、字符，以及所有能输入到计算机中并被计算机程序识别和处理的符号集合。数据结构研究的是关系，即数据元素相互之间存在的一种或多种特定关系的集合。

我们把数据结构分为逻辑结构和物理结构，前者指数据对象中数据元素之间的相互关系；后者指数据的逻辑结构在计算机中的存储方式。

1.　4 大逻辑结构

（1）　集合结构：其中的数据元素除了同属一个集合外，之间没有特别的关系。

（2）　线性结构：其中的数据元素关系是一对一的关系。

（3）　树形结构：其中的数据元素关系是一对多的层次关系。

（4）　图形结构：其中的数据元素关系是多对多的关系。

2.　物理结构

物理结构指如何把数据元素存储到计算机的存储器中，主要相对于内存而言，硬盘、软盘、光盘等外部存储器的数据组织常用文件结构来描述。

数据元素的存储结构形式主要有如下两种。

（1）　顺序存储结构：把数据元素存放在地址连续的存储单元中，数据间的逻辑关系和物理关系是一致的，如数组。

（2）　链式存储结构：把数据元素存放在任意的一组存储单元中，这组存储单元可以是连续的或非连续的。这种存储结构并不能反映其逻辑关系，因此需要一个指针存放数据元素的地址。这样通过地址就可以找到相关联的元素的位置，每个元素具有自己的值和指向其他元素的一个指针。一个形象的例子是在银行等待叫号时我们可以任意移动，但是需要关注是否叫到自己的前一个号。可以看出相比于顺序存储结构,链式存储结构更加灵活。

2.3　常见的数据结构

常见的数据结构包括线性表（Linear List）、栈、队列、树及图。

2.3.1　线性表

1.　定义

线性表是数据结构的一种，一个线性表是 n 个具有相同特性的数据元素的有限序列。数据元素是一个抽象的符号，其具体含义在不同的情况下一般不同。

在稍复杂的线性表中一个数据元素可由多个数据项（Item）组成，此种情况下常把数据元素称为"记录"（Record），含有大量记录的线性表又称为"文件"（File）。

线性表中的个数 n 定义为线性表的长度，$n=0$ 时称为"空表"。在非空表中每个数据元素都有一个确定的位置，如用 a_i 表示数据元素，则 i 为数据元素 a_i 在线性表中的位序。

线性表的相邻元素之间存在序偶关系，如用（a_1，…，a_{i-1}，a_i，a_{i+1}，…，a_n）表示一个顺序表，则表中 a_{i-1} 领先于 a_i。a_i 领先于 a_{i+1}，则 a_{i-1} 是 a_i 的直接前驱元素，a_{i+1} 是 a_i 的直接后继元素。当 $i=1$，2，…，$n-1$ 时，a_i 有且仅有一个直接后继元素；当 i=2，3，…，n 时，a_i 有且仅有一个直接前驱元素。

2. 分类

我们说线性和非线性只在逻辑层次上讨论，而不考虑存储层次，所以双向链表和循环链表依旧是线性表。

在数据结构的逻辑层次上细分，线性表可分为一般线性表和受限线性表。一般线性表也就是我们通常所说的线性表，可以自由删除或添加节点；受限线性表主要包括栈和队列，受限表示对节点的操作受限制。

3. 特征

线性表有如下基本特征。

（1）集合中必存在唯一的一个第 1 元素。

（2）集合中必存在唯一的一个最后元素。

（3）除最后一个元素之外均有唯一的后继（后件）。

（4）除第 1 个元素之外均有唯一的前驱（前件）。

4. 存储结构

线性表主要由顺序表示或链式表示，在实际应用中常以栈、队列、字符串等特殊形式使用。

顺序表示只用一组地址连续的存储单元依次存储线性表中的数据元素，称为"线性表的顺序存储结构"或"顺序映像"（Sequential Mapping）。它以物理位置相邻来表示线性表中数据元素间的逻辑关系，可随机存取表中任一元素。

链式表示指用一组任意的存储单元存储线性表中的数据元素，称为"线性表的链式存储结构"，其存储单元可以是连续的或不连续的。在表示数据元素之间的逻辑关系时，除了存储其本身的信息之外还需存储一个指示其直接后继的信息（即直接后继的存储位置），这两部分信息组成数据元素的存储映像称为"节点"（Node）。它包括两个域，其中存储数据元素信息的域称为"数据域"；存储直接后继存储位置的域称为"指针域"，指针域中存储的信息称为"指针"或"链"。

2.3.2 栈

栈是限定仅在表头执行插入和删除操作的线性表，如图 2.1 所示。

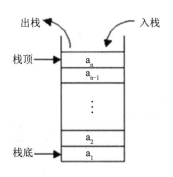

图 2-1　栈

栈原意指存储货物或供旅客住宿的地方,可引申为仓库和中转站。引入到计算机领域中指数据暂时存储之处,所以才有入栈和出栈的说法。首先系统或者数据结构栈中数据的压入(Push)是增加数据,弹出(Pop)是删除数据。这些操作只能从栈顶,即最低地址作为约束的接口界面开始,但读取栈中的数据没有接口约束之说。系统栈在计算机体系结构中起到一个跨部件交互媒介区域的作用,即 CPU 与内存的交流通道。CPU 只从系统应用程序所规定的栈入口线性地读取并执行指令,用一个形象的词来形容它就是"pipeline"(管道线或流水线)。

栈作为一种数据结构,是一种只能在一端执行压入和弹出操作的特殊线性表。它按照先进后出的原则存储数据,先进入的数据被压入栈底;最后进入的数据被压入栈顶,需要读数据时从栈顶开始弹出数据(最后一个数据被第 1 个读出)。栈具有记忆作用,栈的压入与弹出操作不需要改变栈底的指针。

栈可以用来在函数调用时存储断点,执行递归时要用到栈。

在计算机系统中栈则是一个具有以上属性的动态内存区域,程序可以将数据压入栈中,也可以将数据从栈顶弹出。在 i386 机器中栈顶由 esp 寄存器定位,压栈的操作使得栈顶的地址减小;弹出的操作使得栈顶的地址增大。

栈在程序的运行中有举足轻重的作用,最重要的是它保存了一个函数调用时所需要的维护信息。这常常称之为"堆栈帧"或者"活动记录",其中一般包含如下信息。

(1)函数的返回地址和参数。

(2)函数的非静态局部变量及编译器自动生成的其他临时变量。

2.3.3　队列

队列是一种特殊的线性表,它只允许在表的前端(Front)执行删除操作,而在表的后端(Rear)执行插入操作。和栈一样,队列是一种操作受限制的线性表。执行插入操作的端称为"队尾",执行删除操作的端称为"队头"。队列中没有元素时,称为"空队列"。

队列的数据元素又称为"队列元素"。在队列中插入一个队列元素称为"入队",从队列中删除一个队列元素称为"出队"。因为队列只允许在一端插入,在另一端删除,所以只有最早进入队列的元素才能最先从队列中删除,故队列又称为"先进先出(First In First Out,FIFO)线性表"。

1. 顺序队列

建立顺序队列结构必须为其静态分配或动态申请一片连续的存储空间，并设置两个指针进行管理。一个是队头指针 *front*，指向队头元素；另一个是队尾指针 *rear*，指向下一个入队元素的存储位置，如图 2-2 所示。

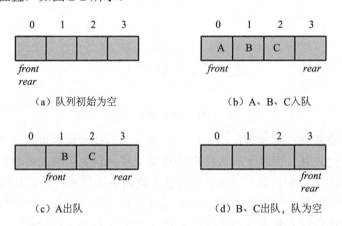

图 2-2　顺序队列

每次在队尾插入一个元素时 *rear* 增 1，每次在队头删除一个元素时 *front* 增 1。随着插入和删除操作的进行，队列元素的个数不断变化，队列所占的存储空间也在为队列结构所分配的连续空间中移动。当 *front=rear* 时，队列中没有任何元素，即空队列。当 *rear* 增加到指向分配的连续空间之外时，队列无法再插入新元素。但这时往往还有大量可用空间未被占用，这些空间是已经出队的队列元素曾经占用过的存储单元。

顺序队列中的溢出现象如下。

（1）"下溢"现象：当队列为空时，执行出队运算产生的溢出现象。这是正常现象，常作为程序控制转移的条件。

（2）"真上溢"现象：当队列满时执行进栈运算产生空间溢出的现象，这是一种出错状态，应设法避免。

（3）"假上溢"现象：由于入队和出队操作中头尾指针只增加不减小，致使被删元素的空间永远无法重新利用。当队列中实际的元素个数远远小于向量空间的规模时，也可能由于尾指针已超越向量空间的上界而不能执行入队操作，该现象即假上溢现象。

2. 循环队列

在实际使用队列时，为了使队列空间能重复使用，往往稍加改进队列的使用方法。即无论插入或删除，一旦 *rear* 或 *front* 指针增 1 时超出了所分配的队列空间，则使其指向这个连续空间的起始位置。指针从 *MaxSize*-1 增 1 变到 0，可用取余运算 *rear%MaxSize* 和 *front%MaxSize* 来实现。这实际上是把队列空间想象成一个环形空间，其中的存储单元循环使用，用这种方法管理的队列也称为"循环队列"。除了一些简单应用之外，真正实用的队列是循环队列。

在循环队列中当队列为空时，有 *front=rear*。而当所有队列空间全占满时，也有 *front=rear*。为了区别这两种情况，规定循环队列最多只能有 *MaxSize*-1 个队列元素，当循环队列中只剩下一个空存储单元时队列已满。因此队列判空的条件为 $front=rear$，而队列判满的条件为 $front=(rear+1)\%MaxSize$。

2.3.4 树

1. 树（tree）的定义

树是包含 n（$n>=0$）个节点的有穷集，说明如下。

（1）每个元素称为"节点"。

（2）有一个特定的节点称为"根节点"或"树根"（root）。

（3）除根节点之外的其余数据元素被分为 m（$m\geqslant0$）个互不相交的集合 $T1$，$T2$，…，$Tm-1$，其中每一个集合 T_i（$1\leqslant i\leqslant m$）本身也是一棵树，被称为原树的"子树"（subtree）。

树也可以定为由根节点和若干棵子树构成，也可以说树由一个集合及在该集合上定义的一种关系构成。集合中定义的关系为父子关系，父子关系在树的节点之间建立了一个层次结构。在这种层次结构中有一个根节点具有特殊的地位，如图 2-3 所示。

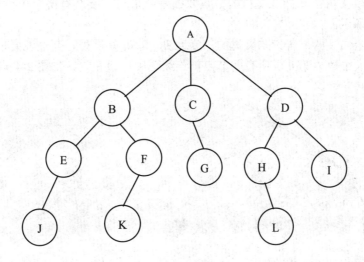

图 2-3　树

我们可以形式地给出树的递归定义为单个节点是一棵树，树根就是该节点本身。

设 $T1$，$T2$，…，Tk 是树，它们的根节点分别为 $n1$，$n2$，…，nk。用一个新节点 n 作为 $n1$，$n2$，…，nk 的父亲，则得到一棵新树，节点 n 就是新树的根。$n1$，$n2$，…，nk 为一组兄弟节点，它们都是节点 n 的子节点，而 $T1$，$T2$，…，Tk 为节点 n 的子树。

空集合也是树，即空树，其中没有节点。

2. 相关术语

（1）节点的度：一个节点含有的子树的个数称为该节点的"度"。

（2）叶节点或终端节点：度为 0 的节点称为"叶节点"。

（3）非终端节点或分支节点：度不为 0 的节点。

（4）双亲节点或父节点：若一个节点有子节点，则这个节点即其子节点的父节点。

（5） 孩子节点或子节点：一个节点含有的子树的根节点即该节点的子节点。

（6） 兄弟节点：具有相同父节点的节点互称为"兄弟节点"。

（7） 树的度：一棵树中，最大节点的度称为"树的度"。

（8） 节点的层次：从根开始定义起，根为第 1 层，根的子节点为第 2 层，依此类推。

（9） 树的高度或深度：树中节点的最大层次。

（10） 堂兄弟节点：双亲在同一层的节点互为堂兄弟节点。

（11） 节点的祖先：从根到该节点所经分支上的所有节点。

（12） 子孙：以某节点为根的子树中任一节点都为该节点的子孙。

（13） 森林：由 m（m≥0）棵互不相交的树的集合称为"森林"。

3． 树的种类

（1） 无序树：树中任意节点的子节点之间没有顺序关系也称为"自由树"。

（2） 有序树：树中任意节点的子节点之间有顺序关系。

（3） 二叉树：每个节点最多含有两棵子树的树。

（4） 满二叉树：一棵二叉树的节点要么是叶节点，要么有两个子节点为满二叉树，如图 2-4（a）所示。

（5） 完全二叉树：若设二叉树的深度为 h，除第 h 层外，其他各层（1～h-1）的节点数都达到最大个数。第 h 层所有的节点都连续集中在最左边，如图 2-4（b）所示。

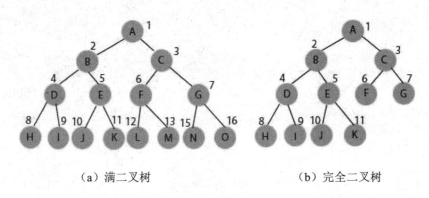

（a）满二叉树　　　　　　　　（b）完全二叉树

图 2-4　满二叉树和完全二叉树

（6）哈夫曼树：带权路径长度最短（即代价最小）的二叉树也称为"最优二叉树"。

2.3.5　图

1． 定义

图（Graph）由顶点的有穷非空集合和顶点之间边的集合组成，通常表示为 G(V,E)。其中 G 表示一个图，V 是图 G 中顶点的集合，E 是图 G 中边的集合。

说明如下。

（1） 图中的数据元素即顶点（Vertext）。

（2） 在图中不允许没有顶点，若 V 是图的顶点的集合，那么它是非空有穷集合。

（3） 图的任意两个顶点之间可能有关系，关系用边来表示，边集可以是空的。

2. 常用概念

（1） 无向边。

若顶点 V_i 到 V_j 之间的边没有方向，这条边为无向边（Edge），用无序偶对 (V_iV_j) 来表示。

（2） 无向图。

如果图中任意两个顶点之间的边都是无向边，则该图为无向图（Undirected Graphs）。

（3） 有向边。

若从顶点 V_i 到 V_j 的边有方向，则这条边为有向边，也称为"弧"（Arc）。这条有向边用有序偶 $<V_i,V_j>$来表示，V_j 是弧尾（Tail），V_j是弧头（Head）。

（4） 有向图。

如果图中任意两个顶点之间的边都是有向边，这个图就是有向图。无向边用圆括号() 表示，有向边用角括号<>表示。

无向图和有向图如图 2-5 所示。

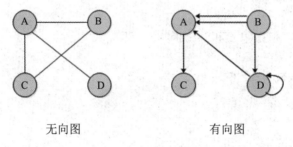

无向图　　　　　　　　　　有向图

图 2-5　无向图和有向图

（5） 简单图。

在图中若不存在顶点到其自身的边且同一条边不重复出现，这样的图就是简单图。

2.4　算　法　概　述

2.4.1　什么是算法

1. 概念

做任何事情都有一定的步骤，为解决一个问题而采取的方法和步骤即算法。计算机算法是指计算机能够执行的算法，可分为两大类，一是数值运算算法，即求解数值；二是非数值运算算法，即事务管理领域的应用。

2. 简单算法举例

【例 2-1】求 $1×2×3×4×5$ 的积。

算法如下：

$S1$：使 $t=1$

$S2$：使 $i=2$

$S3$：使 $t×i$，乘积仍然放在在变量 t 中，可表示为 $t×i→t$。

$S4$：使 i 的值+1，即 $i+1→i$。

$S5$：如果 $i≤5$，返回重新执行步骤 $S3$ 步及其后的两步；否则算法结束。

如果计算 100！，则只需将步骤 $S5$ 的 $i≤5$ 改成 $i≤100$ 即可。

该算法不仅正确，而且是较好的算法。因为计算机是高速运算的自动机器，实现循环轻而易举。

【例 2-2】有 50 个学生，要求将他们之中成绩在 80 分以上者打印出来。

如果 n 表示学生学号，n_i 表示第 i 个学生学号，g 表示学生成绩，g_i 表示第 i 个学生的成绩，则算法可表示如下：

$S1$：$1→i$。

$S2$：如果 $g_i≥80$，则打印 n_i 和 g_i；否则不打印。

$S3$：$i+1→i$。

$S4$：若 $i≤50$，返回 $S2$；否则结束。

2.4.2　算法的性质

算法的性质如下。

（1）　有穷性：一个算法应包含有限的操作步骤，而不能是无限的。

（2）　确定性：每一个步骤应当是确定的，而不应当是模棱两可的。

（3）　输入：有 0 个或多个输入。

（4）　输出：有 1 个或多个输出。

（5）　有效性：每一个步骤应当能有效地执行，并得到确定的结果。

程序开发人员必须会设计算法，并根据算法写出程序。

2.4.3　算法的描述

1.　用流程图描述算法

流程图描述算法直观形象，易于理解，流程图的常用图标如图 2-6 所示。

一个流程图包括表示相应操作的框、带箭头的流程线和框内外必要的文字说明。

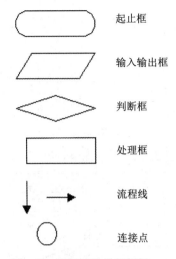

图 2-6　流程图的常用图标

【例 2-3】 将【例 2-1】求 5!的算法用流程图表示。
如图 2-7 所示。

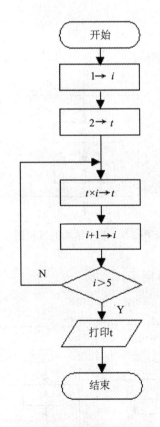

图 2-7　求 5!的算法流程图

【例 2-4】 将【例 2-2】的算法用流程图表示。

如图 2-8 所示。

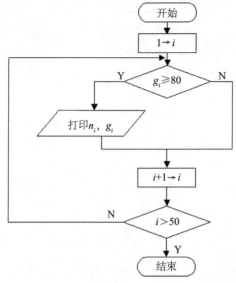

图 2-8　【例 2-2】的算法流程图

2.　3 种基本结构的流程图

（1）　顺序结构。

顺序结构的流程图如图 2-9 所示。

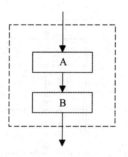

图 2-9　顺序结构的流程图

（2）　选择结构。

选择结构的流程图如图 2-10 所示。

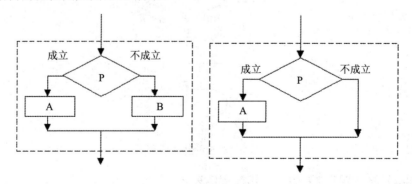

图 2-10　选择结构的流程图

（3） 循环结构。

循环结构的流程图如图 2-11 所示。

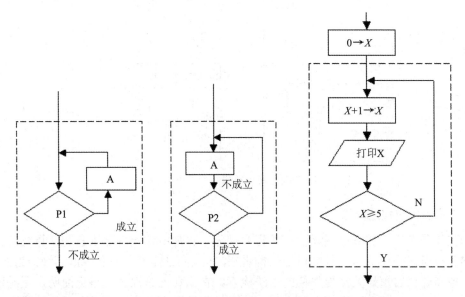

图 2-11　循环结构的流程图

3 种基本结构的共同特点是只有一个入口和一个出口，结构内的每一部分都有机会被执行，并且不存在死循环。

3. 用 N-S 流程图描述算法

1973 年美国学者提出了一种新型流程图，即 N-S 流程图。

顺序结构的 N-S 流程图如图 2-12 所示。

图 2-12　顺序结构的 N-S 流程图

选择结构的 N-S 流程图如图 2-13 所示。

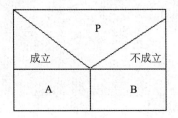

图 2-13　选择结构的 N-S 流程图

循环结构的 N-S 流程图如图 2-14 所示。

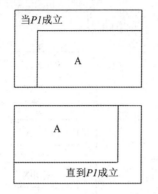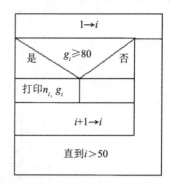

图 2-14　循环结构的 N-S 流程图

4. 用伪代码描述算法

伪代码是指不能够直接编译运行的程序代码，它是用介于自然语言和计算机语言之间的文字和符号来描述算法及进行语法结构讲解的一个工具。表面上它很像高级语言的代码，但又不像高级语言那样要接受严格的语法检查。它比真正的程序代码更简明，更贴近自然语言。它不用图形符号，因此书写方便，格式紧凑且易于理解，便于向计算机程序设计语言算法程序过渡。用伪代码书写算法时，既可以采用英文字母或单词，也可以采用汉字，以便于书写和阅读。它没有固定且严格的语法规则，只要把意思表达清楚即可。用伪代码描述算法时自上而下地往下写，每一行（或每几行）表示一个基本操作。伪代码采用缩进格式来表示 3 种基本结构，一个模块的开始语句和结束语句都靠左边界书写。模块内的语句向内部缩进一段距离，选择结构和循环结构内的语句再向内缩进一段距离。这样算法书写格式一致，富有层次且清晰易读，能直观地区别出控制结构的开始和结束。

5. 用计算机语言表示算法

我们的任务是用计算机解题就是用计算机实现算法，用计算机语言表示算法必须严格遵循所用语言的语法规则。

【例 2-5】求 $1×2×3×4×5$ 的积，用 C 语言表示。

```
main()
{int i,t;
 t=1;
 i=2;
 while(i<=5)
{t=t*i;
 i=i+1;
}
 printf("%d",t);
}
```

2.5 常用算法介绍

2.5.1 递归算法与分治算法

递归算法是直接或者间接地不断反复调用自身来解决问题的方法，要求原始问题可以分解成相同问题的子问题，如阶乘、斐波纳契数列、汉诺塔问题。其中斐波纳契数列又称"黄金分割数列"，指的是数列 1，1，2，3，5，8，13，21，…在数学上，斐波纳契数列以递归方法定义，即 $F1=1$，$F2=1$，$Fn=F(n-1)+F(n-2)(n>2,n\in N^*)$。

分治算法中待解决的复杂问题能够简化为多个若干个小规模相同的问题，然后逐步划分达到易于解决的程度，说明如下。

（1）将原问题分解为 n 个规模较小的子问题，各子问题间独立存在，并且与原问题形式相同。

（2）递归解决各个子问题。

（3）将各个子问题的解合并得到原问题的解。

例如，棋盘覆盖、找出伪币、求最值问题。其中的棋盘覆盖问题为在一个 $(2^k)*(2^k)$ 个方格组成的棋盘上有一个特殊方格与其他方格不同，称为"特殊方格"。这样的棋盘称为"特殊棋盘"，要求用 L 型方块填满棋盘的其余部分。

2.5.2 动态规划

动态规划与分治算法相似，都是用组合子问题的解来解决原问题的解；不同之处在于分治算法的子问题是相互独立存在的，而动态规划应用于子问题重叠的情况。

动态规划方法通常用来求解最优化问题，这类问题可以有很多可行解，每个解都有一个值。找到具有最优值的解为问题的一个最优解，而不是所有的最优解，可能有多个解都达到最优值。

设计动态规划算法的步骤如下。

（1）刻画一个最优解的结构特征。

（2）递归地定义最优解的值。

（3）计算最优解的值，通常采用自底向上的方法。

（4）利用算出的信息构造一个最优解。

例如，0~1 背包问题和钢条切割问题等。

2.5.3 贪心算法

贪心算法根据问题选择当下最好的选择，而不是从整体上最优考虑，通过局部最优希望导致全局最优。

贪心算法的要素如下。

（1）　性质：可以通过局部最优选择来构造全局最优解，即直接做出在当前问题中看来最优的选择，而不必考虑子问题的解。

（2）　最优子结构：一个问题的最优解包含其子问题的最优解。

贪心算法的设计步骤如下。

（1）　将最优化问题转换为对其做出一次选择后只剩一个子问题需要求解。

（2）　证明做出贪心选择后原问题总是存在最优解，即贪心选择总是安全的。

（3）　证明做出贪心选择后剩余的子问题满足性质，其最优解与贪心选择组合即可得到原问题的最优解，这样就得到了最优子结构。

例如，背包、均分纸牌和最大整数问题。

2.5.4　回溯法

回溯法是一种搜索算法，从根节点出发按照深度优先搜索的策略搜索，到达某一节点后探索该节点是否包含该问题的解。如果包含，则进入下一个节点搜索；否则回溯到父节点选择其他支路搜索。

回溯法的设计步骤如下。

（1）　针对所给的原问题定义问题的解空间。

（2）　确定易于搜索的解空间结构。

（3）　以深度优先方式搜索解空间，并在搜索过程中用剪枝函数除去无效搜索。

例如，0～背包、旅行商和八皇后问题。

2.5.5　分支限界法

和回溯法相似，分支限界法也是一种搜索算法。但回溯法是找出问题的许多解，而分支限界法是找出原问题的一个解。或是在满足约束条件的解中找出使某一目标函数值达到极大值或极小值的解，即在某种意义下的最优解。

在当前节点（扩展节点）处先生成其所有的儿子节点（分支），从当前的活节点（当前节点的子节点）表中选择下一个扩展节点。为了有效地选择下一个扩展节点，加速搜索的进程，在每一个活节点处计算一个函数值（限界）。然后根据函数值从当前活节点表中选择一个最有利的节点作为扩展节点，使搜索朝着解空间中有最优解的分支推进，以便尽快地找出一个最优解。

有两种分支限界法，一是 FIFO 分支限界法；二是优先队列分支限界法，即按照优先队列中规定的优先级选取优先级最高的节点成为当前扩展节点。

2.6　算　法　评　价

算法效率的度量通过时间复杂度和空间复杂度来描述。

1.　时间复杂度

一个语句的频度是指该语句在算法中被重复执行的次数，算法中所有语句的频度之和

记为 $T(n)$，它是该算法问题规模 n 的函数。时间复杂度主要分析 $T(n)$ 的数量级，算法中的基本运算（最深层循环内的语句）的频度和 $T(n)$ 同数量级，通常采用算法中基本运算的频度 $f(n)$ 来分析算法的时间复杂度，因此算法的时间复杂度记为 "$T(n) = O(f(n))$"。

说明：上式中的 "O" 的含义是 $T(n)$ 的数量级，其严格的数学定义是若 $T(n)$ 和 $f(n)$ 是定义在正整数集合上的两个函数，则存在正整数 C 和 $N0$，使得当 $N \geqslant N0$ 时都满足 $0 \leqslant T(n) \leqslant C * f(n)$。

算法的时间复杂度不仅依赖于问题的规模 n，也取决于待输入数据的性质（如输入数据元素的初始状态）。

（1）最坏时间复杂度：指在最坏情况下算法的时间复杂度。

（2）平均时间复杂度：指所有可能输入实例在等概率出现的情况下算法的期望运行时间。

（3）最好时间复杂度：指在最好的情况下算法的时间复杂度。

一般总是考虑在最坏情况下的时间复杂度，以保证算法的运行时间不会比它更长。

在分析一个程序的时间复杂度时有以下两条规则。

（1）加法规则。

$T(n) = T1(n) + T2(n) = O(f(n)) + O(g(n)) = O(\max(f(n), g(n)))$。

（2）乘法规则。

$T(n) = T1(n) * T2(n) = O(f(n)) * O(g(n)) = O(f(n) * g(n))$。

2. 空间复杂度

算法的空间复杂度 $S(n)$ 定义为该算法所耗费的存储空间，它是问题规模 n 的函数。渐进空间复杂度也常简称为"空间复杂度"，记为 "$S(n) = O(g(n))$"。

一个上机程序除了需要存储空间来存放本身所用指令、常数、变量和输入数据外，也需要一些处理数据的工作单元和存储一些为实现计算所需信息的辅助空间。若输入数据所占空间只取决于问题本身，和算法无关，则只需要分析除输入和程序之外的额外空间。

算法原地工作是指算法所需的辅助空间是常量，即 $O(1)$。

2.7　小　结

数据结构是一门研究非数值计算的程序设计中计算机的操作对象及其之间关系和操作等的学科，研究的内容包括数据的逻辑结构、存储结构及其操作。主要的数据结构有线性表、栈、队列、树、二叉树和图，其具体实现都可以顺序存储或者链式存储，主要操作包括初始化、查询、增删改等。

算法是指计算机完成一个任务所需要的具体步骤和方法，即给定初始状态或输入数据，能够得出所要求或期望的终止状态或输出数据。要注意算法的 5 个性质，算法的描述方法有自然语言、流程图、N-S 流程图、伪代码、计算机语言等，本教材中要使用的描述方法是 N-S 流程图。常用的算法有递归、查找、排序等，排序方法又有多种，平时要注意几种排序方法的比较及适用的场合；此外，一个好的算法要从算法的时间复杂度和空间复杂度来进行评价。

<h1>习　题</h1>

1. 选择题

（1）下面哪一个符合算法的时间复杂度的定义_____。

A. 算法程序的指令总数 　　　　　　B. 执行算法程序所需要的时间

C. 算法程序所占存储空间 　　　　　D. 算法执行过程中所需要的基本运算次数

（2）下面叙述错误的是_____。

A. 算法的输入可以有多个 　　　　　B. 算法的执行效率与数据的存储结构无关

C. 算法输出可以有多个 　　　　　　D. 以上 3 种描述都对

（3）下面关于堆栈的叙述中正确的是_____。

A. 在堆栈中只能插入数据 　　　　　B. 在堆栈中只能删除数据

C. 堆栈是先进先出的线性表 　　　　D. 堆栈是先进后出的线性表

（4）下面关于队列的叙述中正确的是_____。

A. 在队列中只能插入数据 　　　　　B. 在队列中只能删除数据

C. 队列是先进先出的线性表 　　　　D. 队列是先进后出的线性表

（3）程序段 $i=0$，$s=0$；while $(s<n^2)$ $\{s=s+i;\ i++;\}$ 的时间复杂度为_____。

A. $O(n^{1/2})$ 　　　　　　　　　　B. $O(n^{1/3})$

C. $O(n)$ 　　　　　　　　　　　　D. $O(n^2)$

2. 填空题

（1）程序框图（即算法流程图）如图 2-15 所示，其输出结果是_____。

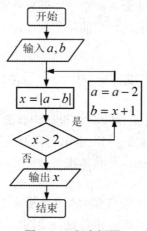

图 2-15　程序框图

（2）执行如图 2-16 所示的程序框图，输出的 $T=$_____。

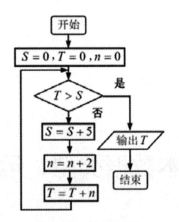

图 2-16 程序框图

3. 解答题

（1） 什么是数据结构、数据的逻辑结构和数据的存储结构？

（2） 请分别描述算法的 5 个性质。

（3） 用 3 个节点 X、Y、Z 可以构成几种二叉树？请分别画出。

（4） 请使用自然语言描述法、伪代码、传统流程图、N-S 流程图，以及 C 语言代码 5 种方法描述输入一个数并判读其是否为素数操作的算法。

第3章 基本数据类型、运算符和表达式

计算机程序设计涉及两个问题，即数据及操作描述，程序的主要任务就是对数据进行处理。没有数据，程序无法操作；没有操作，程序就毫无作用。计算机中的数据不仅仅是简单的数字，包括文字、声音、图像等信息都以一定的数据形式存储。数据在内存中如何保存由其类型所决定，本章着重讲述 C 语言的基本数据类型、运算符和表达式。

3.1 C 语言的基本数据类型

3.1.1 数据类型的产生

不同类型的数据在计算机中的存储和处理方式不同，由于计算机不能自动识别数据的类型，所以必须事先分类定义。这样计算机在遇到一个数据时，根据其所属的数据类型就可以采取相应的处理方式，这就是在计算机中引入数据类型的原因。

3.1.2 C 语言的数据类型

C 语言一个很重要的特点是数据类型十分丰富，因此数据处理能力很强。C 语言的数据类型如图 3-1 所示。

C 语言中的数据类型可以分为基本数据类型和非基本数据类型，后者也是由基本数据类型构成的。本节我们重点介绍如下 3 种基本类型。

1. 整型

整型数据是没有小数部分的整数

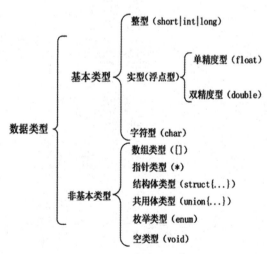

图 3-1 C 语言的数据类型

类型的数据，可分为基本整型、短整型、长整型和无符号型 4 种。

（1） 基本整型：类型声明符为 int。

（2） 短整型：类型声明符为 short int 或 short。

（3） 长整型：类型声明符为 long int 或 long。

（4） 无符号型：存储单元中全部二进位用来存放数据本身，没有符号位。无符号型可与上述 3 种类型匹配而构成无符号基本整型（unsigned int 或 unsigned）、无符号短整型（unsigned short）和无符号长整型（unsigned long）。Visual C++ 6.0 编译环境下各种整型类型所占的内存字节数及其取值范围如表 3-1 所示。

表 3-1　Visual C++ 6.0 编译环境下各种整型类型所占的内存字节数及其取值范围

类型声明符	内存字节数	取值范围
[signed]short	2	$-32\,768 \sim 32767$，即 $-2^{15} \sim (2^{15}-1)$
[signed]int	4	$-2\,147\,483\,648 \sim 2\,147\,483\,647$，即 $-2^{31} \sim (2^{31}-1)$
[signed]long	4	$-2\,147\,483\,648 \sim 2\,147\,483\,647$，即 $-2^{31} \sim (2^{31}-1)$
unsigned short	2	$0 \sim 65\,535$，即 $0 \sim (2^{16}-1)$
unsigned [int]	4	$0 \sim 4\,294\,967\,295$，即 $0 \sim (2^{32}-1)$
unsigned long	4	$0 \sim 4\,294\,967\,295$，即 $0 \sim (2^{32}-1)$

从表 3-1 中可以看到虽然各种无符号类型所占的内存字节数与相应的有符号类型所占的内存字节数相同，但是由于省去了符号位，不能表示负数并且其最高位仍为数据位，所以取值范围不同。

需要说明的是 C 语言标准没有具体规定以上各种数据类型所占内存的字节数，而只要求各个类型的长度满足条件 long≥int≥short。同一种类型的数据在内存中占用的字节数与以下因素有关。

（1） 编译器。

在 Turbo C 2.0 编译环境下，int 类型占两个字节；在 Visual C++ 6.0 编译环境下，int 类型占 4 个字节。

（2） 计算机字长（机器）。

int 类型在 16 位计算机中占两个字节，而在 32 位计算机中占 4 个字节。

总体来说，以上各种整型数据类型实际占用的字节数与编译器的编译环境及计算机字长有关，在不确定时可使用运算符 sizeof（类型名）检测，该运算符的用法详见 3.3.8 节。

在 C 语言中整型数据可以用十进制、八进制和十六进制 3 种形式来表示。

（1） 十进制整数：没有前缀，其数码为 0~9，用+、-号表示数值的正负。例如，59、+12、-7 都是正确的十进制整数。

（2） 八进制整数：必须以数字 0 开头，数码取值为 0~7。例如，024 等价于十进制数 20；018 则是一个非法的八进制整数。

（3） 十六进制整数：必须以 0x 或 0X 开头，数码取值为 0~9，a~F 或 a~f。例如，0x1f 等价于十进制数 31。

注意：在程序中根据前缀来区分各种进制数，因此在书写时应小心不要把前缀弄错（十六进制的前导符 0x 中 x 前面是数字 0，不是字母）。

以上任何形式的有符号整数，在计算机内部都会自动转化为二进制的补码形式存储，但是在表示一个整型数据时不能使用二进制形式。

在一个整型数据后面加上后缀、字母 l 或者 L，则认为是长整型数据。例如，78L、025L和 0x3aL 等。尽管 78 和 78L 在数值上并无分别，但 C 编译系统为它们分配的存储空间大小不同，这往往用于函数调用中。假设某一函数形参为 long int 型，则不可用 78 作为实参，而必须用 78L。在一个整型数据后面加上后缀字母 U 或者 u，则认为是无符号数据。例如，0X38U。

2. 实型（浮点型）

在 C 语言中实型也称为"浮点型"，与数学中的实数概念相同，这种数据由整数和小数两个部分组成。实型数据分为以下两种。

（1）单精度型：类型声明符为 float。

（2）双精度型：类型声明符为 double。

在 Visual C++ 6.0 编译环境下为各种实型数据类型分配的内存字节数、精度及其取值范围如表 3-2 所示。

表 3-2　在 Visual C++ 6.0 编译环境下为各种实型数据类型分配的内存字节数、精度及其取值范围

类型声明符	分配字节数	有效数字/精度（位）	取值范围
float	4	7	$-3.4\times10^{-39}\sim3.4\times10^{39}$
double	8	15～16	$-1.7\times10^{-309}\sim1.7\times10^{309}$

在 C 语言中实型数据只能采用十进制，有如下两种表达形式。

（1）十进制小数：由+或-号、数字 0～9 和小数点组成（注意必须有小数点）。若整数部分是 0，则可以省略。例如，-2.5、.71、12.、0.0、.0、0.等都是正确的十进制小数形式（其中.71 等价于 0.71，12.等价于 12.0，0.0 等价于.0 和 0.）。

（2）指数（科学计数法）：在计算机中用字母 E（或 e）表示以 10 为底的指数。

一般格式为 aE$\pm n$ 或 $ae\pm n$，代表 $a\times10^{\pm n}$（其中 a 为十进制数，n 为十进制整数）。字母 E（或 e）后面的"+"号可以省略，E（或 e）之前必须有数字，E（或 e）后面的指数必须为整数。例如，12E+3 或 12e3 代表 12×10^3，-1.5E-7 代表-1.5×10^{-7}。

注意：没有无符号的浮点数，所有浮点数都是有符号数。

所有浮点常量都被默认为 double 型。如有必要，可以使用后缀 f 或 F 来表示 float 型实数。例如，1.8E3f、1.6f、9F 等。这里特别说明 1.6 与 1.6f 不同，C 编译系统把 1.6 默认为双精度数，分配 8 个字节；1.6f 则按单精度处理，分配 4 个字节。

3. 字符型

字符型的类型声明符为 char，可以分为有符号和无符号两种，字符型数据在内存中分配的字节数及取值范围如表 3-3 所示。

表 3-3　字符型数据在内存中分配的字节数及取值范围

类型声明符	分配的字节数	取值范围
[signed]char	1	$-128\sim127$，即$-2^7\sim(2^7-1)$
unsigned char	1	$0\sim255$，即 $0\sim(2^9-1)$

字符型用于存储字符，如英文字母或标点等。严格来说，字符型也是整数类型，因为字符数据在内存中存储的是字符的 ASCII 码值。例如，小写字母 a 的 ASCII 码值是 97。因此实际上在计算机中存储的是整数 97，而不是字符 a，所以 C 语言允许字符型数据与整型数据通用（当然是在一定的取值范围内）。

ASCII 码对照表如表 3-4 所示。

表 3-4　ASCII 码对照表

ASCII 值	控制字符	ASCII 值	控制字符	ASCII 值	控制字符	ASCII 值	控制字符
0	NUL	32	(space)	64	@	96	`
1	SOH	33	!	65	A	97	a
2	STX	34	"	66	B	98	b
3	ETX	35	#	67	C	99	c
4	EOT	36	$	68	D	100	d
5	ENQ	37	%	69	E	101	e
6	ACK	38	&	70	F	102	f
7	BEL	39	'	71	G	103	g
8	BS	40	(	72	H	104	h
9	HT	41	)	73	I	105	i
10	LF	42	*	74	J	106	j
11	VT	43	+	75	K	107	k
12	FF	44	,	76	L	108	l
13	CR	45	-	77	M	109	m
14	SO	46	.	78	N	110	n
15	SI	47	/	79	O	111	o
16	DLE	48	0	80	P	112	p
17	DC1	49	1	81	Q	113	q
18	DC2	50	2	82	R	114	r
19	DC3	51	3	83	S	115	s
20	DC4	52	4	84	T	116	t
21	NAK	53	5	85	U	117	u
22	SYN	54	6	86	V	118	v
23	TB	55	7	87	W	119	w
24	CAN	56	8	88	X	120	x
25	EM	57	9	89	Y	121	y
26	SUB	58	:	90	Z	122	z
27	ESC	59	;	91	[	123	{
28	FS	60	<	92	\	124	|
29	GS	61	=	93	]	125	}
30	RS	62	>	94	^	126	~
31	US	63	?	95	_	127	DEL

ASCII 值的范围是 0～127，其中 0～31 及 127（共 33 个）是控制字符或通信专用字符；32～126 分配给了键盘上的键符（均为可打印字符）。

在 C 语言中，字符型数据有如下两种。

（1）用一对单引号括起来的单个（不能是多个）字符，例如，'A'、'n'、'*'、'6'。

（2）转义字符，以反斜杠'\'开头的特殊字符，如'\n'表示一个换行符。常用的转义字符及其含义如表 3-5 所示。

表 3-5　常用的转义字符及其含义

字符形式	含　义	ASCII 码值
'\n'	回车换行，将当前位置移动到下一行开头	10
'\t'	横向跳到下一个制表位置（一个制表区占 8 列）	9
'\b'	退格，将当前位置移动到前一列的位置	8
'\r'	回车，将当前位置移到本行开头	13
'\f'	走纸换页，将当前位置换到下页开头	12
'\\'	代表一个反斜杠字符	92
'\''	代表一个单引号字符	39
'\n'	代表一个双引号字符	34
'\ddd'	1～3 位八进制数所代表的字符	
'\xhh'	1～2 位十六进制数所代表的字符	

说明如下。

（1）同一个字符可以有不同的表达形式，如'A'、'\101'和'\x41'均表示大写字母 A; '\012'和'\xa'均表示换行符。

（2）'s'和'S'是不同的字符，大小写字母的 ASCII 码差值为 32。

（3）' '、'"'和'\'都是不合法的，必须用转义字符来表示，正确表示方法为'\''，双引号'\"'和反斜杠'\\'。

（4）'\0'或'\00'是代表 ASCII 码为 0 的控制字符，代表空操作，常用在字符串中。

3.2　常量和变量

3.2.1　标识符与关键字

1．标识符

简单地说，标识符就是一个名称，用来表示变量、常量、函数、类型，以及文件等的名字。例如，每个人的姓名就是每个人所对应的标识符。标识符的命名规则如下。

（1）只能由字母、数字或下画线组成，并且第 1 个字符不能是数字。

（2）区分大小写，所以 Student 和 student 代表不同的标识符。

（3）Visual C++ 6.0 中规定标识符的长度<32 个字符。

（4）不能使用关键字。

（5）命名标识符时最好能做到"见名知意"，如 score、age 和 name 等。

合法的标识符如_a2、day、a_b7，不合法的标识符如 n-12、2a、L、S、x+y、int、#a。

2．关键字

关键字是被 C 语言保留、具有特定含义，并且不能用于其他用途的一批标识符，用户只能按规定使用它们。根据 ANSI 的标准，C 语言中的关键字如图 3-2 所示。

char	short	int	unsigned
long	float	double	struct
union	void	enum	signed
const	volatile	typedef	auto
register	static	extern	break
case	continue	default	do
else	for	goto	if
return	switch	while	sizeof

图 3-2　C 语言中的关键字

C99 新增关键字为_Bool、_Complex、_Imaginary 和 restrict。

3.2.2　常量与符号常量

常量是指在程序运行过程中其值不能改变的量，可以有不同的类型，分为直接常量和符号常量。C 语言中的常量分类如图 3-3 所示。

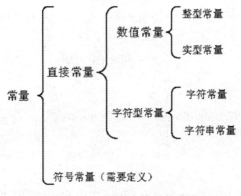

图 3-3　C 语言中常量的分类

1.　直接常量

直接常量包括数值常量和字符型常量。

（1）数值常量。

● 整型常量。

合法的整型常量如 10、10L、010、0x10，不合法的整型常量如 039、FF、0x3H、Ox11。

● 实型常量。

合法的实型常量如-5.3、2.5e-5、.33、0.，不合法的实型常量如 E7、5-E3、2.7E、6e7.5、e.、.e3。

（2）字符型常量。

● 字符常量。

合法的字符常量如'a'、'0'、'+'、't'、'\105'、'\x10'，不合法的字符常量如"a"、'12'、"\"、'\x101'、'\128'、'\2a'。

● 字符串常量。

字符串常量是由一对双引号括起来的字符序列，如"It is red"、"12"和"3*2=6"等都是合法的字符串常量。

字符串常量和字符常量之间的主要区别：一是字符常量由单引号括起来，字符串常量由双引号括起来；二是字符常量只能是一个字符，字符串常量则可以是 0 个、一个或多个字符。当字符串中字符个数为 0 时，用""来表示一个空串；三是在内存中字符常量只占一个字节，而字符串常量所占的内存字节数等于字符串中字符的个数加 1，增加的一个字节用于存放字符串结束标志'\0'（ASCII 码为 0）。例如，字符串"China"在内存中的存储形式如图 3-4 所示。

图 3-4　字符串"China"在内存中的存储形式

字符'a'在内存中占 1 个字节，而字符串"a"在内存中占 2 个字节。

注意： 'ab'是不合法的，它既不是字符常量，也不是字符串常量。

2. 符号常量

在 C 语言中可以用一个标识符来表示一个常量，称之为"符号常量"。它是一种特殊的常量，在使用之前必须先定义，定义格式如下：

```
#define 标识符 常量
```

例如：

```
#define PI 3.1415926
#define MaX 1000
#define PW '*'
```

说明如下。

（1）#define 是一条预处理命令（必须以#开头），又称为"宏定义命令"，其功能是把标识符定义为其后的常量值。符号常量一经定义，以后在程序中所有出现该标识符处均以该常量值代之。

（2）习惯上符号常量的标识符用大写字母，以示区别。

（3）#define 命令行的最后不能加分号。

3.2.3　变量及其定义

1. 变量概念

在 C 语言中变量指在程序的运行过程中其值可以改变的量，它实质上代表计算机中的一个存储单元，用来存放数据。变量类似我们存放东西的抽屉。如果有多个抽屉，则需要为每个抽屉编号加以区别。因而每个变量都有一个变量名，用来标识该变量，如图 3-5 所示。

程序中的变量具有变量名、变量值和变量代

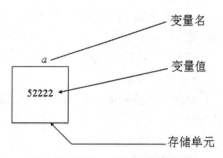

图 3-5　变量 *a* 在内存中的存储

表的存储单元 3 个要素。

变量名在 C 程序中实际上与该存储单元的地址对应，在编译和连接程序时，由编译系统为每个变量分配相应的内存地址。从变量中取值实际上是通过变量名找到相应的内存地址，然后从该存储单元中读取数据。

一个变量中只能存放一个数据，如假设变量 a 中存放的数据是 5，后又将数据 20 存放到变量 a 中，则变量 a 的值就是 20，原来的 5 不再存在。

2. 定义变量

C 语言规定变量必须先定义后使用，定义变量的格式如下：

```
数据类型  变量名 1 [,变量名 2,…];
```

例如：

```
float score;           /*定义了 1 个单精度型变量 score*/
char m,n;              /*定义了 2 个字符型变量 m 和 n*/
[signed] int,a;        /*定义了 1 个整形变量 a*/
```

注：[signed] int：有符号 int 直接可以写为 int，例如：

```
[signed] short [int]
unsigned short [int]
```

说明如下。

（1） 数据类型与变量列表之间至少用一个空格隔开。

（2） 数据类型决定了变量的属性，即变量的取值范围、变量所占存储单元的字节数、所能施加于该变量的操作类型。

（3） 变量列表可以是一个或多个变量，多个变量之间要用逗号分隔。

（4） 变量名必须符合标识符的命名规则，习惯上变量名中的英文字母用小写。

（5） 方括号[ ]中的内容为可选项（在格式中出现的[]都表示这个含义）。

在 C 语言中所有用到的变量必须强制定义，其目的如下。

（1） 每一个变量被指定为一个确定的类型,在编译时就能为其分配相应的存储单元。例如，若指定 a 为 int 型，则 Visual C++ 6.0 编译系统将为 a 分配 4 个字节，并按整数方式存储数据。

（2） 指定每一个变量属于一个类型便于在编译时据此检查该变量所执行的运算是否合法。

（3） 凡未被事先定义的，C 编译系统不把它认做变量名，这样保证在程序中正确使用变量名。例如，如果在定义部分写了 int *student*，而在执行语句中将 *student* 错写成 *stadent*，如 *stadent*=30，则在编译时检查出 *stadent* 未被定义，就会给出错误提示信息。

3. 初始化变量

在定义变量时可根据需要赋予它一个初始值，即初始化变量，一般格式如下：

```
数据类型 变量名 1[=初值 1][,变量名 2[=初值 2]…];
```

例如：

```
int a, b, c=3  /*定义了a、b、c共3个整型变量，但只对c初始化，它的初值为3*/
```

如果在定义时要为多个变量赋予相同的值，应写成：

```
int a=3,b=3,c=3;  /*定义了a、b、c共3个整型变量，三者的初值都为3*/。
```

不能写成：

```
int a=b=c=3;  /*语法错误*/
```

注意：变量定义后，若没有初始化，系统将为其赋一个随机值。

3.3 运算符和表达式

运算符是表示某种操作的符号，其操作的对象为操作数，根据运算符操作的操作数个数可把运算符分为单目运算符、双目运算符和三目运算符。用运算符把操作数按照 C 语言的语法规则连接起来的式子称为表达式，如表达式 5+6 中+运算符表示求 5 和 6 这两个操作数的和，这里的+运算符属于双目运算符。C 语言为了加强对数据的表达、处理和操作能力，提供了大量的运算符和丰富的表达式类型。

3.3.1 算术运算符及其表达式

1. 加法运算符（+）

双目运算符，即应有两个量参与加法运算。例如，$a+b$、4+8 等。

说明：也可以作为正号运算符，此时为单目运算，例如，+2。

2. 减法运算符（-）

双目运算符，例如 $x-y$、$14-m$ 等。

说明：也可作为负号运算符，此时为单目运算，例如，$-x$、-5 等。

3. 乘法运算符（*）

双目运算符，需要注意的是与数学表达式不同，C 语言表达式中的乘号不能省略。例如，数学表达式 $2x+y$ 写成 C 语言算术表达式应该为 $2*x+y$；否则会出错。

4. 除法运算符（/）

双目运算符，C 语言对除法运算做了如下规定。

（1）两个整型数相除，结果也为整型，小数部分被舍弃。例如，算术表达式 5/2 的值为 2。

（2）只要有一个操作数为实型，则结果为 double 型。例如，算术表达式 5.0/2 的值为 2.5。

5. 求余运算符（%）

双目运算符，也称为"模运算符"，C 语言规定求余运算中的两个操作数必须为整型；否则会提示出错。余数的正负号与被除数相关，例如，算术表达式 7%4 的值为 3，算术表达式-7%4 和-7%-4 的值均为-3。

6. 自增运算符（++）和自减运算符（--）

（1） 自增运算符（++）：使单个变量的值自动加 1。

（2） 自减运算符（--）：使单个变量的值自动减 1。

自增和自减运算符都属于单目运算符，有以下两种用法。

（1） 前置运算：即运算符放在变量之前，如++a、--a。运算规则为先使变量的值加（或减）1，然后以变化后的值参与其他运算。即先加减，后运算。

（2） 后置运算：即运算符放在变量之后，如 a++，a--。运算规则为变量先参与其他运算，然后使变量的值加（或减）1。即先运算，后加减。

说明如下。

（1） 自增和自减运算只能用于变量，不能用于常量和表达式。

例如，5++或--($a + B$)等都是非法的。

（2） 自增和自减运算要求操作对象的值为一个整数。

例如，若 x 是一个 float 型变量，则 x++或者--x 都是错误的使用方式。

3.3.2 关系运算符及其表达式

1. 关系运算符

所谓关系运算实际上就是比较运算，即将两个数据进行比较，判定二者是否符合给定的关系。

C 语言提供如下 6 种关系运算符。

（1） <：小于。

（2） <=：小于或等于。

（3） >：大于。

（4） >=：大于或等于。

（5） ==：等于。

（6） !=：不等于。

所有的关系运算符都是双目运算符。

关系运算符及其优先顺序如下。

（1） 前 4 种关系运算符（<、<=、>、>=）的优先级相同，后两种也相同。前 4 种高于后两种，例如 ">" 优先于 "=="，而 ">" 与 "<" 的优先级相同。

（2） 关系运算符的优先级低于算术运算符。

（3） 关系运算符的优先级高于赋值运算符。

以上关系如图 3-6 所示。

2. 关系表达式

用关系运算符将两个数值或数值表达式连接起来的式子称为"关系表达式"，例如 $a>b$、$a+b>b+c$、(a=3)>(b=5)、($a>b$)>($b>c$)都是合法的关系表达式。

关系表达式的一般格式为:

表达式 关系运算符 表达式

例如:

```
main(){
  char c='k';
  int i=1,j=2,k=3;
  float x=3e5,y=0.85;
  printf("%d,%d\n",'a'+5<c,-i-2*j>=k+1);
  printf("%d,%d\n",1<j<5,x-5.25<=x+y);
  printf("%d,%d\n",i+j+k==-2*j,k==j==i+5);
}
```

在本例中求出了各种关系运算符的值,字符变量以其对应的 ASCII 码参与运算。对于包含多个关系运算符的表达式,如 $k==j==i+5$,根据运算符的左结合性先计算 $k==j$。该式不成立,其值为 0。再计算 $0==i+5$,也不成立,故表达式值为 0。

注意区分 "==" 和 "="。在 C 语言中 "==" 是关系运算符,而 "=" 则是赋值运算符。关系运算的结果是一个逻辑值,只有两种可能,即要么关系成立,为"真";要么关系不成立,为"假"。由于 C 语言没有逻辑型数据类型,所以用 1 代表"真";用 0 代表"假"。因而所有 C 语言的关系表达式的运算结果实质上是数值型(1 或者 0)。

例如,下面的式子都是正确的关系表达式:

```
0<=0              /*表达式值为1*/
3.0==3            /*表达式值为1*/
5 != '5'          /*表达式值为1*/
'A'>'a'           /*表达式值为0*/
```

说明: 对于字符型数据,将其转换为字符的 ASCII 码,再进行大小比较。

3.3.3 逻辑运算符及其表达式

关系表达式只能描述单一条件,如 x 表示是一个非负数,可用关系表达式 $x \geq 0$ 来描述。如果需要描述的条件有两个或更多,如表示 x 的数值范围是[0,100],即 $x \geq 0$ 且 $x \leq 100$ 时,则要借助逻辑表达式。

用逻辑运算符连接关系表达式或逻辑量的式子就是逻辑表达式,其中逻辑量就是值为"真"或"假"的数据。C 语言规定所有的非 0 数据判定为"真",只有 0 判定为"假"。

C 语言提供如下 3 种逻辑运算符。

(1) &&(逻辑与):双目运算符,表示"并且",即两个条件须同时满足。

(2) ||(逻辑或):双目运算符,表示"或者",即只需满足其中任意一个条件。

(3) !(逻辑非):单目运算符,表示"否定",即取反。

逻辑表达式的一般格式为:

表达式 逻辑运算符 表达式

其中的表达式也可以是逻辑表达式,从而组成嵌套的情形。

例如:

```
(a&&b)&&c
```

根据逻辑运算符的左结合性，上式也可写为：

```
a&&b&&c
```

逻辑表达式的值是式中各种逻辑运算的最后值，以 1 和 0 分别代表"真"和"假"。例如：

```
main(){
    char c='k';
    int i=1,j=2,k=3;
    float x=3e+5,y=0.85;
    printf("%d,%d\n",!x*!y,!!!x);
    printf("%d,%d\n",x||i&&j-3,i<j&&x<y);
    printf("%d,%d\n",i==5&&c&&(j=8),x+y||i+j+k);
}
```

在本例中!x 和!y 分别为 0，!x*!y 也为 0，故其输出值为 0。由于 x 为非 0，故!!!x 的逻辑值为 0。对 x|| i && j-3 式，先计算 j-3 的值为非 0，再求 i && j-3 的逻辑值为 1，故 x||i&&j-3 的逻辑值为 1；对 i<j&&x<y 式，由于 i<j 的值为 1，而 x<y 为 0，故表达式的值为 1。与 0 相与，最后为 0；对 i==5&&c&&(j=8)式，由于 i==5 为假，故值为 0。该表达式由两个与运算符组成，所以整个表达式的值为 0；对于式 x+ y||i+j+k，由于 x+y 的值为非 0，故整个或表达式的值为 1。

与关系运算一样，逻辑运算的结果也只有"真"和"假"两种情况，即所有 C 的逻辑表达式的运算结果实质上也是数值型（1 或者 0）。逻辑运算的真值表如表 3-6 所示。

表 3-6　逻辑运算的真值表

x	y	!x	x&&y	x||y
真	真	假	真	真
真	假	假	假	真
假	真	真	假	真
假	假	真	假	假

例如，下面的式子都是正确的逻辑表达式：

```
x≥0&&x≤100/*描述 x 的取值范同是[0，100]，注意不能表示为 0≤x≤100*/
ch≥'a'&&ch≤'Z'/*描述 ch 是大写字母*/
!9.5      /*表达式值为 0，因为 9.5 是非 0 数，按"真"处理*/
'0' ||0     /*表达式值为 1，因为字符'0'的 ASCII 值为非 0 数，所示按"真"处理*/
'0'&&0    /*表达式值为 0*/
```

3.3.4　位运算符及其表达式

位运算是指按二进制位执行的运算，C 语言提供 6 种位操作运算符，即&（按位与）、|（按位或）、^（按位异或）、～（取反）、<<（左移）和>>（右移）。

位运算符只能用于整型操作数，即只能用于带符号或无符号的 char、short、int 与 long 类型。

1. &

双目运算符，功能是参与运算的两数中各对应的二进位执行与运算。只有对应的两个二进位均为 1 时，结果位才为 1；否则为 0。参与运算的数以补码形式出现。

例如，9&5 可写为如下算式：

```
  00001001          （9 的二进制补码）
&00000101           （5 的二进制补码）
  00000001          （1 的二进制补码）
```

可见表达式 9&5 的值为 1。

该运算符的应用如下。

（1）清 0。

若清 0 一个存储单元，即使其全部二进制位为 0。只要找一个二进制数，其中各位符合的条件是原来数中为 1 的位，新数中相应位为 0。然后二者执行&运算，即可达到清 0 目的。

例如，原数为 43，即 00101011。另找一个数设为 148，即 10010100，将二者执行按位与运算：

```
  00101011
&10010100
  00000000
```

（2）取一个数中某些指定位。

若有一个整数 a（2 字节），需要取其中的低字节，只需要将 a 与 8 个 1 按位与即可。

```
a 00101100 10101100
&b 00000000 11111111
C 00000000 10101100
```

（3）保留指定位。

与一个数执行按位与运算，此数在该位取 1，即可保留该位。

例如，有一数 84，即 01010100。需要把其中从左边算起的第 3、4、5、7、8 位保留下来，运算如下：

```
  01010100
&00111011
  00010000
```

即 a=84，b=59，a&b=16。

2. |

双目运算符，功能是参与运算的两数中对应的二进位执行或运算。只要对应的两个二进位有一个为 1 时，结果位就为 1。参与运算的两个数均以补码出现。

例如，9|5 的算式如下：

```
  00001001
|00000101
  00001101          （十进制数为 13）
```

可见 9|5=13。

3. ^

双目运算符，其功能是参与运算的两个数中对应的二进位相异或。当两对应的二进位相异时，结果为 1。参与运算的两个数均以补码出现。

例如，9^5 可写成如下算式：

00001001
^00000101
00001100 （十进制数为 12）

按位异或的应用如下。

（1） 使特定位翻转。

假设有二进制数 01111010，要使其低 4 位翻转，即 1 变 0，0 变 1，可以将其与 00001111 执行异或运算。

01111010
^00001111
01110101

运算结果的低 4 位正好是原数低 4 位的翻转，可见要使哪几位翻转就与其执行^运算的几位置为 1 即可。

（2） 与 0 相异或保留原值。

例如，012^00=012

00001010
^00000000
00001010

因为原数位中的 1 与 0 执行异或运算得 1，0^0 得 0，故保留原数。

4. ~

单目运算符，具有右结合性。其功能是按位求反参与运算数的各个二进位。

例如，~9 的运算：

~（0000000000001001）
结果为 1111111111110110。

5. <<

双目运算符，功能是把<<左边运算数的各个二进位全部左移<<右边数指定的位数，高位丢弃，低位补 0。

例如，a<<4 把 a 的各个二进位向左移动 4 位。假设 a=00000011（十进制数 3），左移 4 位后为 00110000（十进制数 48）。

左移 1 位相当于该数乘以 2，左移两位相当于该数乘以 2*2=4。15<<2=60，即乘了 4，但此结论只适用于该数左移时被溢出舍弃的高位中不包含 1 的情况。

假设以一个字节（8 位）存一个整数，且 a 为无符号整型变量，则 a=64 时，左移一位时溢出的是 0；而左移 2 位时，溢出的高位中包含 1。

6. >>

双目运算符,功能是把>>左边的运算数的各个二进位全部右移>>右边的数指定的位数。

例如,设 $a=15$, $a>>2$ 表示把 000001111 右移为 00000011(十进制数 3)。

应该说明的是有符号数在右移时符号位将随同移动,为正数时最高位补 0;为负数时符号位为 1,最高位补 0 或补 1 取决于编译系统的规定(Turbo C 和很多系统规定为补 1)。

3.3.5 赋值运算符及其表达式

C 语言中的赋值运算符都是双目运算符,主要包括以下两种。

(1) 直接赋值运算符(=)。

运算规则为先求=右边的值,然后赋给=左边的变量,赋值表达式的值就是左边变量的值。例如:

```
a=7      /*执行表达式后,变量 a 的值为 7,赋值表达式的值也为 7*/
x=3*5    /*执行表达式后,变量 x 的值为 15,赋值表达式的值也为 15*/
```

注意:若已知 a 是 char 型变量,则 $a='*'$ 是合法的赋值表达式;$a="*"$ 则是非法的赋值表达式。因为 C 语言中没有字符串类型的变量,所以不能把一个字符串赋予一个字符变量。在 C 语言中通常用字符数组变量来存放字符串,这部分内容将在第 7 章中介绍。

(2) 复合赋值运算符(+=、-=、*=、=、%=、&==、|=、>>=、<<=、^=)。

在"="之前加上其他运算符,可以构成复合赋值运算符。C 语言采用复合赋值运算符,一是为了简化程序,使程序精练;二是为了提高编译效率,产生质量较高的目标代码。

例如,下面的式子都是正确的赋值表达式:

```
a+=5        /*等价于 a=a+5*/
x-=4        /*等价于 x=x-4*/
x*=y+7      /*等价于 x=x*(y+7)*/
x/=++y      /*等价于 x=x/(++y)*/
a%=b        /*等价于 a=a%b*/
a&=b        /*等价于 a=a&b*/
a<<=2       /*等价于 a=a<<2*/
```

注意:赋值的过程实际上是把值送到变量代表的存储单元,因此值运算符的左边必须是变量;右边则可以是变量、常量或表达式。例如,以下均是不合法的赋值表达式:

```
7=x        /*非法*/
a+2=b      /*非法*/
'x'='y'    /*非法*/
```

3.3.6 条件运算符及其表达式

C 语言提供的条件运算符 "?:" 的一般格式为:

```
表达式 1?表达式 2:表达式 3
```

运算规则为如果表达式 1 的值为非 0（即逻辑真），则运算结果等于表达式 2 的值；否则等于表达式 3 的值。也就是说表达式 2 与表达式 3 中只有一个被执行，而不会全部执行。

例如，下面的式子都是正确的条件表达式：

```
(a>b)?a:b                /*返回 a 和 b 中较大的数*/
x?1:0                    /*若 x 是非 0 数，返回 1；否则返回 0*/
(score>=60)? 'Y':'N'     /*若及格，返回字符 Y；否则返回字符 N*/
```

说明：条件运算符是 C 语言中唯一的三目运算符，要求有 3 个操作对象。其中表达式 1、表达式 2 和表达式 3 可以是任意合法的表达式，它们的类型可以各不相同。

当双分支选择结构中语句部分都较为简单时，可以用条件运算符来代替，使程序更为简练。

3.3.7　逗号运算符及其表达式

逗号运算符又称为"顺序求值运算符"，通过该运算符可以将多个表达式连接起来构成逗号表达式。逗号表达式的一般格式如下：

表达式 1, 表达式 2 [, 表达式 3, …表达式 n]

运算规则为先求表达式 1 的值，然后求表达式 2 的值。依此类推，直到求出最后一个表达式 n 的值，整个逗号表达式的值是最后一个表达式 n 的值。

例如，逗号表达式"$m+7, 2*a, 7\%2$"的值为 1。

通常情况下，使用逗号表达式不是为了取得和使用这个逗号表达式的最终结果值，而是为了分别按顺序求得每个表达式的结果值。

注意：并不是任何地方出现的逗号都是逗号运算符，很多情况下逗号仅用做分隔符。

例如，定义 int a,b,c; 中的逗号是分隔符，而不是逗号运算符。

3.3.8　求字节数运算符

sizeof 运算符是一个求字节数运算符，它是一个单目运算符，一般格式为：

sizeof（数据类型名|变量名|常量）

功能为返回某数据类型、某变量或者某常量在内存中的字节长度。

例如，用 sizeof 求各数据类型，以及常量和变量的字节数：

```
#include <stdio. h>
void main ()
{
   float x;
   printf("%dln", sizeof(short));        /*输出字节数 2*/
   printf("%d\n", sizeof(x));            /*输出字节数 2*/
   printf("%dln", sizeof('x'));          /*输出字节数 2*/
   printf("%dln", sizeof(2));            /*输出字节数 2*/
   printf("%dln", sizeof(2+3. 14));      /*输出字节数 2*/
}
```

3.4 运算符的结合性及优先级

3.4.1 运算符的结合性

C 语言中各运算符的结合性分为以下两种。

（1）左结合性（自左至右）。

自左至右的结合方向称为"左结合性"。例如，算术运算符的结合性是左结合。若有表达式"$x-y+z$"，则 y 应先与"$-$"号结合，执行"$-$"运算。然后执行"$+z$"的运算，即相当于表达式"$(x-y)+z$"的运算。

（2）右结合性（自右至左）。

自右至左的结合方向称为"右结合性"，最典型的右结合性运算符是赋值运算符。如赋值表达式 $x=y=z$，应执行 $y=z$ 后执行 $x=(y=z)$ 运算。

多数运算符具有左结合性，而单目运算符、三目运算符和赋值运算符具有右结合性。应注意区别各运算符的结合性，避免理解错误。

3.4.2 运算符的优先级

在 C 语言中运算符的运算优先级分为 15 级，1 级最高，15 级最低，在表达式中优先级较高的先于优先级较低的执行运算。而在一个运算量两侧的运算符优先级相同时，则按运算符的结合性所规定的结合方向处理。

C 语言中常用运算符的优先级和结合性如表 3-7 所示。

表 3-7　C 语言中常用运算符的优先级和结合性

优先级	运算符	含　义	结合性	说　明
1	()	圆括号	左结合	双目运算符
2	- （取负运算）、++（自增运算符）、--（自减运算符）	算术运算符	右结合	双目运算符
	（类型名）（表达式）	强制类型转换		
	!	逻辑非运算符		
	sizeof	求字节数运算符		
	~（按位取反）	位运算符		
3	*（乘法）、/（除法）、%（求余）	算术运算符	左结合	双目运算符
4	+（加法）、-（减法）			
5	<<（左移）、>>（右移）	位运算符	左结合	双目运算符
6	>（大于）、>=（大于等于）、<（小于）、<=（小于等于）	关系运算符	左结合	双目运算符
7	==（等于）、!=（不等于）			
8	&（按位与）	位运算符	左结合	双目运算符
9	^（按位异或）			
10	|（按位或）			
11	&&（逻辑与）	逻辑运算符	左结合	双目运算符

（续表）

优 先 级	运 算 符	含 义	结 合 性	说 明
12	‖（逻辑或）	逻辑运算符		
13	?:（条件）	条件运算符	右结合	双目运算符
14	=、+=、-=、*=、/=、%=、&==、|=、>>=、<<=、^=	赋值运算符	右结合	双目运算符
15	,	逗号运算符	左结合	双目运算符

一般而言，单目运算符优先级较高，赋值运算符优先级低，逗号运算符优先级最低。算术运算符优先级较高，关系和逻辑运算符优先级较低。

3.4.3 表达式的书写规则

表达式是由运算符连接常量、变量、函数所组成的式子，每个表达式都按照其中运算符的优先级、结合性，以及运算规则依次对运算对象执行运算。最终获得一个数据，该数据称为"表达式的值"，表达式的值的数据类型就是该表达式的数据类型。

由于在复杂的表达式中可能出现各种运算符，它们的优先级别不同，因此可以使用括号来改变运算次序，内层的括号优先运算。

书写表达式应注意以下规则。

（1） 在 C 语言中所有括号全部使用圆括号，没有圆括号、方括号及花括号之分。

（2） C 语言表达式中的乘号不能省略。

例如，数学表达式 $3[x+2(+2)]$ 写成 C 语言表达式为 $3*(x+2*(y+z))$。

（3） 表达式中各操作数和运算符应在同一水平线上，没有上下标和高低之分。

【示例】用 C 语言表达式描述数学表达式 x_1+x_2，正确的 C 语言表达式为 $x1+x2$；$\dfrac{y-1}{2x}$ 的正确的 C 语言表达式为 $(y-1)/(2*x)$ 或 $(y-1)/2/x$。

思考：$y-1/2*x$ 或 $y-1/(2*x)$ 或 $(y-1)/2*x$ 为何不对？

（4） 数学中的不等式 $a \leqslant x \leqslant b$，在 C 语言表达式中应表示为 $a<=x\&\&x<=b$。

思考：以上不等式若用 C 语言表达式 $a<=x<=b$ 来表示会得到怎样的结果，编译会报错吗？

（5） 数学表达式中一些符号在 C 语言中用相应的数学函数表示。

注意：凡使用数学函数，必须使用 "#include<math.h>" 或者 "#include"math.h"" 命令，将 math.h 头文件包含到源程序文件中，常用的数学函数见附录。

【举例】用 C 语言表达式描述数学表达式 $\dfrac{-b \pm \sqrt{b^2-4ac}}{2a}$，正确的 C 语言表达式为 $(-b+sqrt(b*b-4*a*c))/(2*a)$；$e^{|10-x^5|}$ 的正确 C 语言表达式为 $exp(fabs(10-pow(x,5)))$。

3.5 各种数据类型的转换

在 C 语言中整型数据（包括 int、short 和 long）和实型数据（包括 float 和 double）都是数值型数据，字符型数据可以与整型数据通用，因此整型、实型、字符型数据之间可以执行混合运算。例如，62+'a'-15*2.4 是一个合法的混合运算表达式。

在运算时不同类型的数据要先转换成同一类型。

C 语言的数据类型转换可以归纳成 3 种转换方式，即自动转换、赋值转换和强制转换。

3.5.1 自动转换

数据类型的自动转换规则如图 3-7 所示。

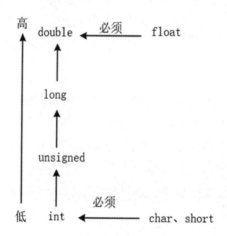

图 3-7　数据类型的自动转换规则

说明如下。

（1）　自动转换按数据长度增加的方向进行，以保证精度不降低。

若两种类型的字节数不同，转换成字节数高的类型；若两种类型的字节数相同，且一种有符号，一种无符号，则转换成无符号类型。

（2）　图 3-7 中横向向左的箭头表示必须完成的转换，即表达式中的 char 型或 short 型数据一律先自动转换成 int 型；float 型数据一律先自动转换为 double 型。

（3）　图 3-7 中纵向向上的箭头表示当运算对象为不同类型时的转换方向遵循由低级转换向高级转换的原则，即在任何涉及两种数据类型的操作中等级较低的类型会被转换成等级较高的类型。

注意：不要理解成 int 型先转换成 unsigned 型，再转换成 long 型，最后转换成 double 型。

如果一个 int 型数据和一个 double 型数据一起运算，则直接将 int 型转换成 double 型计算，结果为 double 型；同理，一个 int 型与一个 long 型数据一起运算，先将 int 型数据直接转换成 long 型后再计算，结果为 long 型。

这里介绍的是一般算术转换，这种类型转换是系统自动进行的。

例如，有如下算术表达式：

```
100+'a'u-f*s
```

其中 u 为 unsigned 型，f 为 float 型，s 为 short 型表达式的处理步骤如下。

（1）将'a'和 s 转换成 int 型，将 f 转换为 double 型。

（2）计算 $f*s$，因 f 已经转为 double 型，所以将 s 转换为 double 型，结果也为 double 型。

（3）计算 100+'a'，因'a'已转换为 int 型，所以结果为 197（int 型）。

（4）计算 197+u，将 197 转换为 unsigned 型，结果为 unsigned 型。

（5）计算（197+u）−（$f*s$），由于 $f*s$ 为 double 型，所以将上一步结果转换为 double 型，因而整个表达式的计算结果为 double 型。

由此可知算术表达式中只要存在实型数据，则表达式的计算结果一定为 double 型。

3.5.2 赋值转换

在赋值运算中当赋值运算符两边的操作数类型不同时，将发生类型转换。转换的规则是把赋值运算符右侧表达式的类型转换为左侧变量的类型，赋值时的类型转换也是系统自动进行的。具体的转换如下。

（1）实型与整型之间的赋值转换。

• 将实型数据赋值给整型变量时将舍弃实型数据的小数部分，只保留整数部分。

例如，已知 a 是 int 型变量。若有 a=3.54，则 a 中存储的数据将是 3，小数部分被舍弃。

注意：如果实型数据的整数部分超过了整型变量的取值范围，则会发生溢出。

• 将整型数据赋值给实型变量时数值不变，但是会将该数值以浮点数形式存储到变量中。例如，已知 b 是 float 型变量，若有 b=78，则先将 78 转换为 78.000 000，再存储到变量 b 中。

（2）float 型与 double 型之间的赋值转换。

• float 型数据赋值给 double 型变量时数值不变，只是在 float 型数据尾部加 0 延长为 double 型数值参加运算，然后直接赋值。有效数字从 7 位扩展到 16 位，占用内存从 4 个字节扩展到 8 个字节。

• double 型数据赋值给 float 型变量时，截取其前面 7 位有效数字并存放到 float 型变量的存储单元（4 个字节）中，截断前要进行四舍五入操作。

例如，已知 f 是 float 型变量。若有 f=8.2 345 678 234 598，则 f 中实际存放的数据是 8.23 457。需要注意的是如果要赋值的 double 型数据超出了 float 型变量的范围，则会发生溢出，造成错误的结果。

（3）char 型数据赋值给 int 型变量时将字符的 ASCII 码赋值给整型变量。

例如，已知 x 是 int 型变量。若 x='a'，则赋值后 x 的值为 97。

（4） 截断赋值。

将一个占字节多的整型数据赋值给一个占字节少的整型变量或字符变量，以及将 int 型数值赋值给 char 型变量或将 long 型数据赋值给 short 型变量时，只将其低字节原封不动地送到该变量（即发生截断），高字节部分被舍去。

（5） 无符号整数与有符号整数之间的赋值转换。

- 将一个无符号整数赋值给长度相同的有符号整型变量时（如 unsigned->int、unsigned long->long、unsigned short->short），按字节原样赋值，内部的存储方式不变。但外部值却可能改变，因此要注意不要超出有符号数整型变量的数值范围；否则会出错。

- 将一个有符号整数赋值给长度相同的无符号整型变量时按字节原样赋值，即内部存储形式不变，但外部表示时总是无符号的（原有的符号位也作为数值位）。

计算机中的数据用补码表示，int 型数据的最高位是符号位，为 1 时表示负值；为 0 时表示正值。如果一个无符号数的值小于 32 768，则最高位为 0，赋给 int 型变量后得到正值。如果无符号数大于等于 32 768，则最高位为 1，赋给整型变量后就得到一个负整数值；反之，当一个负整数赋给 unsigned 型变量时，得到的无符号值是一个大于 32 768 的值。

以上赋值规则看起来比较复杂，其实不同类型的整型数据间的赋值归根到底就是按存储单元中的存储形式直接传送。

从上面可以看出将一个低类型的数据存放到高类型的变量中时，数据不会发生变化。而将高类型的数据存放到低类型变量中时数据的精度有可能降低；同时也可能导致整个运算结果出错，对于这一类转换在程序设计时一定要注意。

C 语言这种赋值时的类型转换形式可能会使开发人员认为不精密和不严格，因为系统自动将表达式的值转为赋值运算符左部变量的类型。而转变后数据可能有所不同，不注意时可能产生错误。这确实是个问题，但不应该忘记的是 C 语言最初是为了替代汇编语言而设计的，所以类型转换比较随意。当然用强制类型转换是一个好习惯，这样至少从程序上可以看出转换的目的。

3.5.3　强制类型转换

C 语言也提供了强制类型转换的机制，可以利用其转换运算符将一个表达式转换成所需的类型，其一般格式为：

（类型说明符）（表达式）

功能：把表达式的运算结果强制转换成类型说明符所表示的类型。

例如：

```
(float)a        /*把变量 a 的值转换为实型*/
(int)(x+y)      /*把表达式 x+y 的结果转换为整型*/
(int) x+y       /*把变量 x 的值转换为整型，然后与变量 y 的值相加*/
```

注意：无论是自动转换还是强制转换，都不会改变变量原来的类型和值，转换时只不过是得到了某种类型的中间变量。例如，(int)x。如果变量 x 原来定义为 float 型，那么执行强制类型运算后得到一个 int 型的中间变量，其值等于 *x* 的整数部分，而变量 *x* 本身的类型和值都未改变。

3.6　程序示例

【例 3-1】求半径为 *r*，高为 2.5 的圆柱体体积。

算法分析：使用符号常量在程序中不能赋值，好处是含义清楚，能做到"一改全改"。

C 源程序（文件名 lt3_1.c）：

```
#include <stdio.h>
#define  PI  3.14  //符号常量PI
int main()
{
    float v,r,h=2.5;
    scanf("%f",&r);
    v=PI*r*r*h;
    printf("Volume=%f",v);
    return 0;
}
```

运行结果如下：

输入 *r*=1。

```
Volume=7.850000
```

【例 3-2】使用整型变量。

算法分析：变量定义必须放在变量使用之前，一般放在函数体的开头部分。因为定义了变量 *a*=12、*b*=-24、*u*=10、*c*=*a*+*u*、*d*=*b*+*u*，所以可以求出 *c* 和 *d* 值。

C 源程序（文件名 lt3_2.c）：

```
#include <stdio.h>
void main()
{
    int a,b,c,d;
    unsigned u;
    a=12;b=-24;u=10;
    c=a+u;
    d=b+u;
    printf("a+u=%d,b+u=%d\n",c,d);
}
```

运行结果如下：

```
a+u=22, b+u=34
```

【例 3-3】各种数据类型之间的转换。

算法分析：*a* 为整型，赋予实型量 *y* 值 8.88 后只取整数 8；*x* 为实型，赋予整型量 *b* 值 322 后增加了小数部分；字符型量 *c*1 赋予 *a* 变为整型；整型量 *b* 赋予 *c*2 后取其低 8 位成为字符型（*b* 的低 8 位为 01000010，即十进制数 66，对应于 ASCII 码字符 B）。

C 源程序（文件名 lt3_3.c）：

```
#include<stdio. h>
void main()
{
int a,b=322;
  float x,y=8.88;
  char c1='k',c2;
  a=y;
  x=b;
  a=c1;
  c2=b;
  printf("%d,%f,%d,%c",a,x,a,c2);
}
```

运行结果如下：

```
107,322.000000,107
```

【例 3-4】分析以下程序的运行结果。

C 源程序（文件名 lt3_4.c）：

```
#include<stdio. h>
void main()
{
    int a=1,b=0,c=1,x1, x2;
    x1=++a&&b&&++a;
    x2=--c||a||b++;
    printf("x1=%d, x2=%d\n", x1);
    printf("a=%d, b=%d, c=%d\n");
}
```

算法分析如下。

（1）语句 *x*1=++*a*&&*b*&&++*a*;的计算过程。

由于单目运算符++比双目运算符优先级更高，因此表达式++*a*&&*b* 等价于表达式 (++*a*)&&*b*。表达式++*a* 的值为 2，变量 *a* 的值也为 2，然后执行 2&&*b* 的结果为 0。表达式 0&&++*a* 等价于 0&&(++*a*)，此时系统完全可以确定表达式的运算结果是 0。因此不再处理表达式 0&&(++*a*)中的后一个操作数，并将 0 赋值给变量 *x*1。

（2）语句 *x*2=--*c*||*a*||*b*++;的计算过程。

与上面类似，表达式--*c*||*a* 等价于表达式(--*c*)||*a*。而表达式--*c* 的值为 0，变量 *c* 的值也为 0，然后执行 0||*a* 的结果为 1。表达式 1||*b*++等价于 1||(*b*++)，此时系统完全可以确定表达式的运算结果是 1。因此不再处理表达式 1||(*b*++)中的后一个操作数，并将 1 赋值给变量 *x*2。

运行结果如下：

```
x1=0，x2=1
a=2，b=0，c=0
```

3.7 小　结

本章主要介绍 C 语言的基础知识，这些知识是正确进行程序设计的前提，读者必须熟练掌握并且做到灵活运用。在了解基本概念的基础上关键掌握如下知识点。

（1）　计算机常用的二进制数与十进制数、八进制数、十六进制数的相互转换：C 语言的整型常量只有八进制、十进制、十六进制表示，没有二进制，但是运行时所有的进制都要转换成二进制后处理。

（2）　C 语言的基本数据类型及各类型的取值范围；不同类型的数据在计算机中所占的空间大小和存储方式不同，整数以二进制补码形式存储，字符型数据以其 ASCII 码存储，实数以指数形式存储。

（3）　各类型常量的表示方法：掌握符号常量的定义，要区别字符和字符串。

（4）　标识符的命名规则：不要使用系统已有的关键字。

（5）　变量：必须先定义后使用，它的 3 要素即变量名、变量类型、变量值，变量名对应变量在内存中的地址；变量类型决定变量在内存中分配的字节数；变量值存储在计算机分配给该变量的内存空间中。

（6）　各种运算符：掌握运算规则、优先级及结合性。

（7）　关系表达式和逻辑表达式：这是两种重要的表达式，主要用于判断执行条件和循环。

（8）　各种数据类型的混合运算：要理解数据类型之间的各种转换。

习　题

1．选择题

（1）　以下能正确定义且赋初值的语句是（　　　）。

A. int　$n1=n2=10$;　　　　　　　　　　B. char　$c=32$;

C. float　$f=f+1.1$;　　　　　　　　　　D. double　$x=12.3E2.5$;

（2）　以下选项中可作为 C 语言合法常量的是（　　　）。

A. −80.　　　　　　　　　　　　　　　B. −080

C. −8e1.0　　　　　　　　　　　　　　D. −80.0e

（3）　设有语句 int $a=3$;计算赋值表达式 $a+=a-=a*=a$ 后，变量 a 的值是（　　　）。

A. 3　　　　　　　　　　　　　　　　B. 0

C. 9　　　　　　　　　　　　　　　　D. −12

（4）　算术运算符、赋值运算符和关系运算符的运算优先级按从高到低依次为（　　　）。

A. 算术运算符、赋值运算符、关系运算符

B. 算术运算符、关系运算符、赋值运算符

C. 关系运算符、赋值运算符、算术运算符

D. 关系运算符、算术运算符、赋值运算符

（5） 有如下定义，则以下选项中错误的表达式是（　　）。

```
int k=1, m=2;
float f-7;
```

A. $k>=f>=m$ B. $-k++$

C. $k\%int(f)$ D. $k=k>=k$

（6） 设有如下定义，则以下选项中值为 0 的表达式是（　　）。

A. $(!a==1)\&\&(!b==0)$ B. a

C. $a\&\&b$ D. $a||(b+B)\&\&(c-a)$

（7） 以下选项中，不能作为合法常量的是（　　）。

A. 1.234e04   B. 1.234e0.4

C. 1.234e 4   D. 1.234e0

（8） 正确表示"当 x 的取值在[1,10]和[200,210]范围内为真，否则为假"的表达式是（　　）。

A. $(x>=1)\&\&(x<=10)\&\&(x>=200)\&\&(x<=210)$

B. $(x>=1)(x<=10)x>=200)(x<=210)$

C. $(x>=1)\&\&(x<=10)(x>=200)\&\&(x<=210)$

D. $(x>=1)1(x<=10)\&\&(x>=200)(x<=210)$

（9） 执行以下程序段后变量 a、b、c 的值分别是（　　）。

```
int x=10, y=9;
int a, b, c;
a=（--x==y++）?-x:++y
b=x++;
c=y:
```

A. $a=9$，$b=9$，$c=9$ B. $a=8$，$b=8$，$c=10$

C. $a=9$，$b=10$，$c=9$ D. $a=1$，$b=11$，$c=10$

（10） 以下叙述中错误的是（　　）。

A. C 程序中的#include 和#define 行均不是 C 语句

B. 除逗号运算符外，赋值运算符的优先级最低

C. C 程序中 j++;是赋值语句

D. C 程序中的+、-、*、/、%是算术运算符，可用于整型和实型数的运算

2. 填空题

（1） 设 float $x=2.5$、$y=4.7$、int $a=7$，则表达式 $x+a\%3*(int)(x+y)\%2/4$ 的值为_____。

（2） 设 $c='w'$、$a=1$、$b=2$、$d=-5$，则表达式$'x'+1>c$、$'y'!=c+2$、$-a-5*b<=d+1$、$a=b==2$ 的值分别为_____、_____、_____、_____。

（3） 计算逗号表达式 x=a=3,6*a 后表达式的值为_____、x 的值为_____、a 的值为_____。

（4） 以下不合法的标识符是_____。

A. *a*-1　　　　　　B. 1_*a*　　　　　　C. *a*3B　　　　　　D. if

E. INT　　　　　　　F. _22　　　　　　　G. *b*.txt

（5） 表达式 2/3+7%4+3.5/7 的值是_____。

（6） 以下合法的 C 语言常量是_____。

A. "\n"　　　　　　　B. *e*-31　　　　　　C. *a*'105'　　　　　D. 7*ff*

E. '\x111'　　　　　F. '\18'　　　　　　G. "*x*"　　　　　　H. '*do*'

I. -0*x*3*b*1

（7） int *k*=11，则++*k* 后表达式的值_____和变量 *k* 的值为_____。

（8） 若 *x* 和 *y* 都是 double 型变量，且 *x* 的初值为 3.0，*y* 的初值为 2.0，则表达式 pow(*y*,fabs(1-*x*))的值为_____。

（9） 若 *x* 和 *n* 均是 int 型变量，且 *x* 和 *n* 的初值均为 5，则执行表达式 x+=n++后，*x* 的值为_____，*n* 的值为_____。

（10） 表达式 8/4*(int)2.5/(int)(1.25*(3.7+2.3))值的数据类型为_____。

3. 编程题

（1） 输入一个 3 位十进制整数，分别输出百位、十位，以及个位上的数。

（2） 编写一个程序将"china"译成密码，规律是用原来的字母后面第 4 个字母代替原来的字母。例如，字母"a"后面第 4 个字母"e"代替"a"，因此"china"应译为"glamre"。

第4章 顺序结构

结构化程序设计最早由 E.W.Dijikstra 于 1965 年提出,是以模块功能和处理过程设计为主的详细设计的基本原则。作为软件开发的一个重要的里程碑,其主要观点是采用自顶向下、逐步求精的程序设计方法。从程序流程的角度看,程序可以分为 3 种基本结构,即顺序结构、分支结构、循环结构,这 3 种基本结构可以组成所有各种复杂的程序。

顺序结构是程序设计语言中最基本的结构,其中包含的语句按照书写的顺序执行,并且每条语句都将被执行。其他结构可以包含顺序结构,也可以作为顺序结构的组成部分。在 C 语言中,无论是运算操作还是流程控制都是由相应的语句完成的。C 语言提供了多种语句来实现这些程序结构,本章介绍这些基本语句及其应用,使读者对 C 语言程序有一个初步的认识,为后面各章的学习打下基础。

4.1 C 语言程序的语句

和其他高级语言一样,C 语言的语句用来向计算机系统发出操作指令。一个语句经编译后产生若干条机器指令,一个实际的程序应当包含若干语句。一个程序由若干函数组成,在一个函数的函数体中一般包括声明和执行部分。声明部分的内容不称为语句,如"int *a*;"不是一条 C 语句,它不产生机器操作,而只是定义变量;执行部分由语句组成,C 语句都是用来完成一定操作任务的。

C 语言语句可分为如下 5 类。

1. 表达式语句

由表达式加上分号";"组成的语句称为"表达式语句"。

其一般格式为:

```
表达式;
```

例如:

```
x=a+b;   /*赋值表达式语句*/
a+b;     /*加法运算语句,但计算结果不能保留,无实际意义*/
```

```
i++;    /*自增语句，i 值增加 1*/
```

说明如下。

（1）任何表达式都可以加上分号而成为语句，执行表达式语句就是计算表达式的值。

（2）当自增（或自减）表达式独自构成语句时，语句 *i*++;和++*i*;是等价的，都表示 *i*=*i*+1。

2. 函数调用语句

由函数名、实际参数加上分号 ";" 组成。

其一般格式为：

```
函数名(实际参数表);
```

例如：

```
printf("Hello! ");        /*调用数据输出函数，输出字符串*/
```

执行函数语句就是调用函数体并把实际参数赋予函数定义中的形式参数，然后执行被调函数体中的语句求函数值。

3. 空语句

单独一个分号 ";" 构成的语句称为 "空语句"，它是不执行任何操作的语句。在程序中空语句有时用来作为流程的转向点（流程从程序其他处转到此语句处），也可用来作为空循环体（表示循环体不执行任何操作）。

4. 复合语句

C 语言规定 ";" 作为语句的结束符，无论将语句书写在一行还是多行中，均按 ";" 来分隔不同的语句。多个语句用花括号{}括起来组成的一个语句称为 "复合语句"，在语法上应把复合语句看成是单条语句，而不是多条语句。复合语句也可以嵌套。

例如，以下是一条复合语句：

```
{ int a,b,c;
   a=3;
   b=4;
   c=a+b;
   printf("%d",c);
}
```

注意：复合语句内的每一条语句都必须以分号 ";" 结尾，但是在结束的花括号 "}" 之后不能加分号。

5. 控制语句

控制语句用于控制程序的流程，以实现程序的各种结构方式，它们由特定的语句定义符组成。C 语言中有 9 种控制语句，可分成以下 3 类。

（1）条件判断语句：if 语句、switch 语句。

（2）循环执行语句：do while 语句、while 语句、for 语句。

（3）转向语句：break 语句、goto 语句、continue 语句、return 语句。

4.2 数据输入/输出

在 C 语言中没有专门的输入/输出语句，所有的数据输入/输出都是由库函数完成的，它们都是函数语句。最常用的输出函数有 printf 和 putchar 函数等，输入函数有 scanf 函数。这些函数是在头文件 "stdio.h" 中定义的，因此在使用标准输入/输出函数时源程序的开头要用 "#include <stdio.h>"（或 "#include"stdio.h""）命令。该命令是预编译命令，不是真正的 C 语言语句，所以后面不要写分号。本节主要介绍常用的输入/输出函数，要了解其他输入/输出函数，可查阅 C 语言的函数库。

4.2.1 格式化输出函数 printf

printf 函数是格式化输出函数，功能是按指定的格式输出指定的数据。

1. 一般格式

```
printf("格式控制" [,输出值列表]);
```

例如：

```
printf("%d,%c\n",i,c);
```

其中括号内包含如下两个部分。

（1）格式控制。

格式控制是用双引号括起来的字符串，用于指定输出格式和输出一些提示信息，可包含以下 3 种信息。

- 普通字符：需要按原样输出的字符，如上面 printf 函数中双引号内的逗号、空格和换行符。
- 转义字符：按转义字符的含义输出，如'\n'表示换行, '\b'表示退格。

例如：

```
printf("123\nabc\n");
```

屏幕显示：

```
123
abc
```

首先输出普通字符 "123"，遇到 "\n" 后换行再输出后面的普通字符 "abc"。

- 格式说明符：由 "%" 开始，后跟格式字符，如%d 和%f 等，作用是将数据转换为指定的格式输出。

（2）输出值列表。

输出值列表列出要输出的数据，如变量、常量和表达式等。它可以是 0 个、一个或多个，每个输出项之间用逗号 "," 分隔。格式说明符和各输出项在数量及类型上应该一一对应。

例如：

```
printf("%d %d",a,b);
printf("a=%d b=%d",a,b);
```

在第 1 个 printf 函数中,双引号内包含格式说明符和一个普通字符空格。如果 a 值为 3, b 值为 4,则输出结果为:

```
3 4
```

在第 2 个 printf 函数中的双引号内的字符除了两个 "%d" 以外,还有非格式说明的普通字符,它们全部按原样输出。如果 a 和 b 的值分别为 3 和 4,则输出为:

a=3 b=4

上面的输出结果除了 3 和 4 之外其他都是格式控制字符串中的普通字符,所以按原样输出。3 和 4 是 a 和 b 的值,其数字位数由 a 和 b 的值而定。

2. 常用的格式字符

在输出时不同类型的数据要使用不同的格式字符,常用的有如下几种。

(1) d 格式字符:用来控制输出十进制整型数据,数据长度为实际长度。

(2) c 格式字符:控制输出一个字符,一个整数只要其值在 0~255 范围内就可以用 "%c" 格式输出。在输出前系统会将该整数对应的 ASCII 码转换成相应的字符;反之,一个字符数据也可以用整数形式输出。

例如:

```
char ch='A';
int i=65;
printf("%c, %d\n",ch, ch);
printf("%c, %d\n",i, i);
```

输出结果为:

```
A,65
A,65
```

(3) f 格式字符:以小数形式输出十进制实数(包括单、双精度),小数位数由系统自动指定,一般是输出 6 位小数。

注意:在输出的数字中并非全部数字都是有效数字,单精度数的有效位数一般为 6~7 位;双精度数的有效位数一般为 15~16 位。

例如:

```
float x,y;
x=123456.222;y=111111.111;
printf("%f",x+y);
```

输出结果为:

```
234567.328125
```

显然只有前 7 位数字是有效数字,这是由于 x 和 y 是单精度变量。在将双精度数存储在 x 和 y 中时只能得到 7 位数的精度,所以结果只能保证 7 位精度。后面几位没有意义,不要以为凡是计算机输出的数字都是准确的。双精度数也可以用 "%f" 格式输出,它的有效位数一般为 16 位，给出小数 6 位。

4.2.2　格式化输入函数 scanf

scanf 函数是格式化输入函数，功能是按指定的格式从键盘输入数据并赋予指定的变量。

1.　一般调用格式

```
scanf("格式控制",地址列表);
```

其中括号内包含如下两个部分。

（1）格式控制。

格式控制是用双引号括起来的字符串，用于指定输入格式，可包含以下两种信息。

- 格式说明：与 printf 函数类似，必须以"%"开头，后跟格式字符，用于指定输入数据的格式。
- 普通字符：除了格式说明之外的其他字符，要求必须原样输入。

例如：

```
scanf("i=%d",&i);
```

其中"i="是普通字符，需要原样输入。

假如要为 i 赋值 10，则必须按如下方式输入：

i=10↙

（2）地址列表。

地址列表由若干个地址项组成，可以是变量的地址、字符串的首地址和指针变量等，相邻地址之间用逗号","分隔。

C 语言中变量地址的表示方法为：

```
& 变量名
```

其中"&"是取地址运算符。

例如：

```
scanf("%d%d%d",&a,&b,&c);
```

说明如下。

- 格式控制字符串"%d%d%d"：表示要输入 3 个十进制整数数据，此时格式控制串中除了格式说明符之外没有任何其他字符，在这种情况下输入的数据可以用一个或多个空格、Enter 键或 Tab 键来分隔。

以下输入形式都是正确的：

1□2□□3↙

或：1↙

2<Tab 键>3↙

或：1↙

2↙

3↙

或：1□2✓
  3✓
  下面的输入方式是错误的：
    1,2,3✓

- &a,&b,&c：地址列表，分别表示变量 *a*、*b*、*c* 的内存地址，键盘输入的 3 个数据分别存进这 3 个变量所在的存储单元中。

4.2.3 字符输出函数 putchar

  putchar 函数的功能为在显示器上输出一个字符。
  putchar 的一般格式如下：

```
putchar(c);
```

  说明如下。
  （1） 函数的参数 *c* 可以是字符变量、字符常量（包括转义字符）、整型变量或者整型常量。
  （2） putchar 函数只能用于单个字符的输出且一次只能输出一个字符。

  【例 4-1】 输出单个字符。
  C 源程序（文件名 lt4_1.c）：

```
#include <stdio.h>
void main()
{
   char a,b,c;
   a='1';b='2';c='3';
   putchar(a);putchar(b);putchar(c);putchar('\n');
}
```

  运行结果如下：

```
123
```

  使用 putchar 函数可以输出能在屏幕上显示的字符，也可以输出屏幕控制字符。如 putchar（'\n'）的功能是输出一个换行符，使输出的当前位置移到下一行的开头。
  还可以输出其他转义字符，如：

```
putchar（'\101'）        /*输出字符'A'*/
putchar（'\\'）          /*输出斜杠'\'*/
```

4.2.4 字符输入函数 getchar

  getchar 函数的功能是从键盘输入一个字符。
  getchar 的一般格式为：

```
getchar();
```

函数的值就是从键盘输入的字符。

【例 4-2】使用 getchar 函数。

C 源程序（文件名 lt4_2.c）：

```
#include <stdio.h>
void main()
{ char c;
  printf("input a character\n");
  c=getchar();
  putchar(c);
}
```

说明如下。

（1）getchar 函数只能接收单个字符，输入数字也按数字字符处理，输入多于一个字符时只接收第 1 个字符。

（2）使用本函数前必须包含文件 stdio.h。

（3）使用 getchar 函数输入字符时输入字符后需要按 Enter 键，程序才会在接收输入后继续执行后面的语句。

（4）getchar 函数也将 Enter 键作为一个回车符读入，因此在用 getchar 函数连续输入两个字符时需要注意回车符。

（5）getchar 函数得到的字符可以赋给字符变量或整型变量，也可以不赋给任何变量。

【例 4-3】输出字符。

C 源程序（文件名 lt4_3.c）：

```
#include <stdio.h>
void main()
{ char a,b,c;
  printf("input character a,b,c\n");
  scanf("%c %c %c",&a,&b,&c);
  printf("%d,%d,%d\n%c,%c,%c\n",a,b,c,a-32,b-32,c-32);
}
```

运行结果如下：

```
a b c✓
97,98,99
A,B,C
```

该程序输入 3 个小写字母 a、b、c，输出其 ASCII 码和对应的大写字母。

4.3　较复杂的输入/输出格式控制

前面讨论的简单格式输入/输出只能满足最基本的要求，在程序设计中还要用到一些更复杂的输入/输出控制，如输出所占的位数、向左或者右对齐等。在本节中将具体讲解 scanf 和 printf 函数的更加复杂的格式控制。

4.3.1 输出数据格式控制

printf 函数较复杂的格式控制的一般格式为：

%[标识] [宽度] [.精度] [长度]类型

其中方括号[ ]代表可选项，各部分说明如下。

（1）类型：输出数据的类型，以格式字符表示，printf 函数的格式字符和意义如表 4-1 所示。

表 4-1 printf 函数的格式字符及其意义

格式字符	意 义
d 或 i	以带符号的十进制形式输出整数（正数不输出符号）
o	以八进制无符号形式输出整数（不输出前导符 0）
x 或 X	以十六进制无符号形式输出整数（不输出前导符 Ox），用 x，则输出十六进制数的 a~f 时以小写形式输出；用 X，则以大写字母输出
u	以无符号十进制形式输出整数
f	以小数形式输出单、双精度实数，隐含输出 6 位小数
e 或 E	以指数形式输出实数，用 e 时指数以"e"表示（如 1.2e+02）；用 E 时指数以"E"表示（如 1.2E+02）
g 或 G	以%f 或%e 中较短的输出宽度输出单、双精度实数，不输出无意义的 0。用 G 时，若以指数形式输出，则指数以大写表示
c	输出单个字符
s	输出字符串
%	输出百分号%

【例 4-4】常见的输出类型。

C 源程序（文件名 lt4_4.c）：

```
#include <stdio.h>
void main()
{ printf("%d\n",123);      /*以十进制形式输出带符号整数*/
printf("%d\n",-123);
    printf("%o\n",123);         /*以八进制形式输出无符号整数*/
  printf("%o\n",-123);
    printf("%x\n",123);         /*以十六进制形式输出无符号整数*/
  printf("%x\n",-123);
    printf("%u\n",123);         /*以十进制形式输出无符号整数*/
printf("%u\n",-123);
    printf("%f\n",123.11);    /*以小数形式输出单、双精度实数*/
printf("%f\n",123.11111111);
    printf("%e\n",123.11);    /*以指数形式输出单、双精度实数*/
printf("%e\n",123.11111111);
    printf("%g\n",123.11);    /*以%f%e 中较短的输出宽度输出单、双精度实数*/
printf("%g\n",123.11111111);
    printf("%c\n",'a');         /*输出单个字符*/
printf("%c\n",97);
    printf("%s\n","Hello!");    /*输出字符串*/
printf("%s\n","123");
}
```

（2）标识：标识字符及其意义如表 4-2 所示。

表 4-2　printf 函数的标识字符及其意义

标志字符	意　义
-	输出的数据左对齐，即右边填空格
+	输出符号（正号或负号）
空格	输出值为正时冠以空格，为负时冠以负号
0	在指定输出宽度时，数据的多余空格处用 0 填充
#	对 c、s、d、u 类输出无影响；对 o 类，在输出时加前缀 o；对 o 类，输出时加前缀 ox 或者 OX；对 e、g、f 类，当输出结果有小数时才给出小数点

【例 4-5】应用标识字符。

C 源程序（文件名 lt4_5.c）：

```
#include <stdio.h>
void main()
{ printf("%-10d\n",123);      /*以十进制形式输出带符号整数*/
  printf("%+10d\n",-123);
  printf("%2d\n",123);
  printf("%#d\n",123);
  printf("%-10o\n",123);      /*以八进制形式输出无符号整数*/
  printf("%o\n",123);
  printf("%-10x\n",123);      /*以十六进制形式输出无符号整数*/
  printf("%x\n",123);
  printf("%-10f\n",123.11);       /*以小数形式输出单、双精度实数*/
  printf("%+10f\n",123.11111111);
  printf("%-10e\n",123.11);       /*以指数形式输出单、双精度实数*/
  printf("%+10e\n",123.11111111);
  printf("%-10c\n",'a');      /*输出单个字符*/
  printf("%+10c\n",97);
  printf("%-10s\n","Hello!");   /*输出字符串*/
  printf("%+10s\n","123");
}
```

（3）宽度：用十进制整数来表示输出的位数，若实际位数多于定义的宽度，则按实际位数输出；若实际位数少于定义的宽度，则在输出数据的左边或者右边补空格或 0（根据标识符决定）。

例如：

```
int a=123,b=123456;
printf("%5d,%-5d,%05d,%5d", a, a, a, b);
```

输出结果如下：

```
□□123,123□□,00123,123456
```

（4）精度：精度格式符以"."开头，后跟十进制整数。如果输出的是数字，则表示输出小数的位数；如果输出的是字符，则表示输出字符的个数；若实际位数大于所定义的精度数，则截去超过的部分。

70

例如：

```
printf("%s,%.4s,%5.2s,%-5.3s\n", "abcde", "abcde", "abcde", "abcde");
```

输出结果如下：

```
abcde,abcd,□□□ab,abc□□
```

其中第 2 个输出项格式说明为 "%.4s"，即只指定了精度，未指定宽度，则系统自动将宽度值设定为和精度值相等，故输出 4 个字符。

（5）长度：有以下两种表达方式。
- h：表示按短整型量输出。
- L：表示按长整型量输出。

【例 4-6】应用长度控制字符。

C 源程序（文件名 lt4_6.c）：

```
#include<stdio.h>
void main()
{int a=100 ;
    double b=123.246 ;
    /*以十进制、八进制、十六进制形式输出整数 100，其中%6d 要求输出整型数的宽度为 6，即在
100 前补上 3 个空格后输出。*/
    printf("%d,%6d,%o,%x\n",a,a,a,a);
    /*"%lf"默认是 6 位小数，所以后面补上了 3 个 0*/
    printf("%lf\n",b);
    /*"%12lf"表示输出总长度占 12 位，小数点也占一位，123.246000 占 10 位，默认右对齐，
前面还要补上两个空格*/
    printf("%12lf\n",b);
    /*"%12.2lf"表示输出总长度占 12 位，保留两位小数，所以四舍五入是 123.25，前面还要补
上 6 个空格*/
    printf("%12.2lf\n",b);
    /*"%-12.2lf"中"-"表示左对齐，所以后面补上 6 个空格*/
    printf("%-12.2lf\n",b);
    /* "%0.2lf"表示保留两位小数，总长度按实际长度输出，因此是 123.25*/
    printf("%0.2lf\n",b);
}
```

运行结果如下：

```
100,□□□100,144,64
123.246000
□□123.246000
□□□□□□123.25
123.25□□□□□□
123.25
```

使用 printf 函数应注意的问题如下。

（1）在输出数据时格式声明与输出对象在类型上必须一一对应，如果出现不一致的情况，系统将按照强制类型转换的方式根据对应格式所指定的类型输出数据。

（2）除了 X、E、G 外，其他格式字符必须用小写字母，如%d 不能写成%D。

（3） 可以在 printf 函数中的"格式控制"内如同使用普通字符一样使用转义字符。如'\n'、'\t'、'\b'、'\r'等，通过使用转义字符可以改变程序结果的输出格式。

（4） d、o、x、u、c、s、f、e、g 等字符如用在"%"后面作为格式符号，用在其他位置则为普通字符。一个格式声明以"%"开始，以上述 9 个格式字符之一结束，中间可以插入附加格式字符（也称"修饰符"）。

例如：

```
printf("c=%cf=%fs=%s",c,f,s);
```

其中第 1 个格式声明为"%c"，而不包括其后的 f；第 2 个格式声明为"%f"，不包括其后的 s；第 3 个格式声明为"%s"，其他字符为原样输出的普通字符。

（5） 字符"%"在"格式控制"内是输出格式的标识，如果要输出字符"%"，则应该在"格式控制"中用连续两个"%"表示。

例如：

```
printf("%f%%",1.0/20);
```

输出如下：

```
0.050000%
```

4.3.2 输入数据格式控制

scanf 函数控制较复杂格式的一般格式为：

```
%[*][输入数据宽度][长度]类型
```

其中方括号[]代表可选项，各部分的意义如下。

（1） 类型：以格式字符指定输入数据的类型，scanf 的格式字符及其意义如表 4-3 所示。

表 4-3 scanf 函数的格式字符及其意义

格式字符	意　　义
d	用来输入有符号十进制整数
o	用来输入无符号八进制整数
X 或 x	用来输入无符号十六进制整数，大小写形式相同
u	用来输入无符号十进制整数
C	用来输入单个字符
s	用来输入字符串，将字符串送到一个字符数组中。在输入时以非空白字符开始，以第 1 个空白字符结束。字符串以串结束标志\0'作为其最后一个字符
f	用来输入实数（可用小数形式或指数形式输入）
e, E, g, G	用来输入实数，与 f 作用相同，e、f、g 可以互相替换（大小写作用相同）

（2） "*"符：输入赋值抑制符。

表示该输入项读入后不赋予变量，即跳过该输入值，成为虚读。

例如：

```
scanf("%3d%*5d%f",&a, &x);
```

若运行时从键盘按如下方式输入：

```
2001200□4.1↙
```

则 200 赋值给 *a*，4.1 赋值给 *x*，1200 不赋值给任何变量。

（3）输入数据宽度：域宽（指定要输入数据的列数）。

用十进制整数指定输入项最多可输入的字符个数（必须为正整数），如遇空格或不可转换的字符，读入的字符将减少。

例如：

```
scanf("%5d",&a);
```

若运行时，从键盘输入：

```
12345678↙
```

则只把 12345 赋值给变量 *a*，其余部分被截去。

又如：

```
scanf("%3d%5d%f",&a,&b,&x);
```

若运行时，从键盘输入：

```
2001200□4.1↙
```

将把 200 赋予变量 *a*，1200 赋予变量 *b*，将 4.1 赋予变量 *x*。

"%3d" 控制第 1 个数据只取 3 个字符；"%5d" 控制第 2 个数据只取后面的 5 个字符，但由于遇到空格，所以认为该数据结束，因此只把 1200 赋予变量 *b*。

再如：

```
scanf("%3c%3d",&ch,&a);
```

若运行时，从键盘输入：

```
12a45678↙
```

由于变量 *ch* 只能接收一个字符，所示系统从 "12a" 3 个字符中取出第 1 个字符 "1" 赋予字符变量 *ch*。变量 *a* 则读取 456，78 则是多余数据。

（4）长度：格式符为 l 和 h，l 表示输入长整型数据，如%ld、%lo、%lx、%lu，以及双精度浮点数，如%lf、%le；h 表示输入短整型数据，如%hd、%ho、%hx、%hu。

【例 4-7】应用格式符。

C 源程序（文件名 lt4_7.c）：

```
#include <stdio.h>
  void main()
  {int a1,a2,a3,a4;
   long a5;
   scanf("%2d%*2d%3d",&a1,&a2);
   scanf("a3=%2d,a4=%3d",&a3,&a4);
   scanf("%ld",&a5);
   printf("a1=%d,a2=%d,a3=%d,a4=%d,a5=%ld",a1,a2,a3,a4,a5);
  }
```

若运行时，从键盘输入：

```
1234567↙
a3=12,a4=345↙
12345↙
```

则程序的运行结果为：

```
a1=12,a2=567,a3=12,a4=345,a5=12345
```

第 1 个 scanf 函数中，"%2d" 和 "%3d" 分别得到值 12 和 567。其中 "%*2d" 当中有 "*"，表示不赋给变量，所以 34 被跳过；在第 2 个 scanf 函数中 "a3=,a4=" 为普通字符，所以输入时必须原样输入 "a3=,a4="；第 3 个 scanf 函数为 "%ld" 表示输入长整型。

使用 scanf 函数应注意如下问题。

（1） 输入数据时数据之间需要用分隔符，例如：

```
scanf("%d%d",&a,&b);
```

可以用一个或多个空格分隔，也可以用回车符分隔，如：

```
100□10
```

或：

```
100↙
10↙
```

以上两种输入数据的方式都是正确的。

（2） scanf 格式控制中的格式符必须与地址列表中的各项在类型和数量上一一匹配。例如，float 型变量对应的格式控制符必须为 "%f"，double 型变量对应的格式控制符必须为 "%lf"；否则将不能得到正确的数据。

例如：

```
float f;
double e;
scanf("%lf",&f);          /*错误*/
scanf("%f",&f);           /*正确*/
scanf("%f",&e);           /*错误*/
scanf("%lf",&e);          /*正确*/
```

（3） 利用 scanf 函数输入数据时不能规定精度。

例如：

```
float f;
scanf("%10.2f",&f);          /*错误*/
```

这是不符合 C 语言规则的，不要企图输入 "1234567" 而使 f 的值为 12345.67。

（4） 在用 "%c" 格式字符输入字符时，空格字符、回车字符等均作为有效字符被输入。

例如：

```
char x,y,z;
scanf("%c%c%c",&x,&y,&z);
```

若从键盘按如下方式输入：

```
a↙
b↙
c↙
```

则变量 x 的值为"a"，变量 y 的值为"\n"（回车符也是字符），变量 z 的值为"b"。

正确的输入如下：

```
abc↙
```

字符间不能有其他字符，否则得不到想要的结果。

（5） 如果在"格式控制"中除了格式说明字符以外还有其他字符，则在输入数据时在对应位置应输入与这些字符完全相同的字符。

例如：

```
scanf("a=%d,b=%d",&a,&b);
```

输入时只能使用如下形式：

```
a=1,b=2↙              /*正确*/
```

如下输入形式都是不对的：

```
a=1□b=2↙       /*错误*/
1,2↙          /*错误*/
```

（6） 在输入数据时，遇到以下情况认为该数据结束。
- 空格，或按↙或<Tab>键。
- 指定的宽度结束。
- 非法输入。

例如：

```
int c;
char a;
scanf("%3d%3c",&c,&a);
```

若运行时，从键盘输入：

```
12x4□yz8↙
```

第 1 项数据对应"%3d"格式，在输入 12 之后遇字符"x"，因此认为数值 12 后已经没有数字。第 1 项数据到此结束，把 12 送给变量 c。后面"%3c"只要求输入 3 个字符，但"x4"之后遇到空格，第 2 个数据到此结束，把"x4"的第 1 个字符"x"赋予字符变量 a（只能接收一个字符）。"yz8"则是多余的数据，留在键盘缓冲区中作为下一次读入时使用。

4.4 程序示例

在 C 语言程序中，如果需要使用 C 语言提供的函数，则需要使用#include 命令包含该函数。例如，在程序中需要用到输入函数 scanf 和输出函数 printf 时，则需要使用命令#include

<stdio.h>。在 C 语言中一定要有 main 函数，它是 C 语言程序执行的开始位置。接下来是一对花括号，编写的程序都需要用花括号括起来。如果在程序中需要使用变量，则必须在使用前定义。

顺序结构的程序由一组顺序执行的语句组成，这是最简单的程序设计。例如，有些任务可以分为若干个步骤，从第 1 步执行到最后一步完成这个任务。中间的每一个步骤都不能跳过，也不能更换，这就是顺序结构程序设计的思想。下面通过几个具体的示例来讲解顺序结构程序设计。

【例 4-8】输入任意 3 个整数，求它们的和及平均值。

C 源程序（文件名 lt4_8.c）：

```c
#include<stdio.h>
void main()
{ int num1,num2,num3,sum;
  float aver;
  printf("Please input three numbers: ");
  scanf("%d,%d,%d",&num1,&num2,&num3);
  sum=num1+num2+num3;
    aver=sum/3.0;
  printf("num1=%d, num2=%d, num3=%d\n",num1,num2,num3);
  printf("sum=%d,aver=%7.2f\n",sum,aver);
}
```

运行结果如下：

```
Please input three numbers:4,6,8↙
num1=4, num2=6, num3=8
sum=18,aver=   6.00
```

【例 4-9】输入一个华氏温度，要求输出摄氏温度，公式为：

$$c = \frac{5}{9}(f-32)$$

输出要有文字说明，结果取两位小数。

C 源程序（文件名 lt4_9.c）：

```c
#include<stdio.h>
void main()
{ float c,f;
  printf("请输入一个华氏温度:");
  scanf("%f",&f);
  c=(5.0/9.0)*(f-32);    /*注意 5 和 9 要用实型表示，否则 5/9 值为 0*/
    printf("摄氏温度为: %5.2f\n",c);
}
```

运行结果如下：

```
请输入一个华氏温度：100↙
摄氏温度为: 37.78
```

【例 4-10】设圆半径 *r*=1.5，圆柱高 *h*=3，求圆周长、圆球表面积、圆球体积、圆柱体积。用 scanf 函数输入数据，输出计算结果并要有文字说明，取小数点后两位数字。

C 源程序（文件名 lt4_10.c）：

```
#include<stdio.h>
void main()
{  float pi=3.141526;
   float h,r,l,s,sq,vq,vz;
   printf("请输入圆半径 r，圆柱高 h:");
   scanf("%f,%f",&r,&h);  /*要求输入圆半径 r 和圆柱高 h*/
   l=2*pi*r;              /*计算圆周长 l*/
   s=r*r*pi;              /*计算圆面积 s*/
   sq=4*pi*r*r;           /*计算圆球表面积 sq*/
   vq=3.0/4.0*pi*r*r*r;   /*计算圆球体积 vq*/
   vz=pi*r*r*h;           /*计算圆柱体积 vz*/
     printf("圆周长为:     l=%6.2f\n",l);
   printf("圆面积为:     s=%6.2f\n",s);
   printf("圆球表面积为: sq=%6.2f\n",sq);
   printf("圆球体积为:   vq=%6.2f\n",vq);
   printf("圆柱体积为:   vz=%6.2f\n",vz);
}
```

运行结果如下：

```
请输入圆半径 r，圆柱高 h:1.5,3↙
圆周长为:     l=9.42
圆面积为:     s=7.07
圆球表面积为: sq=28.27
圆球体积为:   vq=7.95
圆柱体积为:   vz=21.21
```

4.5 小 结

本章的内容是学习后面各章的基础，其中的主要知识点如下。

（1）一个具有良好结构的程序由 3 种基本结构组成，这 3 种基本结构是顺序结构、分支结构及循环结构。顺序结构是程序设计最基本和最简单的结构，其中的语句按照书写顺序逐条执行。

（2）程序中执行部分最基本的单位是语句，C 语言的语句可分为 5 类。

- 表达式语句：任何表达式末尾加上分号即可构成表达式语句，常用的表达式语句为赋值语句。
- 函数调用语句：由函数调用加上分号即组成函数调用语句。
- 控制语句：用于控制程序流程，由专门的语句定义符及所需的表达式组成，主要有条件判断执行语句、循环执行语句和转向语句等。

- 复合语句：由{}把多个语句括起来组成的一个语句，复合语句被认为是单条语句。它可出现在所有允许出现语句的地方，如循环体等。
- 空语句：仅由分号组成，无实际功能。

（3）　C 语言中语句的作用是使计算机执行特定的操作，所以称为"执行语句"。程序中对变量的定义是为了指定变量的类型，并据此分配存储空间，这是在程序编译时处理的。在程序运行时不产生相应的操作，它们不是 C 语句。

（4）　表达式加一个分号就称为"一个 C 语句"，赋值表达式加一个分号就成为赋值语句，C 语言程序中的计算功能主要由赋值语句来实现。

（5）　C 语言中没有提供专门的输入/输出语句，所有的输入/输出都是由调用标准库函数中的输入函数 scanf 和输出函数 printf 来实现的。scanf 和 printf 函数不是 C 语言标准中规定的函数，而是 C 编译系统的函数库中提供的标准函数。

习　　题

1. 选择题

（1）　有以下程序：

```
main()
{    int x=10,y=20,z;
     z=x;
     x=y;
     y=z;
     printf("x=%d,y=%d,z=%d\n",x,y,z);
}
```

程序运行后的输出结果是_____。

A. x=10　y=20　z=10 　　　　　　　　B. x=20　y=10　z=10

C. x=20　y=10　z=10 　　　　　　　　D. x=10　y=20　z=10

（2）　以下选项中不是 C 语句的是_____。

A. ; 　　　　　　　　　　　　　　　　　　B. i++;

C. {a=9;b=4;} 　　　　　　　　　　　　D. printf（"%d"，c）

（3）　以下程序段中，为了使变量 a、b、c 的值分别为数据 3、A、24.5，则错误的输入格式是_____。

```
int a;
char b;
float c;
scanf("%d%c%f",&a,&b,&c);
```

A. 3A<Enter>24.5<Enter> 　　　　　　　　B. 3A24.5<Enter>

C. 3A<Space>24.5<Enter> 　　　　　　　　D. 3<Enter>A<Enter>24.5<Enter>

（4）　若运行时为变量 x 输入 12，则以下程序的运行结果是_____。

```
int x,y;
scanf("%d",&x);
y=x>12?x+10:x-12;
printf("%d\n",y);
```

  A. 0   B. 22

  C. 12   D. 10

（5）有以下程序：

```
main()
{char ch='A';
printf("ch(1)=%d,ch(2)=%c\n",ch,ch+1);
}
```

程序运行后的输出结果是_____。

  A. $ch(1)$=65,$ch(2)$=A   B. $ch(1)$=97,$ch(2)$=A

  C. $ch(1)$=65,$ch(2)$=B   D. $ch(1)$=97,$ch(2)$=B

（6）有以下程序：

```
main()
{int x=100,y=-100;
x%=y-2*x;
y%=x-2*y;
printf("x=%d,y=%d\n",x,y);
}
```

程序运行后的输出结果是_____。

  A. x=0, y=100   B. x=0, y=-100

  C. x=100, y=100   D. x=100, y=-100

（7）已有如下定义语句：

```
float a=12.5;
```

则不能正确执行的语句是_____。

  A. printf（"%3.1f\n",a);   B. scanf（"%3f",&a);

  C. printf（"%3f",a);   D. scanf（"%3.1f",&a);

（8）已知 int a, b;，用语句 scanf("%d%d",&a,&b);输入 a 和 b 的值时，不能作为输入数据分隔符的是_____。

  A. ,   B. Space

  C. Enter   D. Tab

（9）以下程序的运行结果是_____。

```
main()
{int x=10;
printf("%d,%d",x,x++);
}
```

A. 10,11   B. 11,10

C. 11,11   D. 10,10

（10）以下程序的运行结果是_____。

```
#include <stdio.h>
main()
{ int x;
printf("x=%d\n",x);
}
```

A. 编译出错   B. 有不确定输出值

C. 无输出值   D. 运行出错

2. 填空题

（1）以下程序的运行结果为_____。

```
main()
{int a,b,c;
a=1;b=3;c=5;
printf("%d,%d\n",(++a,b++),a+b+c) ;
    }
```

（2）以下程序的运行结果是_____。

```
main()
{ float a;
  a=3.456;
  printf("%f\n",(int)(a*100+0.5)/100.0);
}
```

（3）以下程序的运行结果是_____。

```
main()
{ double a;
int b;
b=a=10/4;
printf("%d,%f\n",b,a);
}
```

3. 改错题

（1）以下程序的功能是从键盘输入 x 的值，计算 y 的值并输出。请改正程序中的 3 处错误，使程序能得到正确的运行结果。

注意：不得增行或删行，也不得修改程序的结构。

```
#include <stdio.h>
main()
{   int x,y;
/*********FOUND*********/
scanf("%d\n", x);
```

```
/*********FOUND*********/
    y=6x-2;
 /*********FOUND*********/
printf("y=%d\n",Y);
}
```

（2） 以下程序的功能是 a 和 b 为字符变量，a 通过 getchar 函数赋值；b 定义时赋值字符 F，然后输出变量 b 的值并换行。请改正程序中的 3 处错误，使程序能得到正确的运行结果。

注意：不得增行或删行，也不得修改程序的结构。

```
#include <stdio.h>
void main()
{ /*********FOUND*********/
char a,b=F;
a=getchar();printf("%c",a);
 /*********FOUND*********/
putchar('b');   /*输出 b 中的字符*/
 /*********FOUND*********/
putchar("\n");
}
```

（3） 以下程序的功能是从键盘输入一个小写字母，用大写形式输出该字母。请改正程序中的 3 处错误，使程序能得到正确的运行结果。

注意：不得增行或删行，也不得修改程序的结构。

```
#include <stdio.h>
void main()
{char a;
    printf("input a lowercase letter: ");
 /*********FOUND*********/
scanf("%c",&a)
 /*********FOUND*********/
a=a+32;
 /*********FOUND*********/
printf("a=%d \n",a);
}
```

（4） 以下程序的功能是输入圆的半径，输出圆的周长和面积。请改正程序中的 3 处错误，使程序能得到正确的运行结果。

注意：不得增行或删行，也不得修改程序的结构。

```
#include <stdio.h>
 /*********FOUND*********/
 main
{ float r,l,s;
 /*********FOUND*********/
   scanf("%c",&r);
```

```
    l=2*3.14*r;
s=3.14*r*r;
/**********FOUND**********/
    printf("l=%d\n",l);
    printf("s=%f \n",s);
}
```

4. 阅读题

（1） 写出以下程序段的输出结果：

```
int x=20,y=5,z=4;
   x =2*y+z;
   printf("%d\n",x);
   x=z==(y-x);
   printf("%d\n",x);
```

（2） 有以下程序段：

```
char a,b;
scanf("%c",&a);
b=getchar();
a=a+32;
b=b+6;
printf("%c%c",a,b);
```

若运行时从键盘输入 A65↙，则输出结果是_____。

（3） 写出以下程序段的输出结果：

```
int i=10,j;
j=i++;
printf("%d,%d\n",i,j);
```

（4） 写出以下程序段的输出结果：

```
int a=12345;
float b=2.453;
printf("*%8d%08d%-8d%4d*\n",a,a,a,a);
printf("#%0.3f#%6.2f%-08.1f\n",b,b,b);
```

（5） 有以下程序段：

```
char c1,c2,c3,c4,c5,c6;
scanf("%c%c%c%c",&c1,&c2,&c3,&c4);
c5=getchar();
c6=getchar();
putchar(c1);
putchar(c2);
printf("%c%c\n",c5,c6);
```

若运行时从键盘输入以下内容（从第 1 列开始）：

```
123↙
```

则输出结果是_____。

5. 编程题

（1）编写一个程序，要求从键盘输入任意 3 个整数，求它们的平均值。

（2）输入一个华氏温度，要求输出摄氏温度，公式为 $c = \dfrac{6}{9}(f - 32)$。

第5章 选 择 结 构

在程序设计中，如果我们没有选择控制流语句，则从左至右、自顶向下地执行程序中的语句。有些简单程序可以只用简单流程来编写，有些流程可以依靠运算符的优先级来控制。在日常生活和工作中经常要根据不同的情况选择不同的处理方法，在程序设计过程中也常常要根据不同的条件执行不同的操作。有了选择结构即可控制程序执行的流程，选择结构用于判断给定的条件，根据判断的结果来控制程序的流程。

5.1 用条件表达式实现选择结构

选择结构的特点是如果给定的条件为真，则执行某条语句；否则执行另外的语句或不执行任何操作。

使用选择结构语句时要用条件表达式来描述条件，如果在条件语句中只执行单个赋值语句，可使用条件表达式来实现。不但使程序简捷，也提高了运行效率。

1. 条件运算符

条件运算符"?:"是一个三目运算符，即有 3 个参与运算的量。

由条件运算符组成条件表达式的一般格式为：

```
表达式 1?表达式 2:表达式 3
```

其求值规则为如果表达式 1 的值为真，则以表达式 2 的值作为条件表达式的值；否则以表达式 3 的值作为整个条件表达式的值。

条件表达式通常用于赋值语句中，如条件表达式：

```
max=(a>b)?a: b;
```

该语句的语义是如 $a>b$ 为真，则把 a 赋予 max；否则把 b 赋予 max，相当于完成了下列条件语句：

```
if(a>b) max=a;
else max=b;
```

说明如下。

（1） 条件运算符的运算优先级低于关系运算符和算数运算符，但高于赋值运算符，因此：

```
max=(a>b)?a:b
```

可以去掉括号而写为：

```
max=a>b?a:b
```

（2） 条件运算符是一对运算符，不能分开单独使用。

（3） 条件运算符的结合方向是自右向左。

```
a>b?a:c>d?c:d
```

应理解为：

```
a>b?a:(c>d?c:d)
```

这也是条件表达式嵌套的情形，即其中的表达式 3 又是一个条件表达式。

例如，用条件表达式输出两个数中的大数：

```
main()
{
int a,b,max;
    printf("\n input two numbers: ");
scanf("%d%d",&a,&b);
printf("max=%d",a>b?a:b);
}
```

【例 5-1】从键盘上输入一个字符，如果是大写字母，则把它转换成小写字母输出；否则直接输出。

算法分析：利用双分支选择结构实现，通过判断表达式的值选择执行语句。

C 源程序（文件名 li5_1.c）：

```
#include<stdio.h>
void main()
{
   char ch;
   printf("Input a character:");
   scanf("%c",&ch);
   ch=(ch>='A'&&ch<='Z')?(ch+32):ch;
   printf("ch=%c\n",ch);
}
```

运行结果如下：

```
Input a character:G↙
ch=g
```

【例 5-2】从键盘输入一年份，判别该年是否为闰年。

算法分析：公历闰年的规定为地球环绕太阳公转一周为一回归年，一回归年长 365 日 5 时 48 分 46 秒。因此公历规定有平年和闰年，平年一年有 365 日，比回归年短 0.2422 日。4 年共短 0.9688 日，故每 4 年增加一日。这一年有 366 日，就是闰年。但 4 年增加一日比 4 个回归年又多 0.0312 日，400 年后将多 3.12 日。故在 400 年中少设 3 个闰年，也就是在 400 年中只设 97 个闰年，这样公历年的平均长度与回归年相近似。由此规定年份是整百数的必须是 400 的倍数才是闰年，如 1900 年和 2100 年不是闰年。

我们居住的地球总是绕着太阳旋转的，地球绕太阳旋转一圈需要 365 天 5 时 48 分 46 秒，也就是 365.2422 天。为了方便，一年定为 365 天。这样每过 4 年差不多就要多出一天，把这一天加在 2 月里，这一年就有 366 天，即闰年。

通常每 4 年中有 3 个平年一个闰年，公历年份是 4 的倍数的一般都是闰年。也就是我们通常所说的四年一闰，百年不闰，四百年再闰。

判断闰年有如下两种标准。

（1） 能被 4 整除，但不能被 100 整除。

（2） 能被 4 整除，也能被 400 整除。

这两个条件只要有一个满足即可，如 2000 年不满足第 1 个条件，但满足第 2 个条件，所以是闰年。

C 源程序（文件名 li5_2.c）：

```
#include<stdio.h>
void main()
{
   int year,leap;
   printf("Enter year: ");
   scanf("%d",&year);
   if(year%4==0&&(year%100!=0||year%400==0))
     leap=1;
   else
     leap=0;
   if(leap)
     printf("%d is a leap year.\n",year);
   else
     printf("%d is not a leap year.\n",year);
}
```

运行结果如下：

```
Enter year:2018↙
2018 is not a leap year.
```

其中(year%4==0&&(year%100!=0||year%400==0))是判断闰年的条件，程序首先判断 *year* 是否可以被 4 整除。如果不可以，则不是闰年；如果可以，则继续判断是否不能被 100 整除或可以被 400 整除。这两个条件满足其一则是闰年，若都不满足，则不是闰年。例如，输入 1900 可以被 4 整除。继续判断，1900 能被 100 整除，但不能被 400 整除，所以不是闰年；输入 2016，可以被 4 整除，继续判断不能被 100 整除，所以是闰年；输入 2018，不可以被 4 整除，所以不是闰年。

在逻辑表达式的求解中，并不是所有的运算符都被执行。例如，*a*&&*b*&&*c* 只有 *a* 为真时，才需要判别 *b* 的值；只有 *a* 和 *b* 都为真时才需要判别 *c* 的值。只要 *a* 为假，则不必判别 *b* 和 *c* 的值。

a||*b*||*c* 的情况与之相反，只要 *a* 为真，就不必判别 *b* 和 *c*；只有 *a* 为假时，才判别 *b*。只有 *a* 和 *b* 都为假时，才判别 *c*。

5.2 if 语句

选择结构通过条件语句，即 if 语句来完成，条件语句有多种格式，如单分支、双分支和多分支等。

用 if 语句可以构成分支结构，它根据给定的条件进行判断，以决定执行某个分支程序段。

5.2.1 if 语句的 3 种格式

if 语句的 3 种格式如下。

（1） 一般格式。

```
if (表达式) 语句
```

如图 5-1（a）所示为 if 语句的结构流程图，其中首先计算条件表达式的值，然后判断其值。若其值为真（非 0），则顺序执行语句序列；若其值为假（0），则跳过语句序列（即不执行语句序列），执行 if 语句之后的后续语句。if 语句的 N-S 流程图如图 5-1（b）所示。

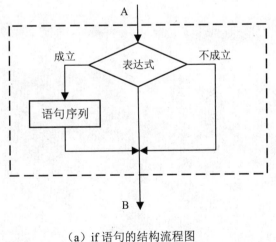

（a）if 语句的结构流程图

（b）if 语句的 N-S 流程图

图 5-1 if 语句的一般格式流程图

【例 5-3】使用键盘输入任意一个数，并与某个特定值比较，大于等于这个值输出 1；小于这个值输出 0。

算法分析：利用一个变量 Value 存放设定的值，然后将输入的值与该值进行比较。若大于等于这个值，则输出 1；否则输出 0。

C 源程序（文件名 li5_3.c）：

```
#include<stdio.h>
int main()
{
int a,Value,c;
   printf("Input two numbers: ");
scanf("%d%d",&a,&Value);
   if(a>=Value)c=1;
   else c=0;
printf("c=%d\n",c);
   return 0;
}
```

运行结果如下：

```
Input two numbers:28↙
c=0
```

【例 5-4】输入 3 个数 a，b，c，要求输出这 3 个数组成的最大数与最小数的差。

算法分析：先将 a 和 b 进行比较，若 a 大于 b，则 a 和 b 交换，交换后 a 是原先 a 和 b 中的较小者。再将 a 和 c 进行比较，若 a 大于 c，则再进行一次对换，此时 a 是三者中的最小者。最后比较 b 和 c，若 b 大于 c，则进行一次对换，对换后 b 是 b 和 c 中较小者。此时已得出 a，b，c 这 3 个数的大小顺序，依次是 a，b，c，所以最大值为 $c*100+b*10+a$，最小数为 $a*100+b*10+c$，两者相减即为最后的值。

C 源程序（文件名 li5_4.c）：

```
#include<stdio.h>
int main()
{
   int a,b,c,t,num;
   printf("Input three numbers:");
   scanf("%d,%d,%d",&a,&b,&c);
   if(a>b)
   {
     t=a;
     a=b;
     b=t;
   }
   if(a>c)
   {
     t=a;
     a=c;
     c=t;
   }
   if(b>c)
   {
```

```
    t=b;
    b=c;
    c=t;
   }
   num = (c*100+b*10+a)-(a*100+b*10+c);
  printf("%d\n",num);
}
```

运行结果如下：

```
Input two numbers:8,2,7✓
 594
```

（2） if-else 语句格式。

```
if(表达式)
语句序列 1;
else
语句序列 2;
```

功能：首先计算条件表达式，然后判断其值。若其值为真，则顺序执行语句序列 1，然后执行 if-else 语句之后的语句；若其值为假，则顺序执行语句序列 2，然后执行 if-else 语句之后的语句。其结构流程图和 N-S 流程图分别如图 5-2（a）和图 5-2（b）所示。

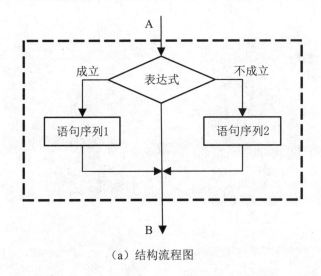

（a）结构流程图

（b）N-S 流程图

图 5-2　if-else 语句形式流程图

前面判别闰年使用 if-else 语句实现的代码如下：

```
#include<stdio.h>
void main()
{
   int year,leap;
   printf("Enter year:");
   scanf("%d",&year);
```

```
    if(year%4==0)
    {
      if(year%100==0)
      {
          if(year%400==0) leap=1;
          else leap=0;
      }
      else leap=1;
    }
    else
      leap=0;
    if(leap)
      printf("%d is a leap year.\n",year);
    else
      printf("%d is not a leap year.\n",year);
}
```

【例 5-5】 计算分段函数 $\begin{array}{l}y = 5x + 4(x \geq 1)\\ y = 2x + 3(x < 1)\end{array}$。

算法分析：根据前面所学的知识，我们可以用多种方法实现。

方法 1：单分支结构。

C 源程序（文件名 li5_5_1.c）：

```
#include<stdio.h>
void main()
{
  int x,y;
  printf("Enter x: ");
  scanf("%d",&x);
  if(x>=1)  y=5*x+4;
  if(x<1)  y==2*x+3;
  printf("x=%d,y=%d\n",x,y);
}
```

运行结果如下：

```
Enter x:3√
x=3,y=19
```

方法 2：双分支结构。

C 源程序（文件名 li5_5_2.c）：

```
#include<stdio.h>
void main()
{
  int x,y;
  printf("Enter x:");
  scanf("%d",&x);
```

```
    if(x>=1)  y=5*x+4;
    else y=2*x+3;
    printf("x=%d,y=%d\n",x,y);
}
```

运行结果如下：

```
Enter x:2↙
x=2,y=7
```

我们把上面的 if 语句改成如下方式：

```
y=3*x+1;
if(x<1)  y=4;
```

通过验证该方法是可行的，上面两条语句忽略 x 的取值范围，首先让 $y=3*x+1$。然后判断 x 的值，如果小于 1，y 的赋值不对，要重新赋值 4。

考虑把 if 语句改成下列语句能否实现上述功能：

```
if(x<1)  y=4;
y=3*x+1;
```

忽略 x 的值，最后结果都是 $y=3*x+1$。

（3） if-else-if 语句格式。

前两种格式的 if 语句一般都用于两个分支的情况。当有多个分支时可以采用 if-else-if 语句格式。

if-else-if 语句的一般格式为：

```
if(表达式1)
语句序列1;
else if(表达式2)
语句序列2;
else if(表达式3)
语句序列3;
   ⋮
else if(表达式n)
语句序列n;
else
语句序列n+1;
```

依次判断多个条件表达式，执行第 1 个逻辑值为真的条件表达式所对应的语句序列。该语句的执行过程如图 5-3（a）所示，程序依次判断每个语句中的条件表达式。遇到第 1 个逻辑值为真的表达式时，则执行该条件之后的语句序列，之后忽略其他语句转去执行 if 语句之后的语句。若所有的语句之后的表达式的值均为假，在没有可选项 else 语句的情况下，将执行 if 语句之后的语句；在有可选项的情况下，则执行 else 语句之后的序列，然后执行 if 语句之后的语句。if-else-if 语句的 N-S 流程图如图 5-3（b）所示。

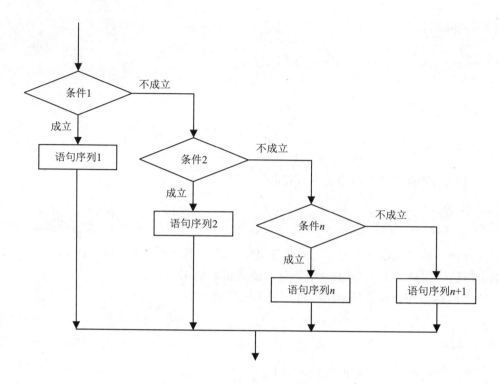

（a）多分支选择结构的执行过程

（b）if-else-if 语句的 N-S 流程图

图 5-3　if-else-if 语句的执行过程与 N-S 流程图

【例 5-6】故障率作为工业产品的重要指标，是指产品发生故障间隔时间的最低要求。要求故障时间为 6 000～7 000 h 以上为良品，5 000～6 000 h 为合格产品，4 000～5 000 h 为不合格产品，低于 4 000 h 为报废产品，请用 if else 语句实现此算法。

算法分析：用多分支实现，把每一个产品的故障率用条件表达式表示出来，然后依次判断表达式的值。遇到第 1 个为真的表达式进入选择分支执行语句，执行后退出选择结构执行后面的语句。

C 源程序（文件名 li5_6.c）：

```
#include<stdio.h>
void main()
{
  int failure_rate;
  printf("Enter failure_rate: ");
  scanf("%d",&failure_rate);
  if(failure_rate >=6000)
    printf("良品\n");
  else if(failure_rate >=5000)
    printf("合格产品\n");
  else if(failure_rate >=4000)
    printf("不合格产品\n");
  else
    printf("报废品\n");
}
```

运行结果如下：

```
Enter failure_rate:4200✓
不合格产品
```

在使用 if 语句时应该注意以下问题。

- 在 3 种形式的 if 语句中的 if 关键字之后均为表达式，该表达式通常是逻辑表达式或关系表达式。但也可以是其他表达式，如赋值表达式等，甚至也可以是一个变量。

例如：

```
if(a=5) 语句;
if(b) 语句;
```

都是允许的。只要表达式的值为非 0，即为真。

又如"if(a=5) 语句;"中表达式的值永远为非 0，所以其后的语句总是要执行的。当然这种情况在程序中不一定会出现，但是在语法上是合法的。

有程序段：

```
if(a=b)
    printf("%d",a);
else
    printf("a=0");
```

语义是把 b 的值赋予 a，如为非 0，则输出该值；否则输出 "a=0" 字符串，这种用法在程序中是经常出现的。

- 在 if 语句中条件判断表达必须用括号括起，在语句之后必须加分号。
- 在 if 语句的 3 种形式中所有的语句应为单个语句，如果要在满足条件时执行一组（多个)语句，则必须把这一组语句用花括号{}括起来组成一个复合语句，但要注意的是在右花括号}之后不能再加分号。

例如：

```
if(a>10)
{
a+=b;
b++;
}
else
{
    a=10;
    b=0;
}
```

5.2.2 嵌套的 if 语句

当 if 语句中的执行语句又是 if 语句时，则构成了 if 语句的嵌套，其一般格式可表示如下：

```
if(表达式)
    if 语句;
```

或者：

```
if(表达式)
    if 语句;
else
    if 语句;
```

嵌套内的 if 语句可能又是 if-else 型，这将会出现多个 if 和多个 else 重叠的情况，这时要特别注意 if 和 else 的配对问题。

例如：

```
if(表达式1)
    if(表达式2)
语句1;
else
语句2;
```

其中的 else 应该理解为：

```
if(表达式1)
{
    if(表达式2)
语句1;
else
语句2;
}
```

也可以理解为：

```
if(表达式1)
{
```

```
    if(表达式 2)
语句 1;
}
else
语句 2;
```

为了避免这种二义性，C 语言规定 else 总是与它前面最近的 if 配对，因此应按照前一种情况理解上述例子。

看以下代码：

```
#include<stdio.h>
void main()
{
int x,y;
printf("please input x,y");
scanf("%d%d",&x,&y);
  if(x!=y)
    if(x>y) printf("X>Y\n");
    else printf("X<Y\n");
  else printf("X=Y\n");
}
```

该代码比较两个数的大小关系，其中使用了 if 语句的嵌套结构是为了进行多分支选择。实际上有 3 种选择，即 *X>Y*、*X<Y* 和 *X=Y*。这种问题用 if-else-if 语句也可以完成，而且程序更加清晰，因此在一般情况下较少使用 if 语句的嵌套结构可以使程序更容易阅读和理解。

用 if-else-if 语句完成上例：

```
#include<stdio.h>
void main()
{
intx,y;
printf("please input X,Y");
scanf("%d%d",&x,&y);
  if(x==y) printf("X=Y\n");
  else if(x>y) printf("X>Y\n");
  else printf("X>Y\n");
}
```

5.3　switch 语句

C 语言还提供了另一种用于多分支选择的 switch 语句，其一般格式为：

```
switch(表达式)
{
    case 常量表达式 1: 语句序列 1;
    case 常量表达式 2: 语句序列 2;
```

```
……
    case 常量表达式 n: 语句序列 n;
    default: 语句序列 n+1;
}
```

计算表达式的值并逐个与其后的常量表达式的值相比较，当表达式的值与某个常量表达式的值相等时执行其后的语句。然后不再判断，继续执行后面所有 case 后的语句。如果没有任何一个 case 后面的常量表达式的值与表达式的值匹配，则执行 default 后面的语句（组），然后执行 switch 语句后面的语句。

说明如下。

（1）switch 后面的表达式可以是 int、char 和枚举类型中的一种。

（2）每个 case 后面的常量表达式的值必须各不相同，否则会出现相互矛盾的现象（即对表达式的同一值，有两种或两种以上的执行方案）。

（3）case 后面的常量表达式仅起语句标号作用，并不进行条件判断。程序一旦找到入口标号，则从该标号开始执行，不再判断标号。所以一般在语句序列的末尾加上 break 语句，以结束 switch 语句。

（4）各 case 及 default 子句的先后次序不影响程序的执行结果。

（5）多个 case 子句可共用同一语句（组）。

（6）用 switch 语句实现的多分支结构程序完全可以用 if 语句或 if 语句的嵌套来实现。

【例 5-7】要求输入一个英文字母，输出它所代表的颜色。

算法分析：用 switch 语句实现，7 种颜色的首字母分别代表 7 种颜色。

C 源程序（文件名 li5_7_1.c）:

```
#include<stdio.h>
void main()
{
  char a;
  printf("Input the lettre: ");
  scanf("%c",&a);
  switch(a)
  {
    case 'r':printf("红色, red");
    case 'o':printf("橙色, orange");
    case 'y':printf("黄色, yellow");
    case 'g':printf("绿色, green");
    case 'b':printf("蓝色, blue");
    case 'w':printf("白色, white");
    case 'p':printf("粉色, pink");
    default:printf("Error");
  }
  printf("\n");
}
```

运行结果如下：

```
Input the lettre: b✓
蓝色，blue 白色，white 粉色，pinkError
```

可以发现在本程序中输入 b 以后执行 case'b'及之后的所有语句，输出了蓝色及之后的所有颜色，这是不希望的。这恰恰反映了 switch 语句的一个特点，在该语句中"case 常量表达式"相当于一个语句标号，表达式的值和某标号相等则转向该标号执行。但不能再执行该标号的语句后自动跳出整个 switch 语句，所以出现了继续执行后面所有 case 语句的情况。这与前面介绍的 if 语句完全不同，应特别注意。为了避免上述情况，C 语言提供了 break 语句用于跳出 switch 语句。break 语句只有关键字 break，没有参数，在后面还将详细介绍。修改本例在每一个 case 语句之后增加 break 语句，使每一次执行之后均可跳出 switch 语句，从而避免输出不应有的结果。

C 源程序（文件名 li5_7_2.c）：

```c
#include<stdio.h>
void main()
{
  char a;
  printf("Input the lettre: ");
  scanf("%c",&a);
  switch(a)
  {
     case 'r':printf("红色，red");break;
    case 'o':printf("橙色，orange");break;
    case 'y':printf("黄色，yellow");break;
    case 'g':printf("绿色，green");break;
    case 'b':printf("蓝色，blue");break;
    case 'w':printf("白色，white");break;
    case 'p':printf("粉色，pink");break;
    default:printf("Error");
  }
  printf("\n");
}
```

运行结果如下：

```
Input the lettre::b✓
蓝色，blue
```

可以看到在每个 case 语句之后增加 break 语句，该程序的输出正常。

前文【例 5-6】用这种方法实现的代码如下：

```c
#include<stdio.h>
void main()
{
  int failure_rate,c;
  printf("Enter failure_rate: ");
  scanf("%d",&failure_rate);
  c=failure_rate/1000;
  switch(c){
    case 6:printf("良品");break;
```

```
    case 5:printf("合格产品");break;
    case 4:printf("不合格产品");break;
    case 3:printf("报废产品");break;
    default:printf("报废产品");
    }
}
```

5.4 程 序 示 例

【例 5-8】输入 3 个整数，输出最大数和最小数。

算法分析：在本程序中首先比较输入的 a 和 b 的大小，并把大数赋予入 max；小数赋予 min。然后将 max、min 分别与 c 比较，若 max 小于 c，则把 c 赋予 max；如果 c 小于 min，则把 c 赋予 min。由此 max 内总是最大数；min 内总是最小数，最后输出 max 和 min 的值即可。

C 源程序（文件名 li5_8.c）：

```c
#include<stdio.h>
void main()
{
    int a,b,c,max,min;
    printf("Input three numbers: ");
    scanf("%d%d%d",&a,&b,&c);
    if(a>b)
    {max=a;min=b;}
    else
    {max=b;min=a;}
    if(max<c)
      max=c;
    else
      if(min>c)
          min=c;
    printf("max=%d,min=%d\n",max,min);
}
```

运行结果如下：

```
Input three numbers: 2 5 7✓
max=7,min=2
```

【例 5-9】投票计数器确定总票数，然后分别计数每个人的票数。

算法分析：本例可通过 switch 语句进行票数计数。

C 源程序（文件名 li5_9.c）：

```c
#include<stdio.h>
int main()
{
```

```
    int Number=0;
    char name;
    printf("Input name and number : ");
    scanf("%c%d",&name,&Number);
    switch(name)
    {
      case 'z':
        printf("张红的票数=%d\n",Number);
        break;
      case 'l':
        printf("李白的票数=%d\n",Number);
        break;
      case 'w':
        printf("王小的票数=%d\n",Number);
        break;
      case 'x':
        printf("小明的票数=%d\n",Number);
        break;
      default:printf("Error");
    }
    return 0;
}
```

运行结果如下：

```
Input name and number :w 20
王小的票数=20
```

【例 5-10】输入 3 个整数 x、y、z，请把这 3 个数由大到小输出。

算法分析：想办法把最大的数放到 x 中，首先比较 x 与 y，如果 $x<y$，则交换 x 与 y 的值。然后比较 x 与 z，如果 $x<z$，则交换 x 与 z 的值，这样能使 x 最大。再比较 y 与 z，若 $y<z$，则交换 y 与 z 的值。这样能使 z 的值最小，y 的值为 3 个数的中位数。

C 源程序（文件名 li5_10_1.c）：

```
#include<stdio.h>
void main()
{
  int x,y,z,t;
  printf("Input three numbers: ");
  scanf("%d%d%d",&x,&y,&z);
  if(x<y)
  {
    t=x;x=y;y=t;
  }
  if(x<z)
  {
    t=z;z=x;x=t;
  }
  if(y<z)
  {
```

```
      t=y;y=z;z=t;
   }
   printf("big to small:%d, %d, %d\n",x,y,z);
}
```

运行结果如下：

```
Input three numbers:4 5 8✓
big to small:8, 5, 4
```

这类问题的解决方法很多。还可以通过 if 的嵌套来实现数的交换。

C 源程序（文件名 li5_10_2.c）：

```
#include<stdio.h>
void main()
{
   int x,y,z,t;
   printf("Input three numbers: ");
   scanf("%d%d%d",&x,&y,&z);
   if(x<y)
   {t=x;x=y;y=t; }
   if(y<z)
   {
     t=y;y=z;z=t;
     if(x<y)
     {t=x;x=y;y=t;   }
   }
   printf("big to small:%d, %d, %d\n",x,y,z);
}
```

运行结果如下：

```
Input three numbers:3 9 4✓
big to small:9, 4, 3
```

【例 5-11】对任意的 a、b、c，求 $ax^2+bx+c=0$ 的根。

算法分析：针对 a、b、c 不同的取值，其方程的解不同，具体分析如下。

（1）如果 $a=0$ 且 $b=0$，有两种情况。即如果 $c=0$，方程有无穷解；如果 $c\neq0$，方程无解；如果 $b\neq0$，方程有一个解，即 $x=c/b$。

（2）如果 $a\neq0$，求 b^2-4ac。若 $b^2-4ac=0$，有两个相等的实根；若 $b^2-4ac>0$，有两个不等的实根；若 $b^2-4ac<0$，有两个共轭的复根。

C 源程序（文件名 li5_11.c）：

```
#include<stdio.h>
#include<math.h>
void main()
{
   float a,b,c,disc,x1,x2,realpart,imagpart;
   printf("please enter a,b,c: ");
   scanf("%f,%f,%f",&a,&b,&c);
```

```
printf("The equation ");
if(fabs(a)<=1e-6)
{
  if(fabs(b)<=1e-6)
  {
      if(fabs(c)<=1e-6)
          printf("has Infinite solution\\n");
      else
          printf("has no solution\\n");
  }
  else
  {
      x1=c/b;
      printf("has %8.4f\n",x1);
  }
}
else
{
  disc=b*b-4*a*c;
  if(fabs(disc)<=1e-6)
      printf("has two equal roots:%8.4f\n",-b/(2*a));
  else if(disc>1e-6)
  {
      x1=(-b+sqrt(disc))/(2*a);
      x2=(-b-sqrt(disc))/(2*a);
      printf("has distinct real roots:%8.4f and %8.4f\n",x1,x2);
  }
  else
  {
      realpart=-b/(2*a);
      imagpart=sqrt(-disc)/(2*a);
      printf("has complex roots:\n");
      printf("%8.4f+%8.4fi\n",realpart,imagpart);
      printf("%8.4f+%8.4fi\n",realpart,imagpart);
  }
}
}
```

分析上面的程序，我们可以得出如图 5-14 所示的求解方程根的过程。

$$a,b,c \begin{cases} a=0 \begin{cases} b=0 \begin{cases} c=0\text{无穷解} \\ c\neq0\text{无解} \end{cases} \\ b\neq0\text{一元一次方程} \end{cases} \\ a\neq0 \begin{cases} b^2-4ac>0\text{两个不相等的实根} \\ b^2-4ac=0\text{两个相等的实根} \\ b^2-4ac<0\text{两个共轭复根} \end{cases} \end{cases}$$

图 5-14　求解方程根的过程

其中每一个花括号代表一个 if 语句。

5.5 小 结

选择结构表示程序的处理步骤出现了分支，需要根据某一特定的条件选择其中的一个分支执行，C 语言提供了如下形式的条件语句可以构成分支结构。

（1）if 语句：主要用于单项选择。

（2）if-else 语句：主要用于双向选择。

（3）if-else-if 语句和 switch 语句：用于多向选择。

这 3 种形式的条件语句一般来说是可以互相替代的。

在本章中主要介绍了 if 语句、switch 语句结构，以及如何使用嵌套 if 语句和 switch 语句编写选择结构程序。

习 题

1. 选择题

（1）执行下列语句后，变量 b 的值是（ ）。

```c
main()
{
int x=35;
    char z='A';
int b;
    b=((x&15)&&(z<'a'));
printf("%d",b);
}
```

A. 0   B. 1

C. 2   D. 3

（2）以下关于 switch 语句和 break 语句的描述中，正确的是（ ）。

A. 在 switch 语句中必须使用 break 语句

B. 在 switch 语句中可以根据需要使用或不使用 break 语句

C. break 语句只能用于 switch 语句中

D. break 语句是 switch 语句的一部分

（3）若 a、$c1$、$c2$、x、y 均为整型变量，正确的 switch 语句是（ ）。

A.
```c
switch(a+b)
    {case1:y=a+b;break;
case 0:y=a-b;break;
    }
```

B.
```c
switch(a*a+b*b)
    {case 3:
    case 1:y=a+b;break;
    case 3:y=b-a;break;}
```

C.```
switch a
    {case c1:y=a-b;break;
case c2:y=a*b;break;
default:x=a+b;}
```

D.```
switch(a-b)
    {default:y=a*b;break;
case 3:case 4:x=a+b;break;
case 10:case 11:y=a-b;break;}
```

（4） 以下程序运行后的输出结果是（　　　　）。

```
main()
{
int a=15,b=21,m=0;
switch(a%3)
    {
case 0:m++;break;
case 1:m++;
switch(b%2)
        {
default:m++;
case 0:m++;break;
        }
    }
printf("%d\n",m);
}
```

A. 1　　　　　　　　　　　　　　　B. 2
C. 3　　　　　　　　　　　　　　　D. 4

（5） 运行两次下面的程序，如果从键盘上分别输入 6 和 4，则输出结果是（　　　　）。

```
main()
{
int x;
scanf("%d",&x);
if(x++>5) printf("%d",x);
else printf("%d\n",x--);
}
```

A. 7 和 5　　　　　　　　　　　　B. 6 和 3
C. 7 和 4　　　　　　　　　　　　D. 6 和 4

（6） 设有如下程序：

```
#include<stdio) h>
void main()
{
int a=100;
if(a>0) printf("%d\n",a>100);
else printf("%d\n",a<=100);
return 0;
}
```

该程序的输出结果是（　　　　）。

A. 0   B. 1

C. 100   D. -1

（7） 设有如下程序：

```
#include<stdio.h>
void main()
{
float x=2.0,y;
if(x<0.0) y=0.0;
else if(x<10.0) y=1.0/x;
else y=1.0;
printf("%f\n",y);
return 0;
}
```

该程序的输出结果是（   ）。

A. 0.000000   B. 0.250000

C. 0.500000   D. 1.000000

（8） 以下程序的运行结果是（   ）。

```
#include<stdio.h>
void main()
{
int a,b,d=241;
    a=d/100%9;
    b=(-1)&&(-1);
    printf("%d, %d",a,b);
return 0;
}
```

A. 6,1   B. 2,1

C. 6,0   D. 2,0

（9） 已知 int x=10、y=20、z=30，以下语句执行后 x、y、z 的值是（   ）。

```
if(x>y) z=x; x=y; y=z;
```

A. x=10、y=20、z=30   B. x=20、y=30、z=30

C. x=20、y=30、z=10   D. x=20、y=30、z=20

（10） 若运行时为变量 x 输入 12，则以下程序的运行结果是（   ）。

```
#include<stdio.h>
void main()
{
int x,y;
scanf("%d",&x);
    y=x>12?x+10:x-12;
printf("%d\n",y);
return 0;
}
```

A. 4   B. 3

C. 22   D. 0

2. 填空题

（1）输入一个学生的成绩（在 0～100 分之间），进行 5 级评分并显示。

```c
#include<stdio.h>
void main()
{
int score;
scanf("%d", &score);
if(score>=0 && score<=100)
switch(_____)
        {
case 10:
case 9:printf("Excellent \n");break;
case 8:printf("Good \n");break;
case 7:printf("Middle \n");break;
case 6:printf("Pass \n");_____;
default:printf("No pass \n");
        }
}
```

（2）输入三角形的 3 条边，编写程序判断形成的三角形的种类，即等腰三角形、等边三角形或一般三角形。

```c
#include<stdio.h>
void main()
{
int a,b,c;
    printf("请输入三角形的三边值a,b,c: ");
scanf("%d,%d,%d",&a,&b,&c);
if(_____)
        printf("等边三角形\n");
else if(_____)
        printf("一般三角形\n");
else
        printf("等腰三角形\n");
}
```

（3）编写程序，判断一个整数是否既是 2 的倍数，又是 3 的倍数。

```c
#include<stdio.h>
main()
{
int n,flag=0;
    printf("请输入整数: ");
scanf("%d",_____);
if(_____)
flag=1;
```

```
if(flag==0)
        printf("%d 不能同时被 2 和 3 整除\n",n);
else
        printf("%d 能同时被 2 和 3 整除\n",n);
}
```

3. 阅读题

（1） 写出以下程序的输出结果：

```
main()
{
int a,b,c;
    a=b=c=3;
    b=b+c;
    a=a+b;
printf("%d\n",(c<b)?b:a);
}
```

（2） 写出以下程序的输出结果：

```
main()
{
int x=11,y=1;
if(x%2==1)
        x+=3;
else
        x-=7;
        y=3;
printf("%d  %d",x,y);
}
```

（3） 写出以下程序的输出结果（执行后输入数据 2）：

```
main()
{
int k;
scanf("%d",k);
switch(k)
    {
case 1:printf("%d\n",k++);
case 2:printf("%d\n",k++);
case 3:printf("%d\n",k++);
case 4:printf("%d\n",k++);
break;
default:printf("Full!\n");
    }
}
```

（4） 写出以下程序的功能：

```
main()
```

```
{
char ch;
scanf("%c",ch);
if(ch>='A' && ch<='Z')
ch=ch-32;
printf("%c",ch);
}
```

4. 编程题

（1） 编写程序，判断 2000 年、2008 年、2014 年是否是闰年。

（2） 有一个不大于 5 位的正整数，求其位数及每位数字。

第6章 循环结构

在程序设计中应该采用循环结构来完成那些重复执行的操作，循环结构的特点是在给定条件成立时，反复执行某程序段，直到条件不成立为止。给定的条件称为"循环条件"，反复执行的程序段称为"循环体"。C语言提供了多种循环语句，可以组成各种不同形式的循环结构。使用中要注意实现循环控制的条件，在程序中选用哪一种循环语句通常要具体问题具体分析。

循环结构也是结构化程序设计的基本结构之一，它和顺序及选择结构共同作为各种复杂程序的基本构造单元。

6.1　while 语句

while 循环又称为"当循环"，用于循环次数不确定，但控制条件可知的场合，它可以根据给定条件的成立与否决定程序的流程。

1.　语句格式

```
while（<条件表达式>）
    语句；
```

其中 while 后面括号中的表达式是循环控制的条件，根据表达式的值为真（非 0 值）或为假（0 值）确定是否执行后面的语句，它可以使用任意的表达式。

循环体语句可以是一条或多条，多条时应用复合语句的{}将多条语句括起。

2. 执行过程

首先计算<表达式>的值，判断条件是否成立。若条件为真，则执行语句（循环体）。执行后将控制返回到 while 语句，并再次判断<条件表达式>的值。如果仍为真，则继续执行循环体；如果为假，则退出循环执行循环体后面的语句，如图 6-1 所示。

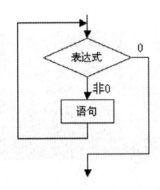

图 6-1　while 循环的执行过程

【例 6-1】用 while 语句求 $\sum\limits_{n=1}^{100} n$ 的值。

算法分析：考虑计算过程中需要两个变量，一个变量 sum 用于存放总和；一个变量 i 用于存放要加的数。

解题步骤如下。

（1）　初始化总和的变量 sum 为 0。

（2）　初始化加数 i 为 1。

（3）　利用 sum=sum+i 累加加数。

（4）　利用 $i=i+1$ 加 1。

（5）　若 $i \leqslant 100$，返回（3）；否则执行（6）。

（6）　输出 sum，算法结束。

我们可以看出用这种方法表示的算法具有通用性和灵活性，步骤（3）～（5）组成一个循环，在实现算法时要多次执行该循环。直到某一时刻，执行步骤（5）时经过判断变量 i 已超过规定的数值而不返回步骤（3）为止。此时算法结束，变量 sum 的值就是所求结果。

C 源程序（文件名 lt6_1.c）：

```c
#include<stdio.h>
void main()
{
    int i,sum=0;
    i=1;
    while(i<=100)
    {
sum=sum+i;
        i=i+1;
    }
    printf("sum=%d\n",sum);
}
```

运行结果如图 6-2 所示。

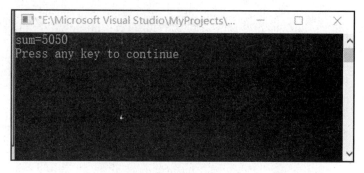

图 6-2　运行结果

说明如下。

（1）while 循环语句应先判断条件，然后决定是否执行循环体。如果开始条件不成立，则循环体一次也不会执行。

（2）while 语句中的表达式一般是关系表达式或逻辑表达式，只要表达式的值为真（非 0）即可继续循环。若为数值型，以 0 表示假；非 0 表示真。

（3）进入循环前应为循环控制变量赋值，以使循环条件为真。

（4）while 循环语句本身不能修改循环条件，所以必须在循环体内设置相应的语句使整个循环趋于结束，以避免造成死循环。

（5）循环体如包括一个以上的语句，则必须用{}括起来组成复合语句。

【例 6-2】编写程序从键盘输入一个正整数 n，求 $n!$（约定 $n \geq 0$，$0!=1$），$n!= n*(n-1)*(n-2)*\cdots*2*1$。

计算机在计算阶乘时从 1 开始，直到 n 为止。

用 i 代表循环变量，s 代表 $n!$ 的结果值，则循环计算表达式 $s=s*i$ 可求得 $n!$。

C 源程序（文件名 lt6_2.c）：

```c
#include <stdio.h>
main()
{
    int i,n;
    long s;
    printf("please enter a integer:\n");
    scanf("%d",&n);
    if(n>=0)
    {
        s=1;
        i=1;
        while(i<=n)
        {
            s=s*i;
            i++;
        }
        printf("%d!=%ld\n",n,s);
    }
    else
```

```
        printf("Sorry! You enter a wrong number.\n");
    }
```

运行结果如图 6-3 所示。

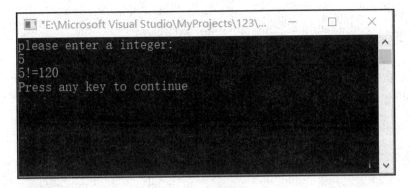

图 6-3 运行结果

6.2 do-while 语句

do-while 循环是 while 循环的变体，在判断 while()条件是否为真之前，该循环首先会执行一次 do{}之内的语句。然后在 while()内检查条件是否为真，如果条件为真，则重复 do-while 这个循环，直至 while()为假。

6.2.1 语句格式

do-while 语句的格式如下：

```
do
语句
while(<表达式>);
```

其中语句是循环体，表达式是循环条件。

6.2.2 执行过程

首先执行循环体语句一次，然后判断表达式的值。若为真，则继续循环；否则终止循环。

do-while 语句和 while 语句的区别在于 do-while 是先执行后判断，因此至少要执行一次循环体；while 是先判断后执行，如果条件不满足，则一次循环体语句也不执行。

do-while 语句的执行过程如图 6-4 所示。

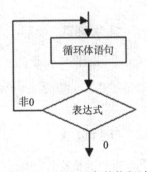

图 6-4 do-while 语句的执行过程

【例 6-3】用 do-while 语句求 $\sum\limits_{n=1}^{100} n$ 。

C 源程序（文件名 lt6_3.c）：

```
#include<stdio.h>
void main()
{
  int i,sum=0;
  i=1;
  do
    {
      sum=sum+i;
       i++;
    }
  while(i<=100);
  printf("%d\n",sum);
}
```

运行结果如图 6-5 所示。

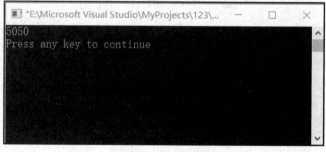

图 6-5　运行结果

6.3　for 语句

6.3.1　语句格式

for 语句的格式如下：

for(表达式 1；表达式 2；表达式 3) 语句

6.3.2　执行过程

for 语句的执行过程如下。

（1）　求解表达式 1。

（2）　求解表达式 2，若其值为真，则执行 for 语句中指定的内嵌语句。然后执行第

（3）步；若其值为假，则结束循环，转到第（5）步。

（3）求解表达式 3。

（4）转回第（2）步继续执行。

（5）循环结束，执行 for 语句下面的一个语句。

执行过程如图 6-8 所示。

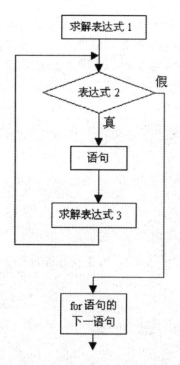

图 6-6　for 语句的执行过程

for 语句最简单，也是最容易理解的形式如下：

```
for(循环变量赋初值;循环条件;循环变量增量) 语句
```

循环变量赋初值总是一个赋值语句，它用来为循环控制变量赋初值；循环条件是一个关系表达式，决定何时退出循环；循环变量增量定义循环控制变量每循环一次后的变化方式，这 3 个部分之间用 ";" 分开。

例如：

```
for(i=1; i<=100; i++) sum=sum+i;
```

首先为 i 赋初值 1，判断 i 是否小于等于 100。若是，则执行语句之后值增加 1。然后重新判断，直到条件为假，即 $i>100$ 时结束循环。

相当于：

```
i=1;
while(i<=100)
    { sum=sum+i;
     i++;
    }
```

for 循环中语句一般是如下 while 循环形式：

```
    表达式 1；
    While(表达式 2)
        {语句
         表达式 3；
}
```

for 循环中的"表达式 1（循环变量赋初值）""表达式 2（循环条件）""表达式 3（循环变量增量）"都是选择项，即可以省略，但";"不能省略。省略"表达式 1"（循环变量赋初值），表示不为循环控制变量赋初值；省略"表达式 2"（循环条件），则不执行其他操作，即成为死循环。

例如：

```
    for(i=1;;i++)sum=sum+i;
```

相当于：

```
    i=1;
    while(1)
      {sum=sum+i;
       i++;}
```

省略"表达式 3"（循环变量增量），则不操作循环控制变量，这时可在语句体中加入修改循环控制变量的语句。

例如：

```
for(i=1;i<=100;)
    {sum=sum+i;
       i++;}
```

省略"表达式 1"（循环变量赋初值）和"表达式 3"（循环变量增量）。

例如：

```
for(;i<=100;)
    {sum=sum+i;
     i++;}
```

相当于：

```
    while(i<=100)
      {sum=sum+i;
       i++;}
```

3 个表达式都可以省略。

例如：

```
for(;;)语句
```

相当于：

```
while(1)语句
```

表达式 1 可以是设置循环变量的初值的赋值表达式，也可以是其他表达式。例如：

```
for(sum=0;i<=100;i++) sum=sum+i;
```

表达式 1 和表达式 3 可以是一个简单表达式，也可以是逗号表达式。

```
for(sum=0,i=1;i<=100;i++) sum=sum+i;
```

或：

```
for(i=0,j=100;i<=100;i++,j--) k=i+j;
```

表达式 2 一般是关系表达式或逻辑表达式，也可以是数值表达式或字符表达式。只要其值非 0，就执行循环体。

例如：

```
for(i=0;(c=getchar())!='\n';i+=c);
```

又如：

```
for(;(c=getchar())!='\n';)
  printf("%c",c);
```

6.4 break 和 continue 语句

有时我们需要在循环体中提前跳出循环，或者在满足某种条件下不执行循环体中剩下的语句而立即从头开始新的一轮循环，这时就要用到 break 和 continue 语句。

6.4.1 break 语句

break 语句通常用在开关和循环语句中，用在开关语句中时，可使程序跳出 switch 而执行 switch 以后的语句。如果没有 break 语句，则将成为一个死循环而无法退出。break 在 switch 中的用法已在前面介绍开关语句时的例子中提到，这里不再举例。

当 break 语句用在 do-while、for、while 循环语句中时，可使程序终止循环，而执行循环后面的语句。通常 break 语句总是与 if 语句联在一起，即满足条件时便跳出循环。

以下是 while 循环语句中包含该语句的格式：

```
while(表达式 1)
    { 语句块 1;
      if(表达式 2)break;
      语句块 2;
    }
```

图 6-7 所示为 break 语句的执行过程。

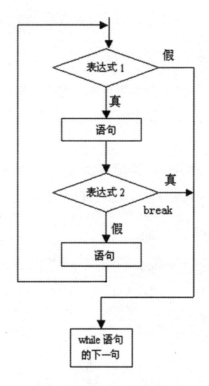

图 6-7　break 语句的执行过程

【例 6-4】编写程序，求圆面积在 100 平方米以内的半径。输出所有满足条件的半径值和圆面积的值，并输出第 1 个大于 100 的圆半径和圆面积。

算法分析：计算圆面积的表达式为 πr^2，依次取半径为 1，2，3，…，循环计算圆的面积 area，当 area>100 时结束。

C 源程序（文件名 lt6_4.c）：

```
#include <stdio.h>
void main()
{
  double pi=3.14159,area;
  int r;
  printf("面积在 100 平方米以内的圆半径和圆面积:\n");
  printf("半径\t 圆面积\n");
  for(r=1;r<=10;r++)
  {
    area=pi*r*r;
    if (area>100)
       break;
    printf("r=%d\tarea=%f\n",r,area);
  }
  printf("第 1 个面积大于 100 的圆半径和面积为：\nr=%d\tarea=%f\n",r,area);
}
```

运行结果如图 6-8 所示。

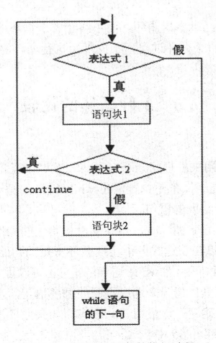

图 6-8　运行结果

break 语句对 if-else 的条件语句不起作用,在多层循环中一个 break 语句只向外跳一层。

6.4.2　continue 语句

continue 语句的作用是跳过循环体中剩余的语句而强行执行下一次循环,该语句只用在 for、while、do-while 等循环体中。并且常与 if 条件语句一起使用,用来加速循环。

以下是 while 循环语句中包含该语句的格式:

```
while(表达式 1)
    {语句块 1;
      if(表达式 2)continue;
      语句块 2;
}
```

其执行过程如图 6-9 所示。

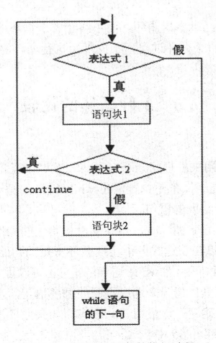

图 6-9　continue 语句的执行过程

【例 6-5】编写程序，输出在 50～100 中不能被 3 整除的数。

算法分析：对任意正整数 n，若 $n\%3 \neq 0$，则输出 n；否则不输出。

C 源程序（文件名 lt6_5.c）：

```c
#include <stdio.h>
void main()
{
    int n=50;
    for(;n<=100;n++)
    {
        if(n%3==0)
            continue;
        else
            printf("%d\t",n);
    }
}
```

运行结果如图 6-10 所示。

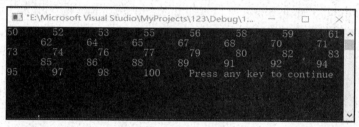

图 6-10　运行结果

说明如下。

（1）　continue 语句只结束本次循环，而不终止整个循环的执行。

（2）　break 语句结束整个循环过程，不再判断执行循环的条件是否成立。

6.5　3 种循环的比较

3 种循环的比较如下。

（1）　3 种循环都可以用来处理同一个问题，一般可以互相代替。

（2）　while 循环体可能一次都不执行，do-while 循环的循环体至少会被执行一次，循环体中都应包括使循环趋于结束的语句。

（3）　用 while 和 do-while 循环时，循环变量初始化的操作应在 while 和 do-while 语句之前完成，而 for 语句可以在表达式 1 中实现循环变量的初始化。

（4）　同一个问题往往既可以用 while 语句解决，也可以用 do-while 或者 for 语句来解决。但在实际应用中应根据具体情况来选用不同的循环语句，选用的一般原则是如果循环次数在执行循环体之前就已确定，一般用 for 语句；如果循环次数是由循环体的执行情况确定的，一般用 while 语句或者 do-while 语句。当循环体至少执行一次时，用 do-while 语句；如果循环体可能一次也不执行，则用 while 语句。

6.6　循环的嵌套

循环体内又出现循环结构称为"循环嵌套"或"多重循环"，用于较复杂的循环问题。前面介绍的几种基本循环结构都可以相互嵌套，计算多重循环的次数为每一重循环次数的乘积。

这种嵌套过程可以有多重，一个循环外面仅包围一层循环的称为"二重循环"；一个循环外面包围两层循环的称为"三重循环"；一个循环外面包围多层循环的称为"多重循环"。

3 种循环语句 for、while、do-while 可以互相嵌套自由组合，但要注意的是各循环必须完整，相互之间绝不允许交叉。

【例 6-6】打印九九乘法表。

算法分析：九九乘法表由 9 行 9 列构成，可以用 printf("%d*%d=%-3d",$i,j,i*j$)语句输出一条口诀，那么一行就是重复执行 9 次这条语句。而 9 行就是重复打印 9 次，只是在运行时行和列的值在不断变化。我们把打印一行的循环称之为"内循环"，把完成打印 9 行的循环称为"外循环"。

C 源程序（文件名 lt6_6.c）：

```c
#include <stdio.h>
#include <conio.h>
void main()
{
  int i,j,result;
  printf("\n");
  for (i=1;i<10;i++)/*共打印九行*/
  {
    for(j=1;j<10;j++)/*用于打印一行中的九列*/
    {
      result=i*j;
      printf("%d*%d=%-3d",i,j,result);  /*-3d 表示左对齐，占 3 位*/
    }
    printf("\n");  /*每一行后换行*/
  }
  getch();
}
```

运行结果如图 6-11 所示。

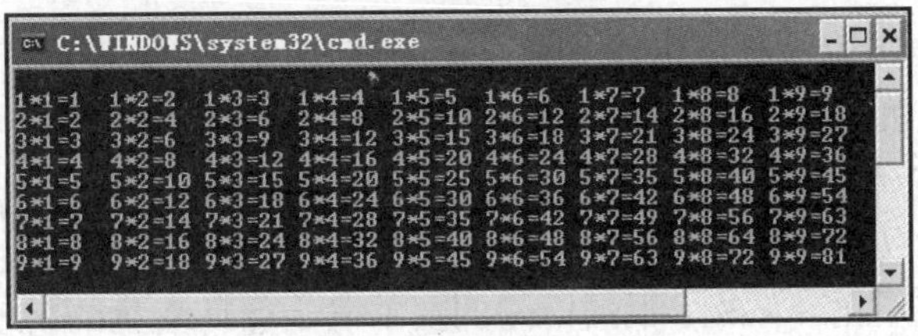

图 6-11　运行结果

【例 6-7】编写程序，显示所有水仙花数。

算法分析：所谓水仙花数是指一个 3 位数，其各位数字的立方和等于该数字本身。例如，153 是水仙花数，因为 $153=1^3+5^3+3^3$。解决的方法是用三重循环将 3 个 1 位数合并成一个 3 位数。

C 源程序（文件名 lt6_7.c）：

```c
#include <stdio.h>
#include <conio.h>
void main()
{
  int i,j,k,n;
  printf("'water flower'number is: ");
  for(n=100;n<1000;n++)
  {
    i=n/100;/*分解出百位*/
    j=n/10%10;/*分解出十位*/
    k=n%10;/*分解出个位*/
    if(i*100+j*10+k==i*i*i+j*j*j+k*k*k)
      printf("%-5d",n);
  }
  getch();
}
```

运行结果如图 6-12 所示。

图 6-12　运行结果

可以将一个 3 位数的百位、十位及个位分离，然后计算它们的立方和，根据立方和是否等于 n 来判断该 3 位数是否为水仙花数。

6.7　程序示例

采用循环控制语句编程既可以简化程序，又能提高效率。使用时必须遵守"先检查，后执行"的原则解决循环的要素，即进入循环的条件、循环体的算法和结束循环的条件。

下面我们将通过几个典型程序示例来说明循环结构中的常用算法。

（1）　累加求和及阶乘问题。

此类问题都要使用循环结构，根据问题的要求确定循环变量的初值、终值或结束条件，以及用来表示和、阶乘的变量初值。

【例 6-8】求和及阶乘。

C 源程序（文件名 lt6_8.c）：

```c
#include<math.h>
void main()
{  int s;
   float n,t,pi;
   t=1,pi=0;n=1.0;s=1;
   while(fabs(t)>1e-6)
       {pi=pi+t;
        n=n+2;
        s=-s;
        t=s/n;
       }
   pi=pi*4;
   printf("pi=%10.6f\n",pi);
   }
```

运行结果如图 6-13 所示。

图 6-13　运行结果

累加是在原有和的基础上一次一次地加一个数，连乘是在原有积的基础上一次一次地乘一个数。

（2）打印有规律的图案。

打印图案一般可由双层循环实现，外循环用来控制打印的行数，内循环用来控制打印的个数。

【例 6-9】打印如下菱形图案。

算法分析：首先把图形分成两部分来看待，前 4 行一个规律，后 3 行一个规律。利用双重 for 循环，第 1 层控制行，第 2 层控制列。

C 源程序（文件名 lt6_9.c）：

```
#include <stdio.h>
#include <conio.h>
void main()
{
  int i,j,k;
  for(i=0;i<=3;i++)
  {
    for(j=0;j<=2-i;j++)
      printf(" ");
    for(k=0;k<=2*i;k++)
      printf("*");
    printf("\n");
  }
  for(i=0;i<=2;i++)
  {
    for(j=0;j<=i;j++)
      printf(" ");
    for(k=0;k<=4-2*i;k++)
      printf("*");
    printf("\n");
  }
  getch();
}
```

运行结果如图 6-14 所示。

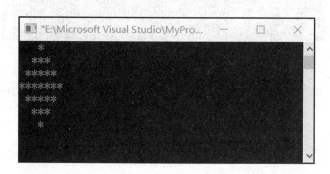

图 6-14　运行结果

（3）　不定方程的整数解。

【例 6-10】公元前 5 世纪，我国古代数学家张丘建在《算经》一书中提出了"百鸡问题"。即鸡翁一值钱五，鸡母一值钱三，鸡雏三值钱一。百钱买百鸡，问鸡翁、鸡母、鸡雏各几只？

问题解释：公鸡 5 元 1 只，母鸡 3 元一只，小鸡 1 元 3 只。问用 100 元买 100 只鸡，各有多少只？

问题分析与算法设计如下。

设鸡翁、鸡母、鸡雏的个数分别为 x，y，z，题意给定共 100 元要买 100 只鸡。若全买公鸡最多买 20 只，显然 x 的值在 0～20 之间；同理，y 的取值范围在 0～33 之间，可得到下面的不定方程：

$5x+3y+z/3=100$

$x+y+z=100$

显然从数学上讲无法得到求解，所以此问题可归结为求这个不定方程的整数解。

由程序设计实现不定方程的求解与手工计算不同，在分析确定方程中未知数变化范围的前提下可通过对未知数可变范围的穷举验证方程在什么情况下成立，从而得到相应的解。

C 源程序（文件名 lt6_10.c）：

```c
#include <stdio.h>
void main()
{
  int x,y,z,j=0;
  printf("Folleing are possible plans to buy 100 fowls with 100 Yuan.\n");
     for(x=0;x<=20;x++)  /*外层循环控制鸡翁数*/
        {   for(y=0;y<=33;y++)  /*内层循环控制鸡母数 y 在 0～33 变化*/
          {
          z=100-x-y;  /*内外层循环控制下，鸡雏数 z 的值受 x,y 的值的制约*/
          if(z%3==0  && 5*x+3*y+z/3==100)
/*验证取 z 值的合理性及得到一组解的合理性*/
          printf("%2d:cock=%2d hen=%2d chicken=%2d\n",++j,x,y,z);
          }
      }

}
```

运行结果如图 6-15 所示。

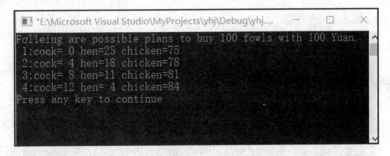

图 6-15　运行结果

此方法也称"枚举法"，其基本算法的思想是一一测试各种可能出现的情况，判断是否是符合要求的解。这是一种在没有其他方法情况下的方法，是一种最笨的方法。但对一些无法用解析法求解的问题能奏效，因此常常采用循环来处理穷举问题。

（4）字符串处理。

在程序设计中除了常用的数值计算外，还常常需要处理字符串，如字符大小写的转换、字符的加密或解密、单词的统计等。

【例 6-11】输入一行字符，分别统计出其中英文字母、空格、数字和其他字符的个数。

算法分析：本例中的循环条件为 getchar()!='\n'，其意义是只要从键盘输入的字符不是

Enter 就继续循环。循环体中的 char、space、digit、others 分别代表英文字母、空格、数字和其他字符的个数，char++、space++、digit++、others++完成对输入的字符英文字母、空格、数字和其他字符个数计数，从而实现对输入一行字符的所有数据的计数。

C 源程序（文件名 lt6_11.c）：

```c
#include "stdio.h"
#include "conio.h"
void main()
{
  char c;
  int letters=0,space=0,digit=0,others=0;
  printf("please input some characters\n");
  while((c=getchar())!='\n')
  {
    if(c>='a'&&c<='z'||c>='A'&&c<='Z')
      letters++;
    else if(c==' ')
      space++;
    else if(c>='0'&&c<='9')
      digit++;
    else
      others++;
  }
  printf("all in all:char=%d space=%d digit=%d others=%d\n",letters,
  space,digit,others);
  getch();
}
```

运行结果如图 6-16 所示。

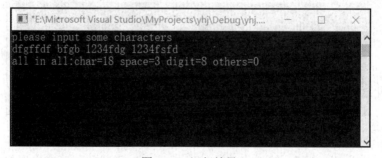

图 6-16　运行结果

6.8　小　结

循环结构是程序中一种很重要的结构，其特点是在给定条件成立时反复执行某程序段，直到条件不成立为止。给定的条件称为"循环条件"，反复执行的程序段称为"循环体"。C 语言提供了多种循环语句，可以组成各种不同形式的循环结构。

（1）用 while 语句。

（2） 用 do-while 语句。

（3） 用 for 语句。

（4） 用 for 语句及 goto 语句构成循环。

在使用过程中应该注意以下问题。

（1） for 语句主要用于给定循环变量初值、步长增量，以及循环次数的循环结构。

（2） 循环次数及控制条件要在循环过程中才能确定的循环可用 while 或 do-while 语句。

（3） 3 种循环语句可以相互嵌套组成多重循环，循环之间可以并列，但不能交叉。

（4） 可用转移语句把流程转出循环体外，但不能从外面转向循环体内。

（5） 在循环程序中应避免出现死循环，即应保证循环变量的值在运行过程中可以得到修改并使循环条件逐步变为假，从而结束循环。

习　题

1. 选择题

（1） 以下程序段中语句"printf（"i = %d,j = %d\n",i,）;"的执行次数是_____。

```
int i,j;
for (i = 3; i ;i-- )
  for (j=1;j<5;j++) printf ("i=%d,j=%d\n",i,j);
```

A. 12　　　　　　　　　　　　B. 20

C. 15　　　　　　　　　　　　D. 24

（2） 执行循环语句"for(i=1;i++<10;) a++"后变量 i 的值是_____。

A. 9　　　　　　　　　　　　B. 10

C. 11　　　　　　　　　　　　D. 12

（3） 以下程序运行后的输出结果是_____。

```
main()
{
  int i ,a;;
  for(i=2;a=23;i++<5;)
    printf("%d ", a%i);
}
```

A. 1 2 3　　　　　　　　　　B. 2 3 3

C. 1 2 3 3　　　　　　　　　D. 2 3 3 5

（4） 以下程序运行后的输出结果是_____。

```
main()
{ int i,a;
  for (i=5;i<=20;)
{i++;
```

```
if(i<=15&&i%5=0) printf("%d",i);

}
}
```

A. 5 10 15   B. 5 10

C. 10 15   D. 5 10 15 20

（5） 执行以下语句后，a 和 b 的值分别是_____。

```
for(a=b=0;a<4&&++b;a++) b--;
```

A. 3 和 0   B. 3 和 1

C. 4 和 0   D. 4 和 1

（6） 以下程序运行后的输出结果是_____。

```
void main()
{
int i=3;
for(;i<=18; )
{
 i++;
 if(i%6==1) printf("%d",i);
else continue;
}

}
```

A. 12 18   B. 7 13 19

C. 6 12 18   D. 13 19

（7） 以下程序运行后的输出结果是_____。

```
main()
{ int a,b;
  for(a=1,b=0;a<=3;a++)
     b=a%2?b+1:b+2;
     printf("%d\n",b);
}
```

A. 1   B. 2

C. 3   D. 4

（8） 以下程序运行后的输出结果是_____。

```
 main()
{int x,n=0;
for(x=0;x<=60;x++)
if(x%2==0)
   if(x%3==0)
     if(x%5==0)  n++;
printf("%d\n",n);
}
```

A. 3　　　　　　　　　　　　　　B. 2
C. 0　　　　　　　　　　　　　　D. 61

（9）有以下程序段：

```
 int k=1;
while(10)
{
  k++
if(k) break;
}
```

则下面描述中正确的是 _____。

　　A. 一次也不执行循环体语句　　　B. 执行 1 次循环体语句
　　C. 执行 10 次循环体语句　　　　D. 有语法错误
　　（10）while 语句中循环体结束的条件是 while 后面表达式的值是 _____。
　　A. 0　　　　　　　　　　　　　B. 1
　　C. −1　　　　　　　　　　　　D. 非 0

2. 填空题

（1）以下程序运行后的输出结果是 _____。

```
main()
{ int i,m=0,n=0,k=0;
for(i=9; i<=11;i++)
switch(i/10)
{ case 0: m++;n++;break;
case 10: n++; break;
default: k++;n++;
}
printf("%d %d %d\n",m,n,k);
}
```

（2）要使以下程序段输出 10 个整数，请填入一个整数。

```
for(i=0;i<=_____  ;printf("%d\n",i+=2));
```

（3）若输入字符串"abcde<Enter>"，则以下 while 循环体将执行_____次。

```
while((ch=getchar())=='e') printf("*");
```

（4）以下程序运行后的输出结果是_____。

```
main()
{ int i=10, j=0;
do
{ j=j+i; i--; }
while(i>2);
printf("%d\n",j);
}
```

（5）以下程序运行后的输出结果是_____。

```
main()
  {int  s,i;
    for(s=0,i=1;i<3;i++,s+=i);
    printf("%d\n",s);}
```

（6）有以下程序：

```
#include <stdio.h>
main()
{ char c;
while((c=getchar())!='?')  putchar(--c);}
```

程序运行时，如果从键盘输入 Y？N？<Enter>，则输出结果为_____。

（7）执行以下程序后输出#号的个数是_____。

```
#include <stdio.h>
main()
{ int  i,j;
for(i=1; i<5; i++)
for(j=2; j<=i; j++) putchar('#');
}
```

（8）以下程序运行后的输出结果是_____。

```
main()
{ int t=1,i=5;
 for(;i>=0;i--)  t*=i;
 printf("%d\n",t);
}
```

3. 改错题

（1）以下程序的功能是计算 $1+1/3+1/5+\cdots+1/2n-1$ 的值，请改正程序中的错误。

```
main()
{
int n,i
double s=0,t;
printf("Please Input n: ",&n);
scanf("%d",&n);
for(i=1,i<=n,++i)
 t=1/(2*i-1);
 s=s+t;
printf("s=%f\n",s);
}
```

（2）以下程序的功能是一个正整数的各位数字中找出最大者，请改正程序中的错误。

```
#include<stdio.h>
main()
{
  int n,max,t;
  max=9;
  scanf("%d",&n);
```

```
do
{
 t=n%10;
if(max<t)   max=t;
n/=10;\
}while(!n);
printf("max%d",max);
 }
```

（3）以下程序的功能是求数列 2/1，3/2，5/3，8/5，13/8，21/13，…的前 20 项之和，程序中有错误，请修改。

```
main()
{
int n,t;
float a=2,b=1,s=0;
for(n=1;n<=20;n++)
{
  s=a/b;
t=a;
a=b;
b=t;
}
printf("s=%f\n",s);
 }
```

4. 编程题

（1）求出 1～1 000 之内能被 7 或 11 整除，但不能同时被 7 和 11 整除的所有整数，要求输出结果 5 个数字一行。

（2）编写一个程序求出 1～100 之间所有每位数的乘积小于每位数的和的数，如 13 满足 1*3<1+3。

（3）编写一个程序，从 3 个红球，5 个白球，6 个黑球中任意取出 8 个球，并且其中必须有黑球，输出所有可能的方案。

（4）计算 1～10 之间奇数之和及偶数之和。

（5）计算 1～10 之间各数的阶乘之和，即求 1!+2!+3!+4!+…+10!。

第7章 数　组

在实际应用中经常需要处理一组具有相同类型的数据，如一个班级同学的成绩。C 语言用数组来实现这一功能，即把具有相同类型的若干变量按有序的形式组织起来。这些按序排列的同类数据元素的集合称为"数组"，在 C 语言中数组属于构造数据类型。一个数组可以分解为多个数组元素，这些数组元素可以是基本数据类型或构造类型。因此按数组元素的类型不同，数组又可分为数值数组、字符数组、指针数组、结构数组等类型。

本章着重介绍一维数值数组、二维数值数组和字符数组。

7.1　数组的基本概念

在前面各章中程序设计所涉及和处理的数据都比较简单，对这些数据采用 C 语言的基本类型来描述即可。但在实际应用中存在很多性质相同的一组数据，如某项课程的成绩就是一组范围受限的正整数。如果有 100 个学生使用变量来存储，则必须命名 100 个变量。如果要排序这些学生的成绩，则很麻烦。C 语言为这些数据提供了一种构造数据类型，即数组来解决这类问题。

数组就是一组具有相同数据类型的数据的有序集合，本质上就是把有限个类型相同的变量用一个名字命名，然后用编号区分其变量的集合。这个名字称为"数组名"，编号称为"下标"。组成数组的各个变量称为"数组的分量"，也称为"数组的元素"，有时也称为"下标变量"。下标的个数表明数组的维数，为 1 时，称为"一维数组"；为 2 时，称为"二维数组"。依此类推，下标个数为 n 时，称为"n 维数组"。不过在增加数组的维数时，数组所占的存储空间会大幅度增加，所以要慎用多维数组。

例如，一个班有 50 名学生，可以定义一个一维数组 $a[50]$ 存放学生的某科成绩。即用 a_0，a_1，a_2，$\cdots$，a_{49} 代表 50 个学生的成绩，a 为数组名。下标代表学生的学号，a_{19} 代表第 20 个学生的成绩。在 C 语言中无法表示上下标，因此用方括号表示下标，如用 $a[19]$ 表示 a_{19}，即第 20 个学生的成绩。注意数组下标从 0 开始，所以长度为 50 的数组没有 $a[50]$ 这个元素，而是使用 $a[49]$ 表示。

7.2 一 维 数 组

一维数组是最简单的数组，其元素只有一个下标，如 $s[15]$；除了一维数组以外，还有二维数组、三维数组和多维数组，它们的概念和用法是相似的。

7.2.1 一维数组的定义和存储结构

在 C 语言中必须先定义后使用数组。

1. 一维数组格式

一般格式为：

> 类型说明符 数组名 [常量表达式]

说明：类型说明符是任何一种基本数据类型或构造数据类型；数组名是用户定义的数组标识符；方括号中的常量表达式表示数据元素的个数，也称为"数组的长度"。

例如：

```
int m[10];            /* 说明整型数组 m，有 10 个元素。*/
float b[10];          /* 说明实型数组 b，有 10 个元素。*/
char s[20];           /* 说明字符数组 s，有 20 个元素。*/
#define N 10
long num[N];          /*定义了一个有 10 个元素的长整型数组 num，N 为符号常量*/
```

说明如下。

（1）数组名的命名规则和变量名相同，书写规则应符合标识符的书写规定，数组名不能与其他变量名相同。

（2）在定义数组时需要指定数组中元素的个数，方括号中的常量表达式用来表示元素的个数，即数组长度。例如，指定 $a[10]$，表示 a 数组有 10 个元素。这 10 个元素是 $a[0],a[1],a[2],a[3],a[4],a[5],a[6],a[7],a[8],a[9]$，特别注意按上面的定义不存在数组元素 $a[10]$。

（3）数组的类型实际上是指数组元素的取值类型，同一个数组中的所有元素的数据类型都是相同的。

（4）常量表达式中可以包括常量和符号常量，不能包含变量。因为 C 语言不允许动态定义数组的大小，即数组的大小不依赖于程序运行过程中变量的值。

例如：下述声明方式是错误的：

```
main()
  {
    int n;
  scanf("%d",&n);
    int a[n];
    ……
    }
```

（5） 允许在同一个类型说明中声明多个数组和多个变量。

例如：

```
int a,b,x[10];
```

2. 一维数组的存储结构

每个变量都是与一个特定的存储单元相联系（该单元的字节数与变量类型有关，如 Turbo C 的 int 整型占两个字节），C 语言编译系统为所定义的数组变量在内存中分配一块连续的存储单元。各元素按数组下标从小到大连续排列，每个元素占用相同的字节数。数组的"有序"即体现在此，数组的使用简化了一维数组项的命名和引用每一项的方法。

例如，定义数组 *a* 如下：

```
static int a[5];
```

数组 *a* 的存储示意如图 7-1 所示。

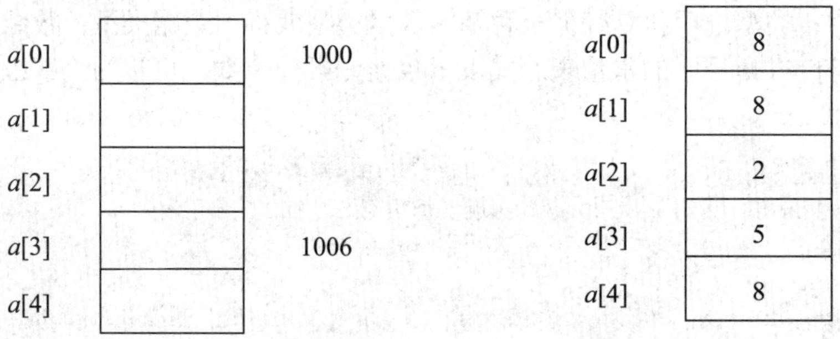

图 7-1　数组 *a* 的存储示意

由于一维数组是顺序存储在内存中的，数组名代表了数组所在内存的起始地址，而每个数组元素的字节数相同，所以根据数组元素序号可以求得数组各元素在内存的地址，并实现数组元素的随机存取。

数组元素地址=数组起始地址+元素下标×sizeof（数组类型）

假设数组 *a* 的地址为 1000，则元素 a[3]的地址为 1000+3×2=1006。

7.2.2　引用一维数组元素

定义数组后即可使用，由于数组是一种构造类型，所以它的使用与简单类型不同。C 语言中数组名实质上是数组的首地址，是一个常量地址，不能为其赋值。因此不能利用数组名来整体引用一个数组，只能单个地使用数组元素。

数组元素是组成数组的基本单元，引用之前必须先定义，数组元素的一般格式为：

数组名 [下标]

下标是数组元素在整个数组中的顺序号，可以是整型常量、整型变量或整型表达式，也可以是字符表达式或后面将讲述的枚举类型表达式。下标的取值范围是从 0 到数组元素个数减 1，例如：

```
int a[5];
```

说明数组 *a* 共有 5 个元素，分别表示为 *a*[0]、*a*[1]、*a*[2]、*a*[3]、*a*[4]。

注意： *a*[5]不是数组 *a* 的元素。

数组一旦定义，引用数组元素如同普通变量可以为其赋值，并在各种表达式中使用。下面有关数组元素的操作都是合法的数组元素引用：

```
a[0]=10;
a[1]=a[0]+2;
scanf("%d",&a[3]);
a['d'-'a']=7;
a[1]=a[0]+a[2*2];
printf("%d",a[4]);
```

【例 7-1】从键盘上输入 5 个整数保存在数组中，并输出大于 0 的数。
C 源程序（文件名 lt7_1.c）：

```
#include <stdio.h>
void main()
{ int i,a[5];
  for(i=0;i<5;i++)              /*用循环语句为数组赋值*/
    scanf("%d",&a[i]);
  printf("\n");
  for(i=0;i<5;i++)              /*用循环语句输出大于 0 的数*/
    if(a[i]>0)
    printf("%4d",a[i]);
printf("\n");
}
```

运行结果如下：

```
输入: 10 12 -231 82 -41↙
输出: 10  12  82
```

由于不能整体输入（输出）数组，所以必须一个一个地输入（输出）元素，上例使用 for 循环语句来实现。

语句：

```
for(i=0;i<5;i++)
scanf("%d",&a[i]);
```

相当于语句：

```
scanf("%d%d%d%d%d",&a[0],&a[1],&a[2],&a[3],&a[4]);
```

在实际应用中，常用一维数组描述一组相同类型的数据对象，以方便处理。例如，可以将一个年级 200 人的某门成绩输入到一个有 200 个元素的数组中保存，用于计算平均分和统计平均分以上的人数等处理。根据数组元素本身具有的顺序性特点，多使用 for 循环语句来处理。

利用循环控制变量作为数组下标，从而能以统一的方式来访问数组元素。在用 for 循环来处理数组时要特别注意边界条件的判断，在上例中 for 循环若写成 for(*i*=0;*i*<=5;*i*++)则有问题，因为 *a*[5]不是数组 *a* 的元素。由于 C 语言编译系统不检查数组越界错误，所以在编译时不会指出 *a*[5]的错误引用。但对越界数组元素，如 *a*[5]和 *a*[6]等的错误引用可能破坏数组 *a* 后的其他数据，造成不可预料的后果。所以在程序设计时必须特别小心，避免这种错误的出现。

7.2.3　初始化一维数组

一维数组的初始化就是为数组赋值，除了用赋值语句为数组元素逐个赋值外，还可以采用初始化赋值和动态赋值的方法。

数组初始化赋值是指在数组定义时为数组元素赋予初值，数组初始化是在编译阶段进行的。这样可减少运行时间，提高效率。

初始化赋值的一般格式为：

类型说明符　数组名[常量表达式]={常量表达式 1,常量表达式 1,···,常量表达式 n};

说明： 在{}中的各数据值即各元素的初值，各值之间用逗号间隔，各常量表达式中不能出现变量。

1. 初始化的常见形式

在定义数组时为数组的全部元素赋初值，如：

```
int a[4]={1,2,3,4};
```

与：

```
int a[4];a[0]=1; a[1]=2; a[2]=3; a[3]=4;
```

等价。

C 语言对数组的初始化赋值还有以下规定。

（1）　可以只为部分元素赋初值。

当{}中值的个数少于元素个数时，只为前面的部分元素赋值。

例如：

```
int b[4]={4,3,2};
```

与：

```
int b[4];
b[0]=4;b[1]=3;b[2]=2;b[3]=0
```

等价。

（2）　只能为元素逐个赋值，不能为数组整体赋值。

例如，为 10 个元素全部赋值 1，只能写为：

```
int a[10]={1,1,1,1,1,1,1,1,1,1};
```

而不能写为：

```
    int a[10]=1;
```

（3） 如为全部元素赋值，则在数组声明中可以不给出数组元素的个数。
例如：

```
    int a[5]={1,2,3,4,5};
```

可写为：

```
    int a[]={1,2,3,4,5};
```

2. 初始化的常见错误

（1） 用变量来初始化数组，如：

```
int i=2,a[2]={1,i};
```

系统报告错误"非法的初始化值"。

（2） 数组初始化时初始值个数大于元素个数，如：

```
int a[3]={1,2,3,4};
```

系统报告错误"初始化的值太多"。

（3） 直接为数组名赋值，因为数组名是一个地址常量，如：

```
int b[3];
b={1,2,3};
```

系统报告错误"赋值运算符的左边不能是常量"。

（4） "={初值列表}"的方式出现在赋值语句中，它只限于数组的初始化，如：

```
int c[4];
c[4]={1,2,3,4};    /*错误*/
```

（5） 两个数组不能直接执行赋值运算，但数组元素可以，如：

```
int a[4]={5,6,7,8};
int b[4];
b=a;    /*错误*/
```

【例 7-2】输入若干学生的成绩（用负数结束输入），计算其平均成绩，并统计不低于平均分的学生人数。

C 源程序（文件名 lt7_2.c）：

```
#include <stdio.h>
#define N 40      /*学生人数不能多于40*/
void main()
{
   int i=0,n=0,count=0;
   float score=0,total=0,a[N],ave=0;    /*a 中存放成绩，实际人数需统计*/
   printf("input data: ");
   scanf("%f",&score);
   while(score>=0)
```

```
  {
    a[n]=score;                    /*非负数才放入数组元素中*/
    n++;                           /*n 统计实际学生人数*/
    total=total+score;
    scanf("%f",&score);
  }
  ave=total/n;                     /*计算平均成绩*/
  for(i=0;i<n;i++)
    if(a[i]>ave) count++;          /*统计不低于平均分的学生人数*/
  printf("ave=%f,count=%d\n",ave,count);
}
```

运行结果如下：

```
input data: 55 66 77 88 99 199 -1✓
ave=80.833336,count=3
```

说明如下。

（1） 程序中学生人数不能多于 40，学生的具体人数由输入的成绩个数来决定。

（2） 不能将 scanf("%f", & score);中的输入对象 score 改为 "a[n]"，程序中的 score 有双重作用。如果其值为负，可以使循环结束；如果其值为正，它又将作为有效的学生成绩存放到数组 a 中。而数组 a 的作用只是存放成绩。成绩不能为负值，因此 a[n]起不到控制循环的作用。

7.3 二 维 数 组

7.3.1 二维数组的定义

一个一维数组的每一个元素也是数据类型相同的一维数组时，便构成二维数组。数组的维数是指数组的下标个数，一维数组元素只有一个下标，二维数组元素有两个下标。

1. 二维数组定义

一般格式为：

存储类别 类型说明符 数组名 [常量表达式 1] [常量表达式 2]

说明：类型说明符是任何一种基本数据类型或构造数据类型；数组名是用户定义的数组标识符；方括号中的常量表达式表示数据元素的个数，也称为"数组的长度"；常量表达式 1 表示第 1 维下标的长度；常量表达式 2 表示第 2 维下标的长度。

例如：

```
static int a[3][4];
float b[2][3];
```

以上定义了一个静态型的整型二维数组 a 及一个浮点型二维数组 b。

二维数组元素的表示形式为：

数组名[下标1][下标2]

"下标 1"称为"第 1 维下标""下标 2"称为"第 2 维下标"。如同一维数组一样，用数组下标来表示数组各元素在数组中的排列顺序。下标的变化是先变第 2 维，再变第 1 维。从 0 开始递增变化，其值分别小于数组定义中的"常量表达式 2"与"常量表达式 1"。

数组 *a* 的元素排列如下：

a[0][0],*a*[0][1],*a*[0][2],*a*[0][3]

a[1][0],*a*[1][1],*a*[1][2],*a*[1][3]

a[2][0],*a*[2][1],*a*[2][2],*a*[2][3]

二维数组从形式上看类似数学中的矩阵，"常量表达式 1"表示数组（矩阵）的行数；"常量表达式 2"表示数组（矩阵）的列数。习惯上把所有第 1 维下标相同的元素称为"行"，所有第 2 维下标相同的元素称为"列"。

2. 二维数组在内存中的存放

二维数组在概念上是二维的，即其下标在两个方向上变化。下标变量在数组中的位置也处于一个平面之中，而不是如一维数组只是一个向量。但是实际的存储器却是连续编址的，即存储器单元按一维线性排列。在一维存储器中存放二维数组可有两种方法，一种是按行排列，即存放一行之后顺次放入第 2 行；另一种是按列排列，即存放一列之后再顺次放入第 2 列，在 C 语言中二维数组是按行排列的。

例如，定义一个二维数组 int *a*[2][3];。首先存放 *a*[0]行，然后存放 *a*[1]行，每行中有 3 个元素也依次存放。由于数组 *a* 声明为 int 类型，该类型占两个字节的内存空间，所以每个元素均占有两个字节，整个二维数组占 12 个字节连续存储空间。二维数组存放的顺序如图 7-2 所示。

第 1 行	a[0][0]	a[0][1]	a[0][2]
第 2 行	a[1][0]	a[1][1]	a[1][2]

图 7-2 二维数组存放的顺序

7.3.2 引用二维数组元素

二维数组元素也称为"双下标变量"，引用时必须有双下标，其表示的一般格式为：

数组名[下标][下标]

说明：下标应为整型常量或整型表达式。

例如：

a[3][4]

表示 *a* 数组 3 行 4 列的元素。

下标变量和数组声明在形式上有些相似，但两者具有完全不同的含义。数组声明的方括号中给出的是某一维的长度，即可取下标的最大值；而数组元素中的下标是该元素在数组中的位置标识。前者只能是常量，后者可以是常量、变量或表达式。

注意如下问题。

（1） 下标可以是整型表达式，如：

```
a[2-1][2*2-1]
```

但不要写成 a[2,3] 或 a[2-1,2*2-1] 的形式，这是错误的。

（2） 数组元素可以出现在表达式中，也可以被赋值，如：

```
b[1][2]=a[2][3]/2
```

（3） 在使用数组元素时应该注意下标值应在已定义的数组大小的范围内。

例如，常出现的错误有：

```
int a[3][4];   /* 定义 a 为 3×4 的数组*/
a[3][4]=3;
```

【例 7-3】将一个二维数组 a 的行和列的元素互换（即行列转置）保存到另一个二维数组 b 中，如：

$$a = \begin{bmatrix} 1 & 2 & 3 \\ 4 & 5 & 6 \end{bmatrix} \qquad b = \begin{bmatrix} 1 & 4 \\ 2 & 5 \\ 3 & 6 \end{bmatrix}$$

C 源程序（文件名 lt7_3.c）：

```c
#include<stdio.h>
void main()
{
  int a[2][3]={{1,2,3},{4,5,6}};       /*定义二维数组 a，并赋值*/
  int b[3][2],i,j;                      /*定义二维数组 b*/
  pirntf("array a:\n");
  for(i=0;i<=1;i++)
  {
    for(j=0;j<=2;j++)
    {
       printf("%5d",a[i][j]);          /*输出 a 数组中 i 行 j 列元素*/
       b[j][i]=a[i][j];                /*将 a 数组 i 行 j 列元素赋给 b 数组 j 行 i 列元素*/
    }
    printf("\n");
  }
  printf("array b: \n");
for (i=0;i<=2;i++)                      /*输出 b 数组中各元素*/
{
 for(j=0;j<=1;j++)
    printf("%5d",b[i][j]);
    printf("\n");
  }
}
```

运行结果如下：

```
array a:
1 2 3
4 5 6
array b:
1 4
2 5
3 6
```

7.3.3 初始化二维数组

与一维数组相似，在定义二维数组时也可以同时对其初始化。

（1）将数组所有元素初始值按相应顺序写在一个花括号内，各初始值用逗号分隔。按数组元素排列顺序为各元素赋值，如：

```
static int a[3][2]={0,1,2,3,4,5};
```

相当于 $a[0][0]=0$，$a[0][1]=1$，$a[1][0]=2$，$a[1][1]=3$，$a[2][0]=4$，$a[2][1]=5$，应该注意的是初始值在花括号中的顺序与初值个数不能错。

（2）根据二维数组的特点，分行为二维数组赋初值。具体方法是将每行元素初值以逗号分隔，写在花括号内，每个花括号内的数据对应一行元素。各行元素以逗号分隔，写在一个总的花括号中，如：

```
static int a[3][2]={{0,1},{2,3},{4,5}};
```

赋初值的结果与 static int $a[3][2]$={0,1,2,3,4,5};的结果是完全相同的，显然这种方式更直观，符合二维数组的特点。初始值与元素关系清楚，不易出错。

（3）可以只为部分元素赋初值，未赋初值的元素自动取 0 值或空字符（对字符数组），如：

```
int a[3][2]={{1, 2},{4},{5, 3}};
```

赋值后各元素的值为：

```
1 2
4 0
5 3
```

```
int a[3][3]={{1,2},{0,0,3},{4}};
```

赋值后的元素值为：

```
1 2 0
0 0 3
4 0 0
```

（4）如为全部元素赋初值，则第 1 维的长度可以不给出，但是第 2 维大小必须指定。C 语言编译系统可自动根据初值数目与第 2 维大小（列数）确定第 1 维大小。若采用分行初始化方式，则根据初始值行数（花括号数）确定第 1 维大小，如：

```
    int a[3][3]={1,2,3,4,5,6,7,8,9};
```

可以写为：

```
    int a[][3]={1,2,3,4,5,6,7,8,9};
```

定义了一个 3×3 数组。

再如：

```
    int a[][3]={{1,2,3},{4,5,6},{7,8,9}};
```

也定义了一个 3×3 数组。

注意：我们可以把二维数组看作是一种特殊的一维数组，其元素又是一个一维数组。

数组是一种构造类型的数据，二维数组可以看作是由一维数组的嵌套而构成的。设一维数组的每个元素又是一个数组，则组成了二维数组，当然前提是各元素类型必须相同。根据这样的分析，一个二维数组也可以分解为多个一维数组，C 语言允许这种分解。

如二维数组 $a[3][4]$ 可分解为 3 个一维数组，其数组名分别为 a[0]、a[1]、a[2]。

这 3 个一维数组不需另做声明即可使用，它们都有 4 个元素，如一维数组 $a[0]$ 的元素为 $a[0][0]$、$a[0][1]$、$a[0][2]$、$a[0][3]$。

必须强调的是 $a[0]$、$a[1]$、$a[2]$ 不能作为下标变量使用，它们是数组名，不是一个单纯的下标变量。

【例 7-4】定义 4×6 的实型数组，并将各行前 5 列元素的平均值分别放在同一行的第 6 列中。

C 源程序（文件名 lt7_4.c）：

```c
#include <stdio.h>
#define N 40
void main()
{  float a[4][6]={0},sum=0;
   int i=0,j=0;
   for(i=0;i<4;i++)
     for(j=0;j<5;j++)
        a[i][j]=i*j+1;
   for(i=0;i<4;i++)
   { sum=0;
     for(j=0;j<5;j++)
        sum=sum+a[i][j];
     a[i][5]=sum/5;  }
   for(i=0;i<4;i++)
   { for(j=0;j<6;j++)
        printf("%5.1f",a[i][j]);
     printf("\n");   }
}
```

运行结果如下：

```
1.0  1.0  1.0  1.0  1.0  1.0
1.0  2.0  3.0  4.0  5.0  3.0
```

```
1.0  3.0  5.0  7.0  9.0  5.0
1.0  4.0  7.0 10.0 13.0  7.0
```

7.3.4 定义多维数组

由二维数组的定义引申下去我们可以定义多维数组。

一般格式如下：

类型说明符 数组名 [常量表达式 1] [常量表达式 2]…[常量表达式 n]

功能：定义一个 n 维数组。

说明如下。

（1） 类型说明符是任何一种基本数据类型或构造数据类型。

（2） 数组名是用户定义的数组标识符。

（3） 方括号中的常量表达式表示数据元素的个数，即数组的长度。

（4） 常量表达式 1 表示第 1 维下标的长度，常量表达式 2 表示第 2 维下标的长度，常量表达式 n 表示第 n 维下标的长度。

注意：多维数组元素在内存中的排列顺序是第 1 维的下标变化最慢，最右边的下标变化最快。

我们以定义一个三维数组为例查看如何排列其元素。

定义：

```
float a[2][3][4];
```

元素的排列如下。

$a[0][0][0]$ $a[0][0][1]$ $a[0][0][2]$ $a[0][0][3]$
$a[0][1][0]$ $a[0][1][1]$ $a[0][1][2]$ $a[0][1][3]$
$a[0][2][0]$ $a[0][2][1]$ $a[0][2][2]$ $a[0][2][3]$
$a[1][0][0]$ $a[1][0][1]$ $a[1][0][2]$ $a[1][0][3]$
$a[1][1][0]$ $a[1][1][1]$ $a[1][1][2]$ $a[1][1][3]$
$a[1][2][0]$ $a[1][2][1]$ $a[1][2][2]$ $a[1][2][3]$

7.4 字 符 数 组

前面介绍的数组都是数值型的数组，其中的每一个元素用来存放数值型的数据。数组不仅可以是数值型的，也可以是字符型或其他类型的。用来存放字符数据的数组是字符数组，字符数组中的一个元素存放一个字符。

7.4.1 定义及初始化字符数组

字符串或串（String）是由若干有效字符组成并且以字符'\0'作为结束标志的一个字符

序列，字符串常量是用一对双引号引用起来的一串字符，如"China"。'\0'作为字符串的结束标志，一般可以不显式写出，C 语言编译程序自动在其尾部添加字符'\0'。

由于在 C 语言中没有提供字符串数据类型，只提供字符数据类型，所以可以用字符数组来实现字符串的存取。

1. 定义字符数组

字符数组定义形式与前面介绍的数值数组定义形式相同，如：

```
char str[10];
```

由于字符型和整型通用，所以也可以定义为 int $c[10]$，但这时每个数组元素占两个字节的内存单元。

字符数组也可以是二维或多维数组，如：

```
char str[5][10];
```

即二维字符数组。

2. 初始化字符数组

（1） 允许在定义时初始化赋值，如：

```
char s[7]={'P','r','o','g','r','a','m'};
```

赋值后各元素的值如图 7-3 所示。

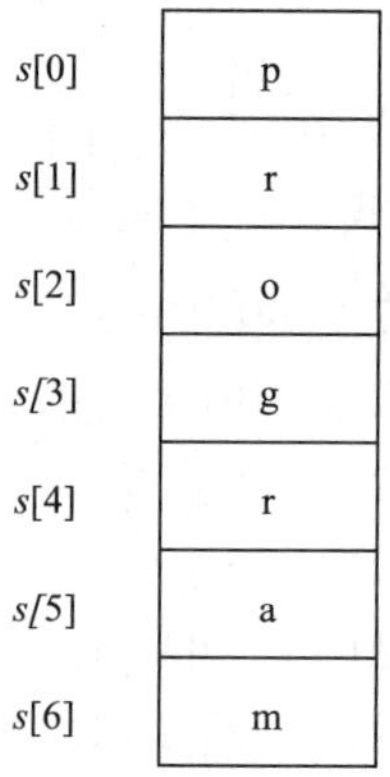

$s[0]$	p
$s[1]$	r
$s[2]$	o
$s[3]$	g
$s[4]$	r
$s[5]$	a
$s[6]$	m

图 7-3 赋值后各元素的值

（2） 可以只为部分数组元素赋初值，如：

```
char str2[4]={97,'8'};
```

相当于：

```
char str2[4];str2[0]='a',str2[1]='8';str2[2]='\0';str2[3]='\0';
```

因为'a'的 ASCII 码值是 97。

（3） 为所有元素赋初值时也可以省略长度说明，如：

```
char s[]={'P','r','o','g','r','a','m'};
```

这时 s 数组的长度自动定为 7。

（4）用字符串常量初始化数组，常见格式为：

```
char str[5]={ "Good" };
```

相当于：

```
char str[8];str[0]='G';str[1]='o';str[2]='o';str[3]='d';str[4]='\0';
```

也相当于：

```
char str[5]={ "Good" };
```

花括号可以省略，而：

```
char s[]="Good";
```

s 数组的长度自动定为 5，因为 C 语言编译程序会自动在字符串常量的最后加上一个字符串结束标志'\0'，所以数组长度等于 4+1；而用单个字符常量初始化字符数组时则不加'\0'。

二维字符数组的初始化和前面介绍的相同，也有两种初始化方法，即分行初始化和按照元素在内存中的存放顺序初始化。

与一维字符数组一样，初始化时有如下两种赋初值形式。

（1）用字符型常量初始化数组。

（2）用字符串常量初始化字符数组。

例如：

```
char str1[2][10]={{'w','o','r','k'},{'h','a','r','d'}};
char str2[2][10]={'w','o','r','k','h','a','r','d'};
char str3[2][10]={{"work"},{"hard"}};
char str4[2][10]={"work","hard"};
```

7.4.2　输入/输出字符串

字符变量的两种输入方式是函数 getchar() 和在函数 scanf() 中使用"%c"格式符，如：

```
char str[10];
int i ;
for(i=0;i<9;i++)
str[i]=getchar();
```

或：

```
char str[10];
int i ;
for(i=0;i<9;i++)
scanf("%c",&str[i]);
```

注意：按上面的方式为字符数组输入值时，C 语言编译程序不会自动在字符串的最后加字符'\0'作为结束标志，所以应增加如下一条语句：

```
str[9]='\0';
```

此外，还可以用 scanf() 的"%s"格式符：

```
char str[6];
scanf("%s",str);    /*数组名 str 代表数组在内存的起始地址*/
```

或 scanf("%s",&str[0]);

当通过键盘输入"Good"并按 Enter 键，在数组 str 中包含的字符串"Good"后 C 语言编译程序自动加上结束标志符'\0'。

scanf() 函数中的"%c"一次只接收一个字符，而"%s"一次可接收一个字符串。

前面介绍的字符变量的两种输出方式在函数 putchar() 和 printf() 中使用"%c"格式符同样可以输出字符数组。

例如，假设数组 str 已输入值"Good"，则：

```
for(i=0;i<9;i++)
putchar(str[i]);
```

或：

```
for(i=0;i<9;i++)
printf("%c",str[i]);
```

此外，还可以使用 printf() 的"%s"格式符，如：

```
printf("%s",str);
```

或

```
printf("%s",&str[0]);
```

7.4.3　字符串处理函数

C 语言提供了丰富的字符串处理函数，大致可分为字符串的输入、输出、合并、修改、比较、转换、复制和搜索等类型，使用这些函数可大大减轻编程的负担。用于输入/输出的字符串函数在使用前应包含头文件 stdio.h，使用其他字符串函数则应包含头文件 string.h。

下面介绍几个最常用的字符串函数。

（1）字符串输出函数 puts。

格式：

```
puts (字符数组名)
```

功能：把字符数组中的字符串输出到屏幕上显示。

例如：

```
char str[]="China";
puts(str);
```

结果是在屏幕上显示"China"。

用 puts 函数输出的字符串中可以包含转义字符，如：

144

```
char str[]={"China \nBei jing"};
puts(str);
```

'\n'是转义字符，执行 Enter 键换行。在输出全部字符后遇到结束标志'\0'，C 语言编译程序将其转换为'\n'，即输出字符串后换行，输出结果为：

```
China
Bei  jing
```

由于可以用 printf 函数输出字符串，因此实际上 puts 函数用得不多。

（2）字符串输入函数 gets。

格式：

```
gets(字符数组名)
```

功能：从标准输入设备键盘上输入一个字符串。

该函数得到一个函数值，即该字符数组的首地址。

【例 7-5】使用字符串输入函数 gets 和输出函数 puts 输入输出字符串。

C 源程序（文件名 lt7_5.c）：

```
#include <stdio.h>
void main()
{
   char str[20];
   printf("请输入字符串:\n");
   gets(str);       /*从终端输入一个字符串到字符数组*/
   puts(str);       /*将一个字符串输出到终端*/
}
```

运行结果如下：

```
请输入字符串:
How are you! ✓
How are you!
```

可以看出当输入的字符串中含有空格时，输出仍为全部字符串。说明 gets 函数并不以空格作为字符串输入结束的标志，而只以按 Enter 键作为输入结束，这与 scanf 函数不同。

（3）字符串连接函数 strcat。

格式：

```
strcat (字符数组名1，字符数组名2)
```

功能：把字符数组 2 中的字符串连接到字符数组 1 中字符串的后面，并删除字符串 1 后的串标志'\0'。该函数的返回值是字符数组 1 的首地址。

例如：

```
char str1[16]={ "I am a "};
char str2[]={"teacher"};
printf("%s",strcat(str1,str2));
```

输出：

```
I am a teacher
```

连接前后的变化如图 7-4 所示。

（a）连接前

（b）连接后

图 7-4　连接前后的变化

说明如下。

- 字符数组 1 必须足够大，以容纳连接后的新字符串。本例中定义 str1 的长度为 16，足够大。如果在定义时改为 str1[]={"I am a"};，则会因为长度不够出现问题。
- 连接前两个字符串的后面都有'\0'，连接时取消字符串 1 后面的'\0'，只在新串最后保留'\0'.

（4）　字符串复制函数 strcpy。

格式：

```
strcpy (字符数组 1,字符数组 2)
```

功能：把字符数组 2 中的字符串复制到字符数组 1 中，一同复制串结束标志'\0'。字符数组名 2 也可以是一个字符串常量，这时相当于把一个字符串赋予一个字符数组。

说明：字符数组 1 的长度应大于字符数组 2 的长度，并且必须写成数组名形式；字符数组 2 可以是字符串常量，也可以是字符数组名形式。

例如：

```
static char str1[10],str2[8]={ "program"};
strcpy(str1,str2);
strcpy(str1,"program");
```

注意：由于数组不能整体赋值，所以不能直接使用赋值语句来复制（或赋值），下面两个赋值语句是非法的：

```
str1=str2;
str1="program";
```

另外，复制时也一起复制字符串 str2 中的'\0'.

【例 7-6】复制字符串。

C 源程序（文件名 lt7_6.c）：

```
#include <stdio.h>
#include <string.h>
void main()
{
```

```
    char str1[10]= "program",str2[6]= "C++";
    puts(str1);
    puts(str2);
    strcpy(str1,str2);     /*将 str2 中字符串复制到 str1 中*/
    printf("str1: ");
    puts(str1);
    printf("str2: ");
    puts(str2);
}
```

运行结果如下：

```
program
C++
str1:C++
str2:C++
```

（5） 字符串比较函数 strcmp。

格式：

```
strcmp(字符数组名 1,字符数组名 2)
```

功能：按照 ASCII 码顺序比较两个数组中的字符串，函数返回值为比较结果。如果字符串 1 等于字符串 2，返回值为 0；如果字符串 1 大于字符串 2，返回值大于 0；如果字符串 1 小于字符串 2，返回值小于 0。

本函数也可用于比较两个字符串常量，或比较数组和字符串常量。

比较两个字符串是否相等一般用下面的语句格式：

```
if (strcmp(str1,str2)==0) {...};
```

而不能直接判断：

```
if(str1==str2) {...};
```

【例 7-7】比较两个字符串的大小。

C 源程序（文件名 lt7_7.c）：

```
#include<stdio.h>
#include<string.h>
void main()
{
    char a[30]= " ",b [30]=" ";
    gets(a);                   /*输入 a*/
     gets(b);                  /*输入 b*/
    if(strcmp(a,b)>0)
        printf("First string>Second string\n");
    if(strcmp(a,b)==0)
        printf("Equal\n");
    if(strcmp(a,b)<0)
        printf("First string<Second string\n");

}
```

运行结果如下：

```
Book↙
Boy↙
First string<Second string
```

说明：

- strcmp(*a*,*b*)的功能是比较数组 *a* 和 *b* 中两个字符串的大小，过程是"Book"的第 1 个字母 B 和"Boy"的第 1 个字母 B 比较，它们的 ASCII 码相同。接下来比较第 2 个字符，结果也相同。然后比较第 3 个字符，由于 o 比 y 的 ASCII 码小，所以结果为"Boy"比"Book"大。
- strcmp 的两个参数都可以是字符串常量。

（6） 测字符串长度函数 strlen。

格式：

```
strlen(字符数组名)
```

功能：检测字符串的实际长度（不含字符串结束标志'\0'）并作为函数返回值。

7.5 数组应用示例

【例 7-8】将 10 个数由小到大排序（用冒泡法）。

算法分析：冒泡法是将相邻的两个数比较，将小的放到前面。首先读取输入的 *n* 个数据，存储在已经定义的一维数组中。然后执行 *n*-1 次循环，每次循环从数组中第 1 个数据开始，依次与后面相邻的数据进行比较。如果第 1 个比第 2 个大，则交换两个数据。从开始第 1 对到结尾的最后一对，最后的元素应该是最大的数。即较大数"浮起"，最大数"沉底"。排除已经沉底的较大数，针对其他所有元素循环执行以上步骤。依次将较小数"浮起"，较大数"下沉"。直到没有任何一对数字需要比较为止，最后得到由小到大排序的新的数组数据。

下面我们处理 4 个数。

（1） 比较 *a*[0]和 *a*[1]，如图 7-5（a）所示。

```
if(a[0]>a[1]){temp=a[0];a[0]=a[1];a[1]=temp;}
```

然后比较 *a*[1]和 *a*[2]，如图 7-5（b）所示。

```
if(a[1]>a[2]){temp=a[1];a[1]=a[2];a[2]=temp;}
```

最后比较 *a*[2]和 *a*[3]，如图 7-5（c）所示。

```
if(a[2]>a[3]){temp=a[2];a[2]=a[3];a[3]=temp;}
```

这时已冒出第 1 个泡 8，如图 7-5（d）所示，上面 3 个 if 语句可简化为：

```
for(j=0;j<3;j++)
    if(a[j]>a[j+1]) { temp=a[j];a[j]=a[j+1];a[j+1]=temp;}
```

（2） 下面只需要处理前 3 个数。

比较 $a[0]$ 和 $a[1]$，如图 7-5（e）所示，然后比较 $a[1]$ 和 $a[2]$，如图 7-5（f）所示。这时冒出第 2 个泡 7，如图 7-5（g）所示。

```
for(j=0;j<2;j++)
   if(a[j]>a[j+1]) { temp=a[j];a[j]=a[j+1];a[j+1]=temp;}
```

（3） 下面只处理前 2 个数。

只比较 $a[0]$ 和 $a[1]$，如图 7-5（h）所示。

```
for(j=0;j<1;j++)
   if(a[j]>a[j+1]) { temp=a[j];a[j]=a[j+1];a[j+1]=temp;}
```

这时已冒出第 3 个泡 6，如图 7-5（i）所示，自然 $a[0]$ 中的值最小。

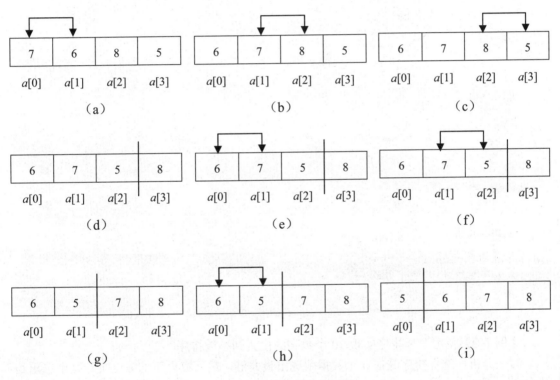

图 7-5　10 个数的排序过程

上面的 3 个循环语句可简化成：

```
for(i=1;i<=3;i++)          /*每次循环冒出一个泡，共冒出 3 个泡*/
   for(j=0;j<4-i;j++)
      if(a[j]>a[j+1]) { temp=a[j];a[j]=a[j+1];a[j+1]=temp;}
```

如果排序 10 个数，则简单地把上面循环中的 3 改为 9，4 改为 10 即可。

C 源程序（文件名 lt7_8.c）：

```
#include <stdio.h>
```

```
void main()
{
  int a[10];
  int i=0,j=0,temp=0;
  printf("Input 10 numbers:\n");
  for (i=0;i<10;i++)                    /*将输入的 10 个整数存入一维数组*/
  {
    scanf("%d",&a[i]);
  }
  printf("\n");
  for (i=0;i<9;i++)                     /*进行 9 次循环，实现 9 次比较*/
  {
    for (j=0;j<9-i;j++)                 /*在每次循环中比较 9-j 次*/
    {
      if (a[j]>a[j+1])                  /*相邻两个数比较*/
      {
        temp=a[j];
        a[j]=a[j+1];
        a[j+1]=temp;
      }
    }
  }
  printf("The sorted numbers:\n");
  for (i=0;i<10;i++)
  {
    printf("%d ",a[i]);
  }
  printf("\n");
}
```

运行结果如下：

```
Input 10 numbers:
10 9 8 2 5 1 7 3 4 6↙
The sorted numbers:
1 2 3 4 5 6 7 8 9 10
```

【例 7-9】使用选择排序实现 10 个数字的由大到小的排序。

算法分析：选择排序是在 n 个数据中选出最大值，然后在剩下的 $n-1$ 个数据中选出最大值。

首先读取输入的 n 个数据，存储在定义好的一维数组中，然后执行 n 次循环。第 1 次找出 n 个数据中的最大值，将其与第 1 个数据交换，然后在剩余的 $n-1$ 个数据中找出最大值将其与第 2 个数据交换位置。依此类推，当循环到最后一个数据时，这个数必然是这组数据中最小的数。最后得到一组从大到小数。

假设在数组中数序输入 10 个整数 6、7、3、4、5、8、9、2、1、10。

具体循环如下。

第 1 次循环：10、7、3、4、5、8、9、2、1、6。

第 2 次循环：10、9、3、4、5、8、7、2、1、6。

第 3 次循环：10、9、8、4、5、3、7、2、1、6。
第 4 次循环：10、9、8、7、5、3、4、2、1、6。
第 5 次循环：10、9、8、7、6、3、4、2、1、5。
第 6 次循环：10、9、8、7、6、5、4、2、1、3。
第 7 次循环：10、9、8、7、6、5、4、2、1、3。
第 8 次循环：10、9、8、7、6、5、4、3、1、2。
第 9 次循环：10、9、8、7、6、5、4、3、2、1。

C 源程序（文件名 lt7_9.c）：

```
#include<stdio.h>
void main()
{
    int a[10],i,j,k,t;
    printf("please input 10 numbers :\n");
    for(i=0;i<10;i++)                     /*为一维数组赋值*/
        scanf("%d",&a[i]);
    printf("\n");
    for(i=0;i<9;i++)                      /*共执行 9 次循环*/
    {
        k=i;
        for(j=i+1;j<10;j++)
        {
            if(a[k]<a[j])
                k=j;                      /*记录最大值的位置*/
        }
        if(k!=i)             /*如果当前不是第 i 个数，则将该数字与第 i 个数字交换位置*/
        {
            t=a[i];
            a[i]=a[k];
            a[k]=t;
        }
    }
    printf("The Sorted Numbers is :\n");
    for(i=0;i<10;i++)                     /*输出排序后结果*/
        printf("%-3d",a[i]);
    printf("\n");
}
```

运行结果如下：

```
please input 10 numbers :
55 66 77 33 22 11 44 88 99 100
The Sorted Numbers is :
100 99 88 77 66 55 44 33 22 11
```

【例 7-10】输入若干个不相同的非负数（假设小于 100，用负数结束输入），要求从大到小排序（边存放边排序）。

算法分析：当输入数据小于 100 时，定义数组"int a[100]={0};"。每当输入的数据为非负数时，以该数为下标的数组元素赋值 1，最后输出值为 1 的所有元素下标值。如果要从大到小排序，则从最后元素下标开始输出；如果要从小到大排序，则从第 1 个元素下标开始输出。

C 源程序（文件名 lt7_10.c）：

```
#include<stdio.h>
void main()
{
  int i=0,x=0,a[100]={0};
  scanf("%d",&x);
  while(x>=0 && x<100)
  {
    a[x]=1;
    scanf("%d",&x);
  }
  for(i=99;i>=0;i--)      /*从小到大排序时用 for(i=0;i<100;i++)*/
    if(a[i]==1) printf("%4d",i);
  printf("\n");
}
```

运行结果如下：

```
23 45 12 14 -1↙
45 23 14 12
```

说明如下。

（1） 本例巧妙地利用数组下标解决了排序问题，其思路非常好理解。但需要创建较大的数组，存储单元开销大。

（2） 本例只能解决互不相同的非负数排序问题，而且必须先估计输入数中的最大数是多少。

【例 7-11】输入若干个字符存放在数组中，然后统计其中各数字字符出现的次数。

算法分析：通过 gets 函数输入一个字符串存放在一个字符数组中，然后通过循环语句判断各元素中的字符是否为数字字符。如果是，则求该字符所对应的数字（存放在 n 中）；同时该数字的统计值（即 $a[n]$）增 1。程序中用 $a[0]$ 统计 0 的个数，用 $a[1]$ 统计 1 的个数。依此类推，最用 $a[9]$ 统计 9 的个数，因此 $a[0] \sim a[9]$ 均需赋初值 0。

C 源程序（文件名 lt7_11.c）：

```
#include<stdio.h>
void main()
{
  int i=0,n,a[10]={0};
  char c[80];
gets(c) ;
while(c[i] !='\0')
{
  if(c[i]>='0' && c[i]<='9')
  {
```

```
      n=c[i]-'0' ;
      a[n]++ ;
    }
    i++ ;
    }
for(i=0 ;i<10 ;i++)
    printf("%2c" ,'0'+i) ;
printf("\n") ;
for(i=0 ;i<10 ;i++)
    printf("%2d" ,a[i]) ;
printf("\n") ;
}
```

运行结果如下：

```
12874654372↙
 0 1 2 3 4 5 6 7 8 9
 0 1 2 1 2 1 1 2 1 0
```

【例 7-12】输入一行字符，统计其中有多少个单词，单词之间用一个或多个空格隔开。

算法分析：用 count 统计单词数，在字符串中找出第 1 个非空格字符。如果为有效字符（即不等于'\0'），则 count 增 1，处理第 1 个单词。在字符串中只要一个空格和一个非空格字符（不能为'\0'）连续存在，则说明找到了新的单词，因此 count 增 1。

C 源程序（文件名 lt7_12.c）：

```
#include<stdio.h>
void main()
{
    char a[80]= "";
    int i =0,count=0;
    gets(a);
    while(a[i]==' ')
      i++;
    if(a[i]!='\0')
      count++;
    while(a[i]!='\0')
    {
    if(a[i]==' ' &&a[i+1]!=' '&&a[i+1]!='\0')
      count++;
    i++;
}
    printf ("%s:%d words\n",a,count);
}
```

运行结果如下：

```
□□I□am□OK↙
□□I□am□OK:3 words
```

说明：执行本程序时输入的字符个数不能超过 79 个，如果处理含有更多字符的字符串，则需要相应地调整数组长度。

7.6 小　　结

本章首先介绍了数据类型数组，说明了为什么要使用数组数据类型，并详细介绍了一维数组、二维数组和字符数组的定义和使用方法；其次围绕一些示例介绍了一些常用算法，本章应重点掌握下面几个方面的内容。

（1）理解使用数组的好处是简化了对大量类型相同的变量执行相同的处理，数组是类型相同的变量的有序集合，其中的每个变量（或称"元素"）用一个统一的数组名和下标来唯一地确定。

（2）C 语言规定数组元素下标的下限是固定的，即总是 0。

（3）C 语言不允许为数值型数组整体赋值、输入或输出，而字符数组可以整体输入和输出。

（4）当定义一个数组后所有的数组元素就会在内存中占用连续的存储单元，数组名是一段连续空间在内存中的首地址，不能修改。

（5）注意区分数组元素的下标和数组元素的值。

（6）字符串结束标志为'\0'。

习　　题

1. 选择题

（1）在 C 语言中引用数组元素时，其数组下标的数据类型允许是_____。

A. 整型常量
B. 整型表达式
C. 整型常量或整型表达式
D. 任何类型的表达式

（2）下列一组初始化语句中，正确声明的是_____。

A. int *a*[8]={};
B. int *a*[9]={0,6,0,8,5};
C. int *a*[5]={9,5,7,4,0,2};
D. int *a*[7]=7*5;

（3）以下程序的输出结果是_____。

```c
main()
{
  int i ,x[9]={9,8,7,6,5,4,3,2,1};
  for(i=0;i<4;i+=2)
    printf("%d ", x[i]);
}
```

A. 5　2
B. 5　1
C. 5　3
D. 9　7

（4）如有定义语句 int *a*[]={1,8,2,3,4,5,6,7,6};，则数组 *a* 的大小是_____。

A. 6   B. 9

C. 10   D. 不确定

（5）　若有声明 int *a*[3][4];，则对 *a* 数组元素的正确引用是＿＿＿＿＿＿＿。

A. *a*[2][4]   B. *a*[1,3]

C. *a*[1+1][0]   D. *a*(2)(1)

（6）　若有声明 int *a*[8];，则对 *a* 数组元素的正确引用是＿＿＿＿＿＿＿。

A. *a*[8]   B. *a*[2.5]

C. *a*(5)   D. *a*[8-8]

（7）　设有数组定义 char *arr*[]="student";，则 strlen(*arr*)的值为＿＿＿＿＿＿＿。

A. 8   B. 5

C. 6   D. 7

（8）　设有数组定义 char *array*[]="China";，则数组 array 所占的存储空间为＿＿＿＿＿＿＿。

A. 4 个字节   B. 5 个字节

C. 6 个字节   D. 7 个字节

（9）　以下能对二维数组 *a* 执行正确初始化的语句是＿＿＿＿＿＿＿。

A. int *a*[2][]={{1,0,1},{5,2,3}};   B. int *a*[][3]={{1,2,3},{4,5,6}};

C. int *a*[2][4]={{1,2,3},{4,5},{6}};   D. int *a*[][3]={{1,0,1},{},{1,1}};

（10）　以下程序的输出结果是＿＿＿＿＿＿＿。

```c
#include <stdio.h>
#include <string.h>
main()
{
  char str[12]={'s','t','r','i','n','g'};
  printf("%d\n",strlen(str));
}
```

A. 6   B. 7

C. 11   D. 12

2. 填空题

（1）　以下程序功能为判断一字符串是否是回文数，如 121、12321、ABA 等（字符串输入时以 "."结束）。如输入 12321，输出 yes。请根据程序功能填满下面的空格。

```c
#include<stdio.h>
#include<string.h>
void main()
{   char a[500],b[200];
    while(true)
    {   printf("please input a string: \n");
      gets(a);
        int i,l= _____ ,flag=1;
        for(i=0;i<l;i++)
        {   if(a[i]== '.')
break;
```

```
               b[i]=a[i];    }
        b[i]='\0';
        l=strlen(b);
        if(l<=1)
        {   printf("string is too short,input again!\n");
                    continue;    }
          for(i=0;i<l/2;i++)
            if(b[i] !=_____)
            {   flag=0;
               break;  }
          if(_____)
 printf("yes\n");
        else
 printf("no\n");    }
}
```

（2）产生并输出如下形式的方阵，请根据程序功能填满下面的空格。

```
1  2  2  2  2  2  1
3  1  2  2  2  1  4
3  3  1  2  1  4  4
3  3  3  1  4  4  4
3  3  1  5  1  4  4
3  1  5  5  5  1  4
1  5  5  5  5  5  1
```

```
main()
{
  int a[7][7];
  int i ,j ;
  for(i=0;i<7;i++)
    for(j=0;j<7;j++)
    {   if(_____) a[i][j]=1;
        else if(i<j && i+j<6) _____ ;
        else if(i>j && i+j<6)  a[i][j]=3;
else if(_____) a[i][j]=4;
else a[i][j]=5;
    }
  for(i=0;i<7;i++)
  { for(j=0;j<7;j++)
    printf("%4d",a[i][j]);
       _____;
  }
}
```

（3）删除字符串中的指定字符，字符串和要删除的字符均由键盘输入，请根据程序功能填满下面的空格。

```
#include <stdio.h>
void main()
```

```
{ char str[80],ch;
  int i,k=0;
  gets(_____ );
ch=getchar();
 for(i=0; _____ ;i++)
if(str[i]!=ch)
{
    _____;
  k++;
}
_____ ;
  puts(str);
}
```

3. 改错题

（1） 为一个已排好序的一维数组输入一个数 number，要求按原来排序的规律将它插入数组中。

请改正程序中的两个错误，使它能得出正确的结果。注意不得增行或删行，也不得修改程序的结构。

```
#include<stdio.h>
void main()
{  int a[11]={1,4,6,9,13,16,19,28,40,100};
   int temp1,temp2,number,end i,j;
end=a[9];
  /*********FOUND*********/
  for(i=0;i<=10;i++)
    printf("%5d",a[i]);
  printf("\n");
  scanf("%d",&number);
  /*********FOUND*********/
if(number>end)   a[11]=number;
else
  { for(i=0;i<10;i++)
    {
  /*********FOUND*********/
    if(a[i]<number)
    {   temp1=a[i];
        a[i]=number;
        for(j=i+1;j<11;j++)
        {   temp2=a[j];
            a[j]=temp1;
            temp1=temp2;}
        break;    }
    }
  }
  for(i=0;i<11;i++)
    printf("%6d",a[i]);
  }
```

（2） 利用二维数组输出如下图形：

```
*******
*****
***
*
***
*****
*******
```

请改正程序中的两个错误，使它能得出正确的结果。注意不得增行或删行，也不得修改程序的结构。

```c
#include <stdio.h>
#include <string.h>
 /**********FOUND**********/
#define N=7
void main()
{ char a[N][N];
   int i,j,z;
   for(i=0;i<N;i++)
   for(j=0;j<N;j++)
   /**********FOUND**********/
a[i][j]=;
z=0;
   for(i=0;i<(N+1)/2;i++)
     {   for(j=z;j<N-z;j++)
         a[i][j]='*';
         z=z+1;        }
 /**********FOUND**********/
     z=0;
for(i=(N+1)/2;i<N;i++)
{  z=z-1;
   for(j=z;j<N-z;j++)
   a[i][j]='*' ;}
for(i=0;i<N;i++)
{for(j=0;j<N;j++)
 /**********FOUND**********/
printf("%d",a[i][j]);
printf("\n");}
}
```

（3） 输入 5 个人的名字按字母顺序排列输出。

请改正程序中的一个错误，使它能得出正确的结果。注意不得增行或删行，也不得修改程序的结构。

```c
#include<stdio.h>
#include<string.h>
void main()
{  char str[5][10];       /*用来存放 5 个字符串，每个字符串有 10 个字符*/
```

```
    char string[10];      /*用来临时存储字符串*/
    int i;
    int j;
    printf ("请输入 5 个人的名字：\n");
    for ( i=0; i<5; i++ )                          /*输入 5 个人名*/
/**********FOUND**********/
      getchar(str[i]);
    for ( i=0; i<5; i++ )
    { for ( j=i+1; j<5; j++ )
      {
/**********FOUND**********/
        if( strcmp ( str[i],str[j] ) < 0 )
        {   strcpy ( string,str[j] );
            strcpy ( str[j],str[i] );
            strcpy ( str[i],string );}
      }
    }
printf ("排好序的名字为：\n");
    for ( i=0; i<5; i++ )
    {puts(str[i]);}
}
```

4. 阅读题

（1） 请阅读下面的程序，表述程序的功能。

```
#include<stdio.h>
void main(){
    int a[4][4];
    int i,j,temp,max;
    int row,col;
    for(i=0;i<4;i++)
    { printf("请输入第%d 行数据\t",i+1);
      for(j=0;j<4;j++)
      {scanf("%d",&a[i][j]);}
    }
    for(i=0;i<4;i++)
    { max=a[i][0];
      row=i;col=0;
      for(j=1;j<4;j++)
      {if(max<a[i][j])
          {   max=a[i][j];
              row=i;col=j;  }
      }
      temp=a[i][0];a[i][0]=a[row][col];a[row][col]=temp;
    }
    for(i=0;i<4;i++)
    { for(j=0;j<4;j++)
      {printf("%4d",a[i][j]);}
      printf("\n");
    }
```

```
}
```

（2）请阅读下面的程序，表述程序的功能。

```
#include<stdio.h>
#include<string.h>
void main()
{ char str[5][20];
  int i,j;
  char s[20];
  printf("请输入 5 个字符串\n");
  for(i=0;i<5;i++)
  { printf("请输入第%d 个字符串\t",i+1);
    gets(str[i]);
  }
  for(i=0;i<4;i++)
  { for(j=0;j<4-i;j++)
    {   if(strcmp(str[j],str[j+1])>0)
        {   strcpy(s,str[j]);
            strcpy(str[j],str[j+1]);
            strcpy(str[j+1],s); }
    }
  }
  for(i=0;i<5;i++)
  {puts(str[i]);}
}
```

（3）请阅读下面的程序，表述程序的功能。

```
#include <stdio.h>
void main()
{ int a[10];
  int i,j,temp;
  printf("Input 10 numbers:\n");
  for (i=0;i<10;i++)
  {scanf("%d",&a[i]);   }
  printf("\n");
  for (j=0;j<10;j++)
  {
    for (i=0;i<8-j;i=i+1)
    {if (a[i]>a[i+1])
        {   temp=a[i];
            a[i]=a[i+1];
            a[i+1]=temp;}
    }
  }
  printf("The sorted numbers:\n");
  for (i=0;i<10;i++)
  {printf("%d ",a[i]);}
  printf("\n");
}
```

5. 编程题

（1） 编写程序，从键盘输入 10 个数存放在数组 a 中，再将数组 a 的元素中所有偶数存放在数组 b 中。

（2） 编写程序，从键盘输入若干个英文字母，并统计各字母出现的次数（不区分大小写）。

（3） 编写程序，找出一个二维数组中的鞍点。即该位置上的元素在该行最大且在该列最小，也可能没有鞍点。

（4） 编写一个程序连接两个字符串，不要使用 strcat 函数。

第 *8* 章　函数与编译预处理

　　如果程序的功能比较多，规模比较大，把所有的程序代码都写在一个主函数（main 函数）中就会使主函数变得庞杂且头绪不清，使阅读和维护变得困难；此外有时程序要多次实现某一功能就需要多次重复编写实现此功能的程序代码，使程序冗长而不精炼。在设计一个较大的程序时往往把它分成若干个程序模块，每一个模块包括一个或多个函数，每个函数实现一个特定的功能。

　　C 语言不仅提供了极为丰富的库函数，还允许用户建立自己定义的函数。用户可以把自己的算法编写为一个个相对独立的函数模块，然后通过调用的方法来使用。可以说 C 语言程序的全部功能都是由各种函数实现的，所以也把 C 语言称为"函数式语言"。在程序设计中要善于利用函数，以减少重复编写程序段的工作量，也更便于实现模块化程序设计。

8.1　函数的基本概念

　　函数用来实现一个特定的功能，函数名就是为其所实现的功能命名的一个名称。如果它是用来实现数学运算的，就是数学函数。例如，用 sin 函数求一个数的正弦值或用 abs 函数求一个数的绝对值。把它们保存在数学函数库中，需要用时直接在程序中书写 $sin(x)$ 或 abs(x)语句即可调用并执行系统函数库中的函数代码得到预期的结果。

　　在 C 语言程序设计中函数是独立的 C 语言程序模块，它完成一个特定任务并选择是否将一个值返回调用程序。从定义的角度出发，C 语言中的函数可分为库函数和用户定义函数两种。其中库函数由 C 系统提供，用户无须定义。也不必在程序中声明类型，只需在程序前包含有该函数原型的头文件即可在程序中直接调用。在前面各章例题中曾经反复用到的 printf、scanf、getchar、putchar、gets、puts、strcat 等函数均属此类；用户定义函数则是由用户按需要编写的函数。对于此类函数，不仅要在程序中定义函数本身，而且在主调函数模块中必须声明该被调函数，然后才能使用。

　　C 语言程序设计的核心之一就是自定义函数，每一个函数具有独立的功能。程序通过函数的组合构成一个个模块，通过各模块之间的协调可以完成复杂的程序功能。

【例 8-1】从键盘输入两个数并输出最大值。

C 源程序（文件名 lt8_1.c）：

```
#include<stdio.h>
float max(float x,float y);        /*max 函数说明*/
void main()                        /*主函数*/
{
  float a,b,c;
  printf("请输入两个实数:\n");
  scanf("%f%f",&a,&b);
  c=max(a,b);                       /*调用 max 函数*/
  printf("max=%f\n",c);
}
  float max(float x,float y )  /*定义 max 函数*/
{
  float z;
  if(x>y)
  z=x;
  else
  z=y;
  return z;
}
```

运行结果如下：

```
请输入两个实数:
20✓
30✓
max=30.000000
```

这个程序涉及以下几种函数。

（1） main 函数。

所有的 C 语言程序都有并且只有一个主函数 main，它是 C 程序的最基本函数，由系统命名。C 程序的运行总是从主函数开始，在调用其他函数后回到主函数，并在该函数结束程序。主函数在程序中起主控作用，能调用其他函数，但不能被其他函数调用。

（2） 库函数。

由系统提供的标准函数，如 scanf、printf 函数。这种函数不需要用户定义就可以直接使用，但必须在文件头加上#include<stdio.h>语句。

（3） 用户自定义函数。

如上例中的 max 函数是由用户按照函数的格式和指定的功能自己设计和定义的，这是 C 语言程序设计的主要工作之一。

在 C 语言程序中各个函数之间是平行的，没有从属关系，不允许嵌套定义函数。在调用 main 函数时可以调用其他函数，其他函数之间可以相互调用，但不能调用 main 函数。一个 C 语言程序由多个函数组成，其中必须有且仅有一个名为"main"的主函数，其余为被该函数或其他函数调用的函数。各个函数定义的顺序是任意的，主函数也不一定要在程序的开头位置。无论它位于程序中的什么位置，C 语言程序总是从其开始执行。

一个函数从设计到使用涉及 3 个方面，即函数定义、函数声明和函数调用。

8.2 定义与声明函数

在调用函数前必须先行定义和声明。

8.2.1 定义函数

定义函数就是设计一个函数，并按函数的格式实现其规定的功能，包括函数名、函数参数、函数类型和执行代码段。

一般自定义函数有如下两种。

（1）无参函数。

定义的一般格式如下：

```
[存储类型符] [返回值类型符]  函数名()
{
函数体语句;
}
```

说明如下。

- 存储类型符、返回值类型符和函数名称为"函数头"。
- 存储类型符指的是函数的作用范围，它只有两种形式，即 static 和 extern。static 声明函数只能作用于其所在的源文件，这种函数又称为"内部函数"；extern 声明的函数可被其他源文件中的函数调用，这种函数又称为"外部函数"，一般没有声明时默认是 extern。
- 返回值类型符指的是函数体语句执行后函数返回值的类型，通常有 int、char、float 等类型。若没有返回值，则用空类型 void 来定义函数的返回值，默认为 int 类型。
- 函数名是由用户定义的合法标识符，其后有一对空括号。其中无参数，但括号不可省略。
- 函数体是一对{}中的内容，由局部变量数据类型描述和功能实现语句两部分组成。局部变量数据类型描述用来声明函数中局部变量的数据类型；功能实现语句是函数的主体部分，它可以是由顺序语句、分支语句、循环语句、函数调用语句和函数返回值语句等构成。函数返回值语句为 return [返回值表达式];，在很多情况下都不要求无参函数有返回值，此时函数返回值类型符可以写为 void。

例如，定义一个函数 hello：

```
void hello()
{
    printf ("Hello,world \n");
}
```

这里只把 main 改为 hello 作为函数名，其余不变。hello 函数是一个无参函数，当被其他函数调用时只输出 Hello,world 字符串，并不需要返回值。

（2） 有参函数。

定义的一般格式如下：

```
[存储类型符] [返回值类型符] 函数名(形式参数列表)
{
    函数体语句;
}
```

说明：有参函数比无参函数多了一个形式参数列表，其中给出的参数称为"形式参数"，它们可以是各种类型的变量。各参数之间用逗号分隔，并且要求分别声明每个形参的数据类型，在调用函数时主调函数将赋予这些形式参数实际的值。

例如，定义一个函数用于求两个数中的大数，可写为：

```
int max(int a, int b)
{
    if (a>b)
    return a;
    else
    return b;
}
```

第 1 行说明 max 函数是一个整型函数，返回的函数值是一个整数。形参为 a 和 b，均为整型量，其值由主调函数在调用时传送过来。在 {} 中的函数体内除形参外没有使用其他变量，因此只有语句，而没有局部数据类型描述的部分。在 max 函数体中的 return 语句把 a 或 b 的值作为函数的值返回给主调函数。

在 C 程序中无论是有参函数还是无参函数，只要是有返回值函数，则函数体中至少应有一个 return 语句。当有多个 return 语句时，执行第 1 个 return 时返回，返回的数据类型符应该与函数的返回值类型符一致。

用户自定义函数可以放在主函数前后，但是一般使用时要首先声明。

8.2.2 声明函数

在大多数情况下，程序中使用自定义的函数之前要声明函数才能在程序中使用；否则 C 语言只允许后面定义的函数调用前面已经定义的函数。虽然现有些编译系统取消了该限制，即允许函数在定义之前被调用，但是在程序的前面部分声明所有函数是一个好的编程习惯。

函数定义指确定函数功能，包括指定函数类型、函数名、形参和函数体，是一个完整的程序；函数声明则只是指明函数的类型、函数名及形参的个数，以及类型和排列顺序，例如：

```
float max(float x,float y);
```

声明 max 函数的类型是 float，两个形参都是 float 型。声明函数的目的是为编译系统提供函数调用时的信息，只有符合这些条件的函数才能调用。

声明函数的一般格式如下：

```
[存储类型符][返回值类型符] 函数名(形式参数表列);
```

声明一个函数也称为"提供了一个函数的原型"，因为它反映了函数的类型、函数名，以及形参的个数、类型和顺序。但是声明形参的名字不重要，可以不写，如声明 max 函数还可以写成：

```
float max(float ,float );
```

函数声明通常出现在程序开头的第 1 个函数定义之前，也可以放在主调函数的开头。有了函数声明，编译系统检查函数的每次调用。即对比函数声明和函数调用，以保证调用时使用的参数、类型、返回值类型都是正确的。

C 语言规定在下列情况下可以省略函数声明。

（1） 在定义函数时，函数名前没有类型声明的函数，包括返回值为 int 型的函数。

（2） 先定义后调用的函数，如在【例 8-1】中若把 max 函数定义放在 main 函数之前，则可省略程序前面的 max 函数声明。

8.3　调　用　函　数

要执行一个函数的功能，必须调用这个函数；否则这个函数就不会发挥任何作用。函数调用通过函数调用语句来实现，调用其他函数的函数称为"主调函数"，被其他函数调用的函数称为"被调函数"。

8.3.1　调用函数语句的一般格式

函数调用语句一般可以分为以下两种格式。

（1） 无返回值的函数调用语句。

```
函数名([实参表]);
```

（2） 有返回值的函数调用语句。

```
变量名=函数名([实参表]);
```

该变量名的数据类型必须与函数返回值的类型一致。

无论采用哪种格式调用函数，执行函数调用语句时程序转去执行被调用函数的语句。执行后返回函数的调用处，继续执行程序中函数调用语句后的其他语句。

8.3.2　函数的返回值

C 语言中有的函数带有返回值，有的不带有返回值。

函数的返回值通过 return（<表达式>）语句来实现，返回值的类型就是该函数的类型。带有返回值的 return 语句的具体实现步骤如下。

（1） 计算 return 语句中<表达式>的值。

（2） 根据函数的类型转换<表达式>值的类型，使得<表达式>的类型转换成为函数的类型。

（3） 将<表达式>的值和类型返回给主调函数作为主调函数的值和类型，一般情况下要设置一个变量来接收这一返回值。

（4） 将程序的控制权交给主调函数，继续执行主调函数的后续语句。

说明：如果是一个无返回值函数，则不执行上述步骤（1）～（3），而直接执行步骤（4）。

函数的返回值类型一般在定义时指出，默认是 int 型。当返回值类型和函数类型不一致时，要自动转换数据类型。

【例 8-2】与【例 8-1】的功能相同，但是被调函数 max 的返回值类型与函数类型不一致。

C 源程序（文件名 lt8_2.c）：

```
#include<stdio.h>
max(float x,float y);          /*max 函数说明*/
void tishi();                   /*tishi 函数说明*/
main()                          /*主函数，函数类型为默认 int 型*/
{
float a,b;
int c;
tishi();                        /*调用 tishi 函数*/
scanf("%f,%f",&a,&b);
c=max(a,b);                     /*调用 max 函数*/
printf("max=%d\n",c);
}
void tishi()                    /*定义 tishi 函数*/
{
printf("请输入两个实数：\n");
}
max(float x,float y )    /*定义 max 函数，x、y 是形参，用于接收实参 a、b 的值*/
{
float z;
if(x>y)
z=x;
else
z=y;
return z;
}
```

运行结果如下：

```
请输入两个实数：
20,30.5↙
max=30
```

说明：该程序由 3 个函数组成，主函数 main()是无参函数，无返回值；第 2 个是 max()

函数，它有两个参数 x 和 y 并且都是 float 类型。返回值为 int 类型，因此定义时可以省略函数的返回值类型；第 3 个函数是 tishi()函数，它是无返回值函数。

8.4 函数的传值方式

在调用函数时，若函数是有参函数，则必须将每一个实参的值传递给相应的每一个形参变量。形参变量在接收到实参表传递过来的值时，会在内存中临时开辟新的空间，以保存获得的值。当函数执行完毕这些临时开辟的内存空间会被释放，并且形参的值在函数中不论是否发生变化，都不会影响实参变量值的变化，这就是函数的传值方式。这种方式下，被调函数的参数值改变不会影响主调函数的参数值，因此安全性较好。

【例 8-3】编写一个程序，通过调用函数 float abs_sum(float *a*,float *b*)求任意两个实数的绝对值的和。

算法分析：两个实数的绝对值的和仍然是实数，函数调用时需要一个 float 型变量来接收函数的返回值。

C 源程序（文件名 lt8_3.c）：

```
#include<stdio.h>
float abs_sum(float,float);          /*函数声明语句*/
void main()
{
   float x,y,z;
   scanf("%f,%f",&x,&y);
   z=abs_sum(x,y);                   /*函数调用语句*/
   printf("实数的绝对值 z=%f\n",z);
}
   float abs_sum(float a,float b)    /*函数定义*/
{
   if(a<0)
   a=-a;
   if(b<0)
   b=-b;
   return a+b;
}
```

运行结果如下：

```
7.5,-12.5
实数的绝对值 z=20.000000
```

注意：在程序中若将函数定义放在函数调用之前，则不需要函数声明语句。用传值方式调用函数时，实参也可以是函数调用语句。

【例 8-4】编写程序通过调用函数 float abs_sum(float *a*, float *b*)求任意 3 个实数的绝对值的和。

算法分析：因为 3 个实数的绝对值还是实数，因此也可以将函数调用作为函数的实参。

C 源程序（文件名 lt8_4.c）：

```
#include<stdio.h>
float abs_sum(float a,float b)     /*函数定义*/
{
  if(a<0)
  a=-a;
  if(b<0)
  b=-b;
  return a+b;
}
  void main()
{
  float x,y,z,m;
  scanf("%f,%f,%f",&x,&y,&m);
  z=abs_sum(abs_sum(x,y ),m);              /*函数调用语句*/
  printf("实数的绝对值 z=%f\n",z);
}
```

运行结果如下：

```
7.5,-12.5,-5↙
实数的绝对值 z=25.000000
```

当然还可以设计一个新的函数来实现求 3 个实数的绝对值的和：

```
float abs_sum(float,float,float);
```

也可以通过两次调用求 2 个实数绝对值的函数来求 3 个实数的绝对值的和：

```
z=abs_sum(x,y);
z=abs_sum(z,m);
```

说明：如果有返回值的函数被调用后返回值没有赋值给某个变量，C 语言的语法并不报错，程序仍然可以执行。但是函数的返回值有可能会被丢失，在程序中要防止这种情况发生，下面举例分析。

【例 8-5】编写程序通过调用函数 int sum(int a, int b,int c)求任意 3 个整数的和。

C 源程序（文件名 lt8_5.c）：

```
#include<stdio.h>
  int sum(int a,int b,int c)     /*函数定义*/
{
  return (a+b+c);
}
  void main()
{
  int x,y,z,s;
  printf("请输入 3 个整数：\n");
  scanf("%d,%d,%d",&x,&y,&z);
  s=sum(x,y,z);                /*函数调用*/
```

```
    printf("3 个数分别是：%d,%d,%d\n",x,y,z);
    printf("3 个数的和=%d\n",s);
    sum(x+2,y+3,z+4);                              /*函数调用,无返回值*/
    printf("3 个数分别是：%d,%d,%d\n",x+2,y+3,z+4);
    printf("3 个数的和=%d\n",s);
    printf("3 个数分别是：%d,%d,%d\n",x,y,z);
    printf("3 个数的和=%d\n", sum(x,y,z));          /*函数调用，函数的返回值作为参数*/
}
```

运行结果如下：

```
请输入 3 个整数：
3,5,7✓
3 个整数分别是：3,5,7
3 个整数的和= 15
3 个整数分别是：5,8,11
3 个整数的和= 15
3 个整数分别是：3,5,7
3 个整数的和= 15
```

说明：在上面的程序中第 1 次函数调用时返回值赋值给了变量 z，得到了正确结果；第 2 次函数调用时函数的返回值没有变量接收，因此函数的返回值丢失，无法输出正确计算结果；第 3 次调用函数时是将函数返回值作为 printf() 函数的参数，可以得到正确的结果。

8.5　函数的嵌套和递归调用

8.5.1　嵌套调用

C 语言中函数的定义不能嵌套，因此各函数之间是平行的，不存在上一级和下一级函数的问题。但是 C 语言允许在一个函数的定义中调用另一个函数，这样就出现了函数的嵌套调用。即在被调函数中又调用其他函数，这与其他语言的子程序嵌套类似，函数的嵌套调用过程如图 8-1 所示。

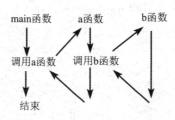

图 8-1　函数的嵌套调用过程

该图所示为两层嵌套，执行过程是在执行 main 函数中调用 a 函数的语句时转去执行 a 函数。在 a 函数中调用 b 函数时又转去执行 b 函数，b 函数执行后返回 a 函数的断点继续执行，a 函数执行后返回 main 函数的断点继续执行。

【例 8-6】编程计算 $s=2^2!+3^2!$。

算法分析：本例可编写两个函数，分别用来计算平方值的函数 f1 和计算阶乘值的函数 f2。主函数调用 f1 计算出平方值，在 f1 中以平方值为实参调用 f2 计算其阶乘值。然后返回 f1，再返回主函数，在循环程序中计算累加和。

C 源程序（文件名 lt8_6.c）：

```
#include<stdio.h>
  long f1(int p)
{
  int k;
  long r;
  long f2(int);
  k=p*p;
  r=f2(k);
  return r;
}
  long f2(int q)
{
  long c=1;
  int i;
  for(i=1;i<=q;i++)
  c=c*i;
  return c;
}
  main()
{
  int i;
  long s=0;
  for (i=2;i<=3;i++)
  s=s+f1(i);
  printf("\ns=%ld\n",s);
}
```

在程序中函数 f1 和 f2 均为长整型，并在主函数之前定义，故不必在主函数中声明 f1 和 f2。在主程序中执行循环程序依次把 i 值作为实参调用函数 f1 求 i^2 值，在 f1 中把 i^2 的值作为实参调用 f2，在 f2 中完成求 $i^2!$ 的计算。f2 执行后把 C 值（即 $i^2!$）返回给 f1，然后由 f1 返回主函数实现累加，至此由函数的嵌套调用实现了题目的要求。由于数值很大，所以函数和一些变量的类型均声明为长整型；否则会造成计算错误。

对于一个较大的 C 程序，函数的嵌套调用为自顶向下逐步求精及模块化的结构程序设计技术提供了最基本的支持。一个 C 程序总是从 main 函数开始，在其中可以调用其他函数。而这些其他函数又可以相互调用，如此形成层次结构。在高层只考虑做什么，即执行函数调用，而如何处理则通过下层函数的实现。越往下问题越细，功能越单一。所以一个 C 程序是由若干个小函数组成的，它们往往只有几十行，甚至几行。

8.5.2 函数的递归调用

C 语言规定函数不仅可以调用其他函数，而且可以直接或间接地调用自身，这种调用称为"递归调用"。函数在其函数体中调用自身为直接递归；函数 A 调用函数 B，而函数 B 中又调用了函数 A 的语句则为间接递归。在递归调用中主调函数又是被调函数，执行递归函数将反复调用其自身，每调用一次就进入新的一层。

在数学中定义某些概念时常用递归方式，如自然数可用如下方式定义：

```
1.1 是自然数；
自然数加 1 是自然数；
```

又比如阶乘也可以用递归方式计算：

```
1.0! =1;
n! =n*(n-1)!;
```

递归定义都有一个特点，即利用自身来定义自调用。如定义自然数时用到自然数，定义阶乘时用到阶乘。

用递归方式描述问题必须具备如下两个条件。

（1） 初始定义中至少有一次不用递归调用。

（2） 每次递归调用总是向 1 转化（也就是要具有收敛性）。

例如，有如下函数：

```
int f(int x)
{
  int y;
  z=f(y);
  return z;
}
```

这个函数是一个递归函数，但是运行该函数将无休止地调用其自身，这当然是错误的。为了防止递归调用无终止地运行，必须在函数内有终止递归调用的手段。常用的办法是加条件判断，满足某种条件后就不再执行递归调用，然后逐层返回。下面举例说明递归调用的执行过程。

【例 8-7】从键盘输入任意正整数 n，利用递归法计算 n!

算法分析：主函数递归调用求阶乘函数 fact()求键盘输入数的阶乘。

C 源程序（文件名 lt8_7.c）：

```
#include<stdio.h>
  long int fact(int n);
  main()
{
  int n;
  printf("n=");
  scanf("%d",&n);
  printf("%d!=%ld\n",n,fact(n));
```

```
}
  long int fact(int n)
{
  if(n==0)
  return (1);
  else
  return (n*fact(n-1));
}
```

程序运行结果如下:

```
n=3
3!=6
```

图 8-2 所示为函数 fact()的执行示意。

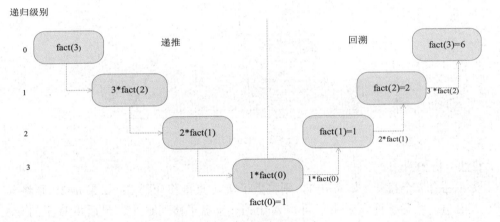

图 8-2　函数 fact 的执行示意

　　由图可见递归从 0 级开始, 每递归一次递归级别加 1, 函数参数减 1。当递归到 3 级时函数参数为 0, 满足了递归结束的条件, 求得 fact(0)为 1。然后逐级向上反推, 依次计算出 fact(1)、fact(2)和 fact(3)的值, 递归回到 0 级。从图中可以看到递归其实包括了递推和回溯两个步骤。用递归方法描述问题与实际问题的自然表达形式比较接近, 易于理解和设计, 并且程序清晰易读, 所以它已成为 C 语言程序设计的重要手段。但是在函数被调用时进、出函数的次数比较多, 因而运行效率比较低。并且每次进、出函数时都有中间结果要保存, 这样还要占去一定存储空间, 因此类似阶乘这样一些明显可用递推形式解决的问题还是不用递归为好。

　　下面是使用递推方式编写的【例 8-7】中的 fact 函数:

```
  long int fact(int n)
{
  long result;
  int i;
  result=1;
  for (i=2;i<=n;i++)
  result*=i;
```

```
    return (result);
}
```

这种方法虽然没有递归方法那样自然、简洁，但同样易于理解。而且它的执行速度要快得多，然而很多情况下我们不用递归比较难解决问题，如 Hanoi 塔问题。

【例 8-8】 Hanoi 塔问题。

古代有一个梵塔，塔内有 3 根柱 A、B、C。A 柱上有 64 个盘子，盘子大小不等，大的在下，小的在上。有一个和尚想把这 64 个盘子从 A 柱移到 C 柱，但每次只允许移动一个盘子。并且在移动过程中 3 根柱上的盘子始终保持大盘在下，小盘在上。如图 8-3 所示，求移动的步骤。

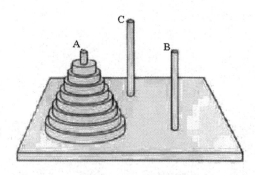

图 8-3　Hanoi 塔问题

算法分析如下。

设 A 上有 n 个盘子，如果 $n=1$，则将盘子从 A 直接移动到 C；如果 $n=2$，则将 A 上的 $n-1$（等于 1）个盘子移到 B 上。再将 A 上的一个盘子移到 C 上，最后将 B 上的 $n-1$（等于 1）个盘子移到 C 上；如果 $n=3$，则将 A 上的 $n-1$（等于 2，令其为 n）个盘子移到 B（借助于 C），步骤如下。

(1)　将 A 上的 $n-1$（等于 1）个盘子移到 C 上。

(2)　将 A 上的一个盘子移到 B 上。

(3)　将 C 上的 $n-1$（等于 1）个盘子移到 B 上。

(4)　将 A 上的一个盘子移到 C。

将 B 上的 $n-1$（等于 2，令其为 n）个盘子移到 C（借助 A），步骤如下。

(1)　将 B 上的 $n-1$（等于 1）个盘子移到 A 上。

(2)　将 B 上的一个盘子移到 C 上。

(3)　将 A 上的 $n-1$（等于 1）个盘子移到 C 上。

到此完成了 3 个盘子的移动过程。

从上面分析可以看出当 n 大于等于 2 时，移动的过程可分解为如下 3 个步骤。

(1)　把 A 上的 $n-1$ 个盘子移到 B 上。

(2)　把 A 上的一个盘子移到 C 上。

(3)　把 B 上的 $n-1$ 个盘子移到 C 上，其中第（1）步和第（3）步类同。

当 $n=3$ 时，第（1）步和第（3）步又分解为类同的第（3）步。即把 $n-1$ 个盘子从一个柱移到另一个柱上，*n*=*n*-1，这显然这是一个递归过程。

C 源程序（文件名 lt8_8.c）：

```
#include<stdio.h>
  move（int n,int x,int y,int z）
{
  if(n==1)
  printf("%c-->%c\n",x,z);
  else
{
  move(n-1,x,z,y);
  printf("%c-->%c\n",x,z);
  move(n-1,y,x,z);
}
}
  main()
{
  int h;
  printf("input number:\n");
  scanf("%d",&h);
  printf("the step to moving %2d diskes:\n",h);
  move(h,'a','b','c');
}
```

从程序中可以看出 move 函数是一个递归函数，它有 4 个形参 *n*、*x*、*y*、*z*。其中 *n* 表示盘子数，*x*、*y*、*z* 分别表示 3 根柱。move 函数的功能是把 *x* 上的 *n* 个盘子移动到 *z* 上，当 *n*==1 时直接把 *x* 上的盘子移至 *z* 上，输出 *x*→*z*。如 *n*!=1 则分为 3 步，一是递归调用 move 函数把 *n*-1 个盘子从 *x* 移到 *y*，输出 *x*→*z*；二是递归调用 move 函数，把 *n*-1 个盘子从 *y* 移到 *z*。在递归调用过程中 *n*=*n*-1，故 *n* 的值逐次递减；三是 *n*=1 时，终止递归，逐层返回。

当 *n*=4 时，运行结果如下：

```
input number:
4✓
the step to moving 4 diskes:
a→b
a→c
b→c
a→b
c→a
c→b
a→b
a→c
b→c
b→a
c→a
b→c
a→b
a→c
b→c
```

8.6 数组作为函数的参数

数组可以作为函数的参数使用，实现数据传送。数组作为函数参数有两种形式，一种是把数组元素（下标变量）作为实参使用；另一种是把数组名作为函数的形参和实参使用。

8.6.1 数组元素作为函数实参

数组元素就是下标变量，它与普通变量并无区别，因此作为函数实参使用与普通变量完全相同。在调用函数时把作为实参的数组元素的值传送给形参，实现单向的值传送。

【例 8-9】判别一个整数数组中各元素的值，若大于 0，则输出该值；若小于等于 0，则输出 0 值。

C 源程序（文件名 lt8_9.c）：

```
#include <stdio.h>
void nzp(int v)
{
  if(v>0)
  printf("%d ",v);
  else
  printf("%d ",0);
}
  main()
{
  int a[5],i;
  printf("input 5 numbers\n");
  for(i=0;i<5;i++)
  {scanf("%d",&a[i]);
  nzp(a[i]);}
}
```

在该程序中首先定义一个无返回值函数 nzp，并声明其形参 v 为整型变量，在函数体中根据 v 值输出相应的结果。在 main 函数中用一个 for 语句输入数组中的各元素，每输入一个就以该元素作为实参调用一次 nzp 函数，即把 a[i] 的值传送给形参 v 供 nzp 函数使用。

8.6.2 数组名作为函数实参

数组名作为函数实参与数组元素作为实参不同，因为 C 语言规定数组名是该数组首元素的地址值。因此数组名作为参数时，要求形参也是数组名或者是指向数组的指针。这时实现的不是传值调用，而是传址调用。调用函数不是将整个数组的所有元素复制成副本传递给被调用函数，而是将数组的首元素地址传给形参数组。于是这两个数组将共同占用同一段内存单元，即形参数组的首地址与实参数组的首元素地址相同，使得这两个数组对应元素占一个内存单元。由于实际上形参数组和实参数组为同一数组，当形参数组发生变化时，实参数组也随之变化，因此要求这两个数组的类型相同。数组的大小可以一致，也可以不一致。如果要使得形参数组得到实参数组的全部元素，则形参数组与实参数组应大小一致。

图 8-4 所示为数组名作为函数参数。

图 8-4　数组名作为函数参数

图中设 a 为实参数组，类型为整型。a 占有以 2 000 为首地址的一块内存区，b 为形参数组名。当调用函数时把实参数组 a 的首地址传送给形参数组名 b，b 也取得该地址 2 000。于是 a 和 b 两数组共同占有以 2 000 为首地址的一段连续内存单元。从图中还可以看出 a 和 b 下标相同的元素实际上也占有相同的两个内存单元（整型数组每个元素占两个字节）。例如，$a[0]$ 和 $b[0]$ 都占用 2 000 和 2 001 单元。当然 $a[0]$ 等于 $b[0]$，依此类推则有 $a[i]$ 等于 $b[i]$。

【例 8-10】数组 a 中存放了一个学生 5 门课程的成绩，求平均成绩。

C 源程序（文件名 lt8_10.c）：

```
#include<stdio.h>
  float aver(float a[5])
{
  int i;
  float av,s=a[0];
  for(i=1;i<5;i++)
  s=s+a[i];
  av=s/5;
  return av;
}
  void main()
{
  float sco[5],av;
  int i;
  printf("input 5 scores:\n");
  for(i=0;i<5;i++)
  scanf("%f",&sco[i]);
  av=aver(sco);
  printf("average score is %5.2f",av);
}
```

本程序首先定义了一个实型函数 aver，有一个形参为实型数组 a，长度为 5。在函数 aver 中把各元素值相加求出平均值返回给主函数，主函数首先完成数组 sco 的输入，然后以 sco 作为实参调用 aver 函数。函数返回值传送至 av，最后输出 av 值。

【例 8-11】用数组名作为函数参数。

C 源程序（文件名 lt8_11.c）：

```
#include<stdio.h>
  void nzp(int a[5])
```

```
{
  int i;
  printf("\nvalues of array a are:\n");
  for(i=0;i<5;i++)
{
  if(a[i]<0) a[i]=0;
  printf("%d",a[i]);
}
}
  main()
{
  int b[5],i;
  printf("\ninput 5 numbers:\n");
  for(i=0;i<5;i++)
  scanf("%d",&b[i]);
  printf("initial values of array b are:\n");
  for(i=0;i<5;i++)
  printf("%d ",b[i]);
  nzp(b);
  printf("\nlast values of array b are:\n");
  for(i=0;i<5;i++)
  printf("%d",b[i]);
}
```

本程序中函数 nzp 的形参为整数组 *a*，长度为 5。主函数中实参数组 *b* 也为整型，长度也为 5。在主函数中首先输入数组 *b* 的值，然后输出数组 *b* 的初始值并以数组名 *b* 为实参调用 nzp 函数。在 nzp 中按要求把负值单元清 0，并输出形参数组 *a* 的值，返回主函数之后再次输出数组 *b* 的值。从运行结果可以看出数组 *b* 的初值和终值不同，但与数组 *a* 相同。这说明实参和形参为同一数组，其值同时得以改变。

用数组名作为函数参数时应注意以下问题。

（1）形参数组和实参数组的类型必须一致，否则将引发错误。

（2）形参数组和实参数组的长度可以不同，因为在调用时只传送首地址而不检查形参数组的长度。当形参数组的长度与实参数组不一致时，虽然不会出现语法错误（编译能通过），但程序执行结果将与实际不符。

在函数形参表中，允许不给出形参数组的长度或用一个变量来表示数组元素的个数。例如，可以写为：

```
void nzp(int a[])
```

或写为：

```
void nzp(int a[], int n)
```

其中形参数组 *a* 没有给出长度，而由 *n* 值动态地表示，该值由主调函数的实参传送。

多维数组也可以作为函数的参数，在函数定义时可以在形参数组中指定每一维的长度。也可省去第 1 维的长度，因此以下写法都是合法的：

```
int MA(int a[3][10])
```

或：

```
int MA(int a[][10])
```

8.7 变量的作用域

变量的作用域指的是在程序中变量起作用的范围，针对变量不同的作用域，可以把变量分为全局变量和局部变量。

8.7.1 局部变量

在函数或某个控制块的内部定义的变量为局部变量，其有效范围只限于本函数或控制块内部。退出函数或控制块后该变量自动失效，因此也称为"内部变量"，局部变量所具有的这种特性使程序的模块增强了独立性。

主函数中定义的变量也只能在主函数中使用，不能在其他函数中使用；同时主函数中也不能使用其他函数中定义的变量。因为主函数也是一个函数，与其他函数是平行关系，这一点与其他语言不同。

形参变量是属于被调函数的局部变量，实参变量是属于主调函数的局部变量。

C 语言允许在不同的函数中使用相同的变量名，它们代表不同的对象并分配不同的单元。互不干扰，也不会发生混淆。

在复合语句中也可定义变量，其作用域只在复合语句范围内。

【例 8-12】局部变量示例。

C 源程序（文件名 lt8_12.c）：

```
#include<stdio.h>
  void main()
{
  int i=2,j=3,k;
  k=i+j;
{
  int k=8;
  i=3;
  printf("%d\n",k);
}
  printf("%d,%d\n",i,k);
}
```

运行结果如下：

```
8
3,5
```

本程序在 main 中定义了 i、j、k 共 3 个变量，其中 k 未赋初值。而在复合语句内又定义了一个变量 k，并赋初值为 8。应该注意这两个 k 不是同一个变量，在复合语句外由 main

定义的 k 起作用,而在复合语句内则由在复合语句内定义的 k 起作用。因此程序第 5 行的 k 为 main 所定义,其值应为 5。第 9 行输出 k 值,该行在复合语句中定义的 k 起作用。其初值为 8,故输出值为 8。第 11 行输出 i 和 k 值,i 在整个程序中有效。第 8 行为 i 赋值为 3,故输出也为 3。而第 11 行已在复合语句之外,输出的 k 应为 main 所定义的 k。此 k 值在第 5 行已为 5,故输出也为 5。

8.7.2 全局变量

在函数外面定义的变量称为"全局变量",其作用域是从该变量定义的位置开始直到源程序文件结束,因此也称为"外部变量"。在同一文件中的所有函数都可以引用全局变量。它所具有的这种特性可以增强各个函数之间数据的联系。

例如:

```
int a,b;         /*外部变量*/
void f1()        /*函数 f1*/
{
  ·
  ·
  ·
}
  float x,y;       /*外部变量*/
  int fz()         /*函数 fz*/
{
  ·
  ·
  ·
}

  main()           /*主函数*/
{
  ·
  ·
  ·
}
```

从上例可以看出 a、b、x、y 都是在函数外部定义的外部变量,即全局变量。但 x 和 y 定义在函数 f1 之后,而在 f1 内又未声明 x 和 y,所以它们在 f1 内无效。a 和 b 定义在源程序的最前面,因此在 f1、f2 及 main 内不加声明也可使用。

局部变量和全局变量的作用域如图 8-5 所示。

可以通过下面例子看到全局变量和局部变量起作用的范围。

【例 8-13】输入正方体的长、宽、高(l、w、h),求体积及 3 个面 $x*y$、$x*z$、$y*z$ 的面积。

算法分析:定义函数 vs 来计算正方体的体积和 3 个面面积,从主函数中输入正方体的长、

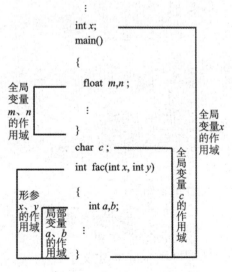

图 8-5 全局变量与局部变量的作用域

宽、高调用函数 vs 来完成。

C 源程序（文件名 lt8_13.c）：

```
#include<stdio.h>
  int s1,s2,s3;                    /*全局变量 s1, s2, s3*/
  int vs( int a,int b,int c)       /*形式参数 a，b，c 也属于 vs 函数的局部变量*/
{
  int m;                           /*vs 函数的局部变量 m*/
  m=a*b*c;
  s1=a*b;
  s2=b*c;
  s3=a*c;
  return m;
}
  main()
{
  int v,l,w,h;        /* 主函数 main 的局部变量*/
  printf("input length,width and height: \n");
  scanf("%d,%d,%d",&l,&w,&h);
  v=vs(l,w,h);
  printf("v=%d,s1=%d,s2=%d,s3=%d\n",v,s1,s2,s3);        /* 全局变量 s1,s2,s3*/
}
```

运行结果如下：

```
input length,width and height:
1,2,3
v=6,s1=2,s2=6,s3=3
```

说明：全局变量 $s1$、$s2$、$s3$ 的作用范围从程序的第 1 行直到程序结束，形参变量和局部变量 m 的作用范围在函数 vs 中。当函数调用结束时这些变量占用的内存要被释放，变量 v、l、w、h 的作用范围在主函数中。

变量的命名只要是合法标识符就可以，但是如果同一个源文件中外部变量与局部变量同名，则在局部变量的作用范围内外部变量将被屏蔽而不起作用。

【例 8-14】 外部变量与局部变量同名。

C 源程序（文件名 lt8_14.c）：

```
#include<stdio.h>
  int a=3,b=5;            /*a,b 为外部变量*/
  max(int m,int n)        /*形参 m,n 为内部变量*/
{int c;
  c=m>n?m:n;
  return(c);
}
  main()
{int a=8;
  printf("max=%d\n",max(a,b));
}
```

运行结果如下：

```
max=8
```

说明： 在本程序中主函数的局部变量 a 与全局变量 a 同名，所以在主函数中调用 max 函数，其中实参 a 的值是局部变量 a 的值 8，而不是全局变量 a 的值 3。b 的值就是全局变量的值 5，所以被调用函数 max 中的形参接收到的值就是 8 和 5，调用结束后得到返回值 8 输出。

8.8　变量的存储类型

8.8.1　动态与静态存储方式

变量的存储类型指变量的存储属性，它说明变量占用存储空间的区域，也可称为"变量的生存周期"。在内存中供用户使用的存储区由程序区、静态存储区和动态存储区 3 个部分组成，如图 8-6 所示。

从变量值存在的时间（即生存期）角度来分，可以分为静态和动态存储方式，前者指在程序运行期间分配固定的存储空间的方式；后者指在程序运行期间根据需要进行动态分配存储空间的方式。

全局变量全部存放在静态存储区，在程序开始执行时为其分配存储区，程序执行后释放。在程序执行过程中它们占据固定的存储单元，而不会动态地分配和释放。

图 8-6　用户存储空间的组成

动态存储区保存的数据是函数形式参数、自动变量（未加 static 声明的局部变量），以及函数调用时的现场保护和返回地址。在函数开始调用时为以上这些数据分配动态存储空间，函数结束时释放这些空间。

在 C 语言中每个变量和函数有两个属性，即数据类型和数据的存储类别。

变量的存储类型有 auto、register、static 和 extern 共 4 种，auto 类型变量存储在内存的动态存储区中；register 类型变量保存在寄存器中；static 和 extern 类型变量存储在静态存储区中。

8.8.2　auto 变量

函数中的局部变量如不专门声明为 static 存储类别，则都是动态地分配存储空间的，数据存储在动态存储区中。函数中的形参和在函数中定义的变量（包括在复合语句中定义的变量）都属此类，在调用该函数时系统会为它们分配存储空间，在函数调用结束时自动释放这些存储空间。这类局部变量称为"自动变量"，用关键字 auto 作为存储类型的声明。

例如：

```
int f(int a、        /*定义 f 函数，a 为参数*/
```

```
{auto int b,c=3;        /*定义 b，c 自动变量*/
   ⋮
}
```

    a 是形参，*b* 和 *c* 是自动变量。为 *c* 赋初值 3，执行 f 函数后自动释放 *a*、*b*、*c* 所占的存储单元。

    关键字 auto 可以省略，auto 不写则隐含定义为"自动存储类型"，属于动态存储方式。

8.8.3　static 变量

    Static 类型既可以定义局部变量，又可以定义全局变量。若定义全局变量，有效范围为其所在的源程序文件，其他源文件不能使用。有时希望函数中的局部变量的值在函数调用结束后不消失而保留原值，这时应该用关键字 static 声明局部变量为静态局部变量。

    阅读以下程序，注意静态存储变量的特性及其作用域。

    【例 8-15】 考察静态局部变量的值。

    C 源程序（文件名 lt8_15.c）：

```
#include<stdio.h>
  f(int a)
{ auto b=0;
  static c=3;
  b=b+1;
  c=c+1;
  return(a+b+c);
}
  main()
{ int a=2,i;
  for(i=0;i<3;i++)
  printf("%d",f(a));
}
```

    静态局部变量属于静态存储类别，在静态存储区内分配存储单元。在程序整个运行期间不释放；自动变量（动态局部变量）属于动态存储类别，占用动态存储空间，函数调用结束后释放。

    静态局部变量在编译时赋初值，即只赋初值一次；自动变量在函数调用时为其赋初值，每调用一次函数重新赋一次初值，相当于执行一次赋值语句。

    如果在定义局部变量时未赋初值，则编译时自动为静态局部变量赋初值 0（对数值型变量）或空字符（对字符变量）。对自动变量来说，则是一个不确定的值。

    【例 8-16】 设计一个函数 long fac(int *n*)计算正整数的阶乘，函数中使用 static 类型变量保留每一次阶乘的值。

    算法分析：由于编译时为变量的字节长度分配有限，即整型变量的最大值是一定的。因此目前计算整数的阶乘只能针对较小的整数，在本程序中假定计算 5 以内数的阶乘。对于任意正整数 *n*，如果知道(*n*-1)!，则 *n*!=*n**(*n*-1)!。可在函数中定义一个 static 类型变量，用于保存每一次阶乘的计算结果。

C 源程序（文件名 lt8_16.c）：

```
#include<stdio.h>
long fac(int n)              /*fac()是计算 n!的函数*/
{
   static int f=1;
   f=f*n;
   return f;
}
main()
{  int i;
   for(i=1;i<=5;i++)
   printf("%d!=%ld\n",i,fac(i));
}
```

运行结果如下：

```
1!=1
2!=2
3!=6
4!=24
5!=120
```

在这个程序中函数 fac 中的局部变量 *f* 被定义为 static 类型，因此它只在该函数第 1 次被调用时初始化其值为 1。以后调用该函数时不再初始化，而是使用上一次调用的值，这也是 static 类型变量的一个特点。

8.8.4　register 变量

为了提高效率，C 语言允许将局部变量的值放在 CPU 的寄存器中。这种变量称为"寄存器变量"，用关键字 register 声明。

【例 8-17】使用寄存器变量。

C 源程序（文件名 lt8_17.c）：

```
#include<stdio.h>
  int fac(int n)
{  register int i,f=1;
  for(i=1;i<=n;i++)
  f=f*i;
  return(f);
}
  main()
{  int i;
  for(i=0;i<=5;i++)
  printf("%d!=%d\n",i,fac(i));
}
```

说明如下。

（1） 只有局部自动变量和形式参数可以作为寄存器变量。

（2） 一个计算机系统中的寄存器数目有限，因此不能定义任意多个寄存器变量。

（3） 局部静态变量不能定义为寄存器变量。

8.8.5 用 extern 声明外部变量

外部变量（即全局变量）在函数的外部定义，作用域从变量定义处开始到本程序文件的末尾。如果外部变量不在文件的开头定义，则其作用域只限于定义处到程序文件终了。如果在定义点之前的函数需要引用该外部变量，则应该在引用之前用关键字 extern 为该变量做"外部变量声明"，表示该变量是一个已经定义的外部变量。有了此声明，即可从声明处起合法地使用该外部变量。

【例 8-18】用 extern 声明外部变量，扩展程序文件中的作用域。

C 源程序（文件名 lt8_18.c）：

```
#include<stdio.h>
  int max(int x,int y)
{ int z;
  z=x>y?x:y;
  return(z);
}
  main()
{ extern A,B;
  printf("%d\n",max(A,B));
}
  int A=13,B=-8;
```

说明：在本程序文件的最后 1 行定义了外部变量 A 和 B，但由于外部变量定义的位置在函数 main 之后，因此本来在 main 函数中不能引用外部变量 A 和 B。现在在 main 函数中用 extern 为 A 和 B 进行外部变量声明，所示即可从声明处起合法地使用外部变量 A 和 B。

8.9 内部和外部函数

在 C 语言中自定义的函数也可以分为内部与外部函数，内部函数又称为"静态函数"。

8.9.1 内部函数

若函数的存储类型为 static 类型，则为内部函数。表示在由多个源程序文件组成的同一个程序中该函数只能在其所在的文件中使用，而在其他文件中不能使用。

内部函数的一般格式如下：

```
static<返回值类型><函数名>(<参数>);
```

例如：

```
static int Statistic();
```

不同文件中可以有相同名称的内部函数，但功能可以不同，相互不受干扰。

8.9.2　外部函数

若函数存储类型定义为 extern 类型，则为外部函数，表示该函数能被其他源文件调用。函数的默认存储类型为 extern 类型。

【例 8-19】下面的程序由 3 个文件组成，即 file1.c、file2.c、lt8-20.c。在 file1.c、file2.c 中分别定义了两个外部函数，在 lt8-19.c 中可以调用这两个函数。

C 源程序（文件名 lt8_19.c）：

```
#include<stdio.h>
   extern int add (int m,int n);     /*外部函数声明*/
   extern int mod (int a,int b);     /*外部函数声明*/
   main()
{
   int x,y,result1,result2,result;
   printf("please input x and y:\n");
   scanf("%d,%d",&x,&y);
   result1=add(x,y);        /*调用 file1 中的外部函数*/
   printf("x+y=%d\n",result1);
   if(result1>0)
   result2=mod(x,y);        /*调用 file2 中的外部函数*/
   result=result1-result2;
   printf("mod(x,y)=%d\n",result2);
   printf("add(x+y)-mod(x,y)=%d\n",result);
}
   /*file1.c 外部函数定义*/
   extern int add (int m,int n)
{
   return (m+n);
}
   /*file2.c 外部函数定义*/
   extern int mod (int a,int b)
{
   return (a%b);
}
```

运行结果如下：

```
please input x and y:
5,9↙
x+y=14
mod(x,y)=5
add(x+y) -mod(x,y)=9
```

说明：在 file1.c 和 file2.c 中定义的函数可以不加 extern 声明，默认为为外部函数；在 lt8-19.c 中也不要使用 extern 声明外部函数，默认为外部函数。当由多个源程序文件构成一个程序时只能有一个主函数 main。在程序 file1.c 和 file2.c 中也可以相互调用其外部函数，但各自的内部函数则不能为其他程序文件中的函数调用。并且对于允许在其他文件中使用的外部函数，可以用 extern 声明，也可以不用声明。但是对于只能在本文件中使用的内部函数，则必须用 static 声明。

8.10　编译预处理

在前面各章中已多次使用过以"#"号开头的预处理命令，如包含命令#include 和宏定义命令#define 等。在源程序中这些命令都放在函数之外，而且一般都放在源文件的前面，它们称为"预处理部分"。

预处理指在编译的第 1 遍扫描（词法扫描和语法分析）之前所做的工作，它是 C 语言的一个重要功能，由预处理程序完成。当编译一个源文件时系统将自动引用预处理程序处理源程序中的预处理部分，处理后自动开始编译源程序。

C 语言提供了多种预处理功能，如宏定义、文件包含和条件编译等。合理地使用预处理功能使编写的程序易于阅读、修改、移植和调试，也有利于模块化程序设计。

8.10.1　宏定义命令

在 C 语言源程序中允许用一个标识符来表示一个字符串，称为"宏"，定义为宏的标识符称为"宏名"。在编译预处理时用宏定义中的字符串代换程序中所有出现的宏名，这称为"宏代换"或"宏展开"。

宏定义由源程序中的宏定义命令完成，宏代换由预处理程序自动完成。在 C 语言中宏分为有参数和无参数两种。

（1）无参宏定义。

无参宏的宏名后不带参数，定义的一般格式为：

```
#define 标识符 字符串
```

"#"表示这是一条预处理命令，凡是以"#"开头的均为预处理命令；"define"为宏定义命令；"标识符"为所定义的宏名；"字符串"可以是常数、表达式或格式串等。

在前面介绍的符号常量的定义就是一种无参宏定义；此外，常为程序中反复使用的表达式进行宏定义，如：

```
#define M (y*y+3*y)
```

它的作用是指定标识符 M 来代替表达式$(y*y+3*y)$，在编写源程序时所有$(y*y+3*y)$都可由 M 代替。编译源程序时将先由预处理程序进行宏代换，即用$(y*y+3*y)$表达式置换所有的宏名 M。然后编译，但要注意宏替换并不执行语法检查。

例如：

```
#define M (y*y+3*y)
#include<stdio.h>
```

```
   main()
{
   int s,y;
   printf("input a number:  ");
   scanf("%d",&y);
   s=3*M+4*M+5*M;
   printf("s=%d\n",s);
}
```

上例程序中首先定义 M 来替代表达式 $(y*y+3*y)$，在 $s=3*M+4*M+5*M$ 中执行了宏调用，在预处理时经宏展开后该语句变为：

```
s=3*(y*y+3*y)+4*(y*y+3*y)+5*(y*y+3*y);
```

要注意的是在宏定义中表达式 $(y*y+3*y)$ 两边的括号不能少；否则会发生错误，如做以下定义：

```
#difine M y*y+3*y
```

在宏展开时将得到下述语句：

```
s=3*y*y+3*y+4*y*y+3*y+5*y*y+3*y;
```

这相当于：

```
3y²+3y+4y²+3y+5y²+3y;
```

$$3y^2+3y+4y^2+3y+5y^2+3y;$$

显然与原题意要求不符，计算结果错误，因此在宏定义时必须十分注意保证在宏代换之后不发生错误。

宏定义用宏名来表示一个字符串，在宏展开时又以该字符串取代宏名，这只是一种简单的代换。字符串中可以包含任何字符，可以是常数或表达式，预处理程序对它不执行任何检查。如有错误，只能在编译已被宏展开后的源程序时发现；其次宏定义不是声明语句，在行末不必加分号，如加上分号则连分号也一起置换；最后宏定义必须写在函数之外，其作用域为宏定义命令起到源程序结束。如要终止其作用域，则可使用#undef 命令。

例如：

```
#define PI 3.14159
main()
{
 ⋮
}
#undef PI
f1()
{
 ⋮
}
```

表示 PI 只在 main 函数中有效，在 f1 中无效。

注意：如果在源程序中用引号括起宏名，则预处理程序不对其执行宏代换。

例如：

```
#define OK 100
main()
{
   printf("OK");
   printf("\n");
}
```

上例中定义宏名 *OK* 表示 100，但在 printf 语句中 *OK* 被引号括起，因此不执行宏代换。程序的运行结果为 OK，表示把 "OK" 作为字符串处理。

宏定义也允许嵌套，在宏定义的字符串中可以使用已经定义的宏名。在宏展开时由预处理程序层层代换，如：

```
#define PI 3.1415926
#define S PI*y*y              /* PI 是已定义的宏名*/
```

语句：

```
printf(" %f",S);
```

在宏代换后变为：

```
printf("%f",3.1415926*y*y);
```

（2） 带参宏定义。

C 语言允许宏带有参数，其中的参数称为"形式参数"，在宏调用中的参数称为"实际参数"。在调用带参数的宏时不仅要宏展开，而且要用实参代换形参。

带参宏定义的一般格式为：

```
#define  宏名(形参表)   字符串
```

在字符串中含有各个形参。

调用带参宏的一般格式为：

```
宏名(实参表);
```

例如：

```
#define M(y)  y*y+3*y         /*宏定义*/
⋮
k=M(5);                        /*宏调用*/
⋮
```

在宏调用时，用实参 5 代替形参 *y*，经预处理宏展开后的语句为：

```
k=5*5+3*5
```

必须注意的是这种替换是严格意义上的字符替换，如：

```
#define MAX(a,b)  (a>b)?a:b
main()
{
   int x,y,max;
```

```
    printf("input two numbers: ");
    scanf("%d%d",&x,&y);
    max=MAX(x,y);
    printf("max=%d\n",max);
}
```

上例程序中的第 1 行定义带参宏，用宏名 *MAX* 表示条件表达式(*a*>*b*)?*a*:*b*，形参 *a* 和 *b* 均出现在条件表达式中；第 7 行 max=MAX(*x*,*y*)为宏调用，实参 *x* 和 *y* 将代换形参 *a* 和 *b*。宏展开后该语句为：

```
max=(x>y)?x:y;
```

用于计算 *x* 和 *y* 中的大数。

需要说明的是在带参宏定义中宏名和形参表之间不能有空格出现。

例如，把：

```
#define MAX(a,b) (a>b)?a:b
```

写为：

```
#define MAX  (a,b)  (a>b)?a:b
```

将被认为是无参宏定义，宏名 MAX 代表字符串(*a*,*b*) (*a*>*b*)?*a*:*b*，宏展开时宏调用语句：

```
max=MAX(x,y);
```

将变为：

```
max=(a,b)(a>b)?a:b(x,y);
```

这显然是错误的。

有参数的宏定义与函数是两个不同的概念，在带参宏定义中，不为形式参数分配内存单元，因此不必定义类型。宏调用中的实参有具体的值，要用它们代换形参，因此必须声明类型。这与函数中的情况不同，在函数中形参和实参是两个不同的量，各有自己的作用域。调用时要把实参值赋予形参，进行"值传递"。而在带参宏中，只是符号代换，不存在值传递的问题。

在宏定义中的形参是标识符，而宏调用中的实参可以是表达式，如：

```
#define SQ(y) (y)*(y)
main()
{
int a,sq;
printf("input a number: ");
scanf("%d",&a);
sq=SQ(a+1);
printf("sq=%d\n",sq);
}
```

上例中第 1 行为宏定义，形参为 *y*；第 7 行宏调用中实参为 *a*+1，是一个表达式。在宏展开时用 *a*+1 代换 *y*，然后用(*y*)*(*y*)代换 *SQ*，得到如下语句：

```
sq=(a+1)*(a+1);
```

函数调用时在求出实参表达式的值后赋予形参，而宏代换中不计算实参表达式的值，直接照原样代换。

在宏定义中字符串内的形参通常要用括号括起以避免出错，在上例的宏定义中$(y)*(y)$表达式的y都用括号括起，因此结果是正确的。如果去掉括号，把程序改为以下形式：

```
#define SQ(y) y*y
#include<stdio.h>
main()
{
  int a,sq;
  printf("input a number: ");
  scanf("%d",&a);
  sq=SQ(a+1);
  printf("sq=%d\n",sq);
}
```

运行结果为：

```
input a number:3
sq=7
```

同样输入 3，但结果却不一样。这是由于代换只代换符号，而不做其他处理造成的。宏代换后将得到以下语句：

```
sq=a+1*a+1;
```

由于a为3，故sq的值为7。这显然与题意相违，因此参数两边的括号不能少。即使在参数两边加括号还是不够的，请看下面的程序：

```
#define SQ(y) (y)*(y)
main()
{
  int a,sq;
  printf("input a number: ");
  scanf("%d",&a);
  sq=160/SQ(a+1);
  printf("sq=%d\n",sq);
}
```

本程序与前例相比只把宏调用语句改为：

```
sq=160/SQ(a+1);
```

运行本程序，如输入值仍为3。希望结果为10，但实际运行的结果如下：

```
input a number:3
sq=160
```

分析宏调用语句，在宏代换之后变为：

```
sq=160/(a+1)*(a+1);
```

a为3时，由于"/"和"*"运算符优先级和结合性相同，因此首先执行$160/(3+1)$得

40，然后执行 40*(3+1)，最后得到 160。为了得到正确答案，应在宏定义中的整个字符串外加括号，程序修改如下：

```
#define SQ(y) ((y)*(y))
main()
{
    int a,sq;
    printf("input a number: ");
    scanf("%d",&a);
    sq=160/SQ(a+1);
    printf("sq=%d\n",sq);
}
```

以上讨论说明对于宏定义不仅应在参数两侧加括号，也应在整个字符串外加括号。

带参的宏和带参的函数相似，但有本质上的不同；除上面已经提到的外，把同一表达式用函数处理与用宏处理的结果可能不同。

宏定义也可用来定义多个语句，在宏调用时把这些语句又代换到源程序内。

8.10.2　文件包含命令

文件包含指的是一个源文件可以包含另一个源文件的全部内容，在编译源文件之前用包含文件的内容取代该预处理命令。

文件包含命令行的一般格式为：

```
#include"文件名"
```

或：

```
#include<文件名>
```

在前面我们已多次用此命令包含过库函数的头文件，如：

```
#include"stdio.h"
#include"math.h"
```

这两种形式有所区别，使用尖括号表示在包含文件目录中查找（包含目录由用户在设置环境时设置），而不在源文件目录中查找；使用双引号则表示首先在当前的源文件目录中查找，若未找到，则到包含目录中查找。编程时可根据自己文件所在的目录来选择某一种命令形式，而且一个 include 命令只能指定一个被包含文件。若要包含多个文件，则需用多个 include 命令。文件包含允许嵌套，即在一个被包含的文件中又可以包含另一个文件。

8.10.3　条件编译命令

一般情况下，源程序中所有内容都参加编译。预处理程序还提供了条件编译的功能。所谓条件编译，就是可以按不同的指定条件编译不同的程序部分，因而产生不同的目标代码文件，这对于程序的移植和调试是很有用的。

条件编译有如下 3 种格式。

（1） 格式 1 如下：

```
#if 常量表达式
   程序段 1
#else
   程序段 2
#endif
```

功能是如果常量表达式的值为真（非 0），则对程序段 1 进行编译；否则对程序段 2 进行编译，因此可以使程序在不同条件下完成不同的功能。

如果没有程序段 2，本格式中的#else 可以没有，即可以写为：

```
#if   常量表达式
   程序段
#endif
```

例如：

```
#include "stdio.h"
#define PI 3.14159
#define R 1
void main()
{
   float c,r,s;
   printf ("input a number:  ");
   scanf("%f",&c);
   #if R
     r=PI*c*c;
     printf("area of round is: %f\n",r);
   #else
     s=c*c;
     printf("area of square is: %f\n",s);
   #endif
}
```

运行结果如下：

```
input a number:  1
area of round is:  3.141590
```

在程序的第 1 行宏定义中定义 R 为 1，因此在条件编译时表达式的值为真，故计算并输出圆面积。

虽然上述功能可以用条件语句来实现，但是将会对整个源程序进行编译，生成的目标代码程序较长。而采用条件编译，则根据条件只编译其中的程序段 1 或程序段 2，生成的目标程序较短。如果条件选择的程序段很长，采用条件编译的方法十分必要，可以使目标程序变得短小精炼。

（2） 格式 2 如下：

```
#ifdef 标识符
   程序段 1
#else
```

```
    程序段 2
#endif
```

功能是如果标识符已被#define命令定义，则对程序段 1 进行编译；否则对程序段 2 进行编译。

如果没有程序段 2（为空），本格式中的#else可以没有，即可以写为：

```
#ifdef 标识符
    程序段
#endif
```

（3）格式 3 如下：

```
#ifndef 标识符
    程序段 1
#else
    程序段 2
#endif
```

与第 2 种格式的区别是将"ifdef"改为"ifndef"，与第 2 种格式的功能正相反。即如果标识符未被#define命令定义，则对程序段 1 进行编译；否则对程序段 2 进行编译。

例如：

```
#include "stdio.h"
#define TED 10
void main()
{
    #ifdef TED
        printf("Hello Ted\n");
    #else
        printf("Hello anyone\n");
    #endif
    #ifndef RALPH
        printf("RALPH not defined\n");
    #endif
}
```

运行结果如下：

```
Hello Ted
RALPH not defined
```

程序中如果定义了 TED，编译运行后结果显示 Hello Ted；否则显示 Hello anyone。如果将第 5 行#ifdef换成#ifndef，则会取得相反结果。由于 RALPH 未定义，则编译运行第 10 行的#ifdef语句后显示 RALPH not defined。

8.11 小　结

本章介绍了函数的定义和调用方法，函数是实现模块化程序设计的主要手段，是 C 语言程序设计的重要内容。函数可以嵌套调用，但是不可以嵌套定义。作为一种特殊的嵌套调用方式的递归调用，在设计时一定要有可使递归结束的条件，否则会使程序产生无限递归；另外，还介绍了变量的作用域和存储类型在程序中的作用。要注意区分全局变量和局部变量的作用范围，特别是如果用全局变量作为函数的参数，则在函数中可以使得该全局变量的值发生变化。

预处理功能是 C 语言特有的功能，在编译源程序前由预处理程序完成。预处理中的文件包含宏定义、条件编译等都由 "#" 开头，它们并不是 C 语言中的语句，所以不要用分号作为结束。使用预处理命令时要注意宏替换定义的后面不能使用分号、在有参数的宏定义中参数加括号和不加括号有时有区别、使用文件包含时要避免出现变量和函数发生重定义的现象，以及要区分条件编译和条件语句的作用。

习　　题

1.　选择题

（1）　以下正确的函数定义格式是_____。

A. float fun (int x,int y) 　　　　　　B. float fun (int x;int y)

C. float fun (int x,y) 　　　　　　　　D. float fun (int x,y;)

（2）　在一个源文件中定义的全局变量的作用域为_____。

A. 本文件的全部范围 　　　　　　B. 本程序的全部范围

C. 本函数的全部范围 　　　　　　D. 从定义该变量的位置开始至本文件结束为止

（3）　凡是函数中未指定存储类型的局部变量隐含的存储类型为_____。

A. auto 　　　　　　　　　　　　B. static

C. extern 　　　　　　　　　　　D. register

（4）　如果在一个函数中的复合语句中定义一个变量，则该变量_____。

A. 只在该复合语句中有效 　　　　B. 在该函数中有效

C. 在本程序范围内有效 　　　　　D. 为非法变量

（5）　以下说法正确的是_____。

A. 宏名及其参数都无类型 　　　　B. 宏名有类型，其参数无类型

C. 宏名无类型，其参数有类型 　　D. 宏名及其参数都有类型

2.　判断题

（1）　在 C 语言中返回值的类型由定义函数时所指定的函数类型决定。　　（　　）

（2）　在 C 语言中不同的函数中可以使用相同的变量名。　　（　　）

（3）　在 C 语言中调用函数时，只能将实参的值传递给形参，形参的值不能传递给实参。　　（　　）

（4）　C 语言程序中有调用关系的函数必须放在同一源程序文件中。　　（　　）

（5）　在源文件中定义的外部变量的作用域为本文件的全部范围。　　（　　）

3. 填空题

在下面的程序中函数 prime 的功能是在主函数中输入一个整数，输出是否是质数的信息，请根据程序功能填满其中的空格。

```
#incelude<stdio.h>
void main()
{
  int prime(int);
  int n;
  printf("input a integer:\n");
/***********SPACE***********/
  scanf("%d",_____);
  if (prime(n))
  printf("%d is a prime\n",n);
}
  int prime(int n)
{
  int flag=1,i;
/***********SPACE***********/
  for(i=2;i<n/2&&_____;i++)
    if (n%i==0)
/***********SPACE***********/
        flag=_____;
/***********SPACE***********/
_____

}
```

4. 改错题

以下程序的功能是求 100 以内所有 7 的倍数之积，在 FOUND 的下一行语句中有错误，请改正。

```
#define N 100
#include <stdio.h>
int fun(int m)
{
/**********FOUND**********/
  int t=0,i;
/**********FOUND**********/
  for(i=1;i<N;i++);
    /**********FOUND**********/
    if(i%m=0)
        /**********FOUND**********/
        t=*i;
  return t;
}
main()
{
  int s;
```

```
   s=fun(7);
/**********FOUND**********/
   printf("%d 以内所有%d 的倍数之积为: %d\n",n,7,s);
}
```

5. 编程题

（1） 编写一个查找函数，从键盘上任意输入一个数后在一个有 10 个元素的数组中查找该数。如果找到，则输出所处位置的下标；否则输出没有找到。

（2） 输入整数 n，输出高度为 n 的等边三角形（要求每一行图案的输出单独编为一个函数），当 n=4 时的等边三角形如下：

```
       $
      $$
    $$$$$
   $$$$$$$
```

（3） 编程统计 5 000 以内双胞胎数的个数，要求将判断是否是素数功能单独编写为一个函数。

提示：双胞胎数是指一对差值为 2 的两个素数，如 5 和 7 就是一对双胞胎数。

第 *9* 章 指 针

指针是 C 语言中的一个重要内容,正确理解和使用指针是 C 语言程序设计的关键之一。通过指针可以更好地利用内存资源、描述复杂的数据结构,以及更灵活地处理字符串和数组等,使用指针可以设计出简洁且高效的 C 语言程序。

对初学者而言,指针的概念及使用有一定难度。但只要多上机编写程序,通过实践可以尽快地掌握。

9.1　指针的基本概念

在 C 语言中指针被用来表示内存单元的地址,如果把这个地址用一个变量来保存,则这个变量就称为"指针变量"。指针变量也有不同的类型,用来保存不同类型变量的地址。严格地说,指针与指针变量不同。为了叙述方便,常常把指针变量称为"指针"。

内存是计算机用于存储数据的存储器,以一个字节作为存储单元。为了能正确地访问内存单元,必须为每一个内存单元编号,这个编号称为"该单元的地址"。如果将一个旅店比喻为内存,则旅店的房间就是内存单元,房间号码就是该单元的地址。

例如,假定我们定义了一个整型变量 a=10,系统就会为其分配相应的存储单元。若为 1000H,则可以通过该地址访问 a。这种访问方式称为"直接访问",如图 9-1(a)所示。还可以把 a 的地址值 1000H 存放在变量 p 中,这样可以通过 p 的地址(假设为 4000H)找到 a 的地址 1000H。然后访问 a,这种访问方式称为"间接访问"。变量 p 就是指向 a 的指针,p 与 a 的关系如图 9-1(b)所示。

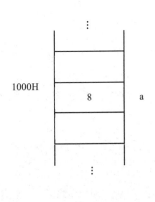
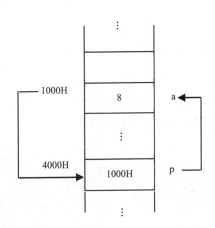

（a）直接访问   （b）*p* 与 *a* 的关系

图 9-1　通过指针访问内存

9.1.1　定义及初始化指针变量

1.　定义指针变量

定义指针变量的格式如下：

[存储类型]　数据类型　*指针变量名[=初始值]；

说明如下。

（1）存储类型是指针变量本身的存储类型，可分为 register、static、extern 和 auto 共 4 种类型，默认为 auto 类型。

（2）数据类型：该指针可以指向的数据类型。

（3）*号表示后面的变量是指针变量。

（4）初始值：通常为某个变量名或为 NULL，不要将内存中的某个地址值作为初始地址值，如：

```
int a,*p=a;          /*p 为指向整型变量的指针，p 指向了变量 a 的地址*/
char *s=NULL;        /*s 为指向字符型变量的指针，p 指向一个空地址*/
float *t;            /*t 为指向单精度浮点型变量的指针*/
```

指针变量的值是某个变量的地址，因为地址是内存单元的编号，所以每一个在生命周期内的变量在内存中都有一个单独的编号（即变量的地址），这个地址不会因为其变量值的变化而变化。

通常用无符号的长整型来为内存单元编号，即指针变量的值用无符号的长整型来表示，需要注意的是指针变量所指的值与变量值是两个完全不同的概念。

2.　指针操作符

两个特殊的指针操作符是&和*。

（1）&：通常称为"取地址运算符"，是一元操作符。它只作用于一个操作数，并返回操作数的地址，如：

```
a=&max;
```

把变量 max 的地址放入变量 a 中。

（2）*：通常称为"间接引用运算符"或"复引用运算符"，它也是一元操作符，返回其操作数所指变量的值，如：

```
int a=5,b,*p;
p=&a;     /*指针变量p指向a*/
b=*p;     /*把p指向的变量a的值放入b中，b现在的值为5*/
*p=3;     /* *p代表所指向的变量a，所以a现在的值为3*/
```

注意：*在不同场合的作用不同，若出现在变量定义中，则*声明 p 是指针；若出现在引用中，如 $b=*p$ 或*$p=3$，则*p 就是间接访问 p 所指的对象，即*p 是 p 所指的变量 b。

3. 指针变量的初始化

定义指针变量之后必须将其与某个变量的地址相关联才能使用。

可以通过赋值的方法将指针变量与简单变量相关联，指针变量的赋值格式为：

```
<指针变量名>=&<普通变量名>;
```

例如：

```
int i, *p;
    p=&i;
```

或：

```
int i, *p=&i;
```

注意上面的两种格式都是将变量 i 的地址赋予指针 p，若写成 int *p=NULL，则表示 p 不指向任何存储单元。

一旦指针变量指向某个变量的地址，就可以引用该指针变量。如果引用的格式为*指针变量名，则代表所指变量的值；如果为指针变量名，则代表所指变量的地址。

例如：

```
int i, *p;
         float x, *t;
 p=&i;       /*指针p指向了变量i的地址*/
 t=&x;       /*指针t指向了变量x的地址*/
*p=3;        /*相当于i=3*/
*t=12.34;     /*相当于x=12.34*/
```

在上面的表达式中，p 和&i 都表示变量 i 的地址，*p 和 i 都表示变量 i 的值。

9.1.2　指针变量与普通变量的区别

指针变量和普通变量一样，都有 3 个要素，即变量名、变量类型和变量值。

指针变量名和普通变量名一样都使用合法的标识符，指针变量定义时指定的数据类型不是指针变量本身的数据类型，而是指针变量所指向对象的数据类型。指针本身的类型只能是 int 型或 long 型，只与编译系统中所设定的编译模式有关，与其所指向的对象的数据类型无关。指针变量存放的是指向的某个变量的地址值，而普通变量保存的是该变量本身的值。

【例 9-1】编写一个程序说明简单变量与指针的关系。

C 源程序（文件名 lt9_1.c）：

```
#include <stdio.h>
main()
{
  int x=10,*p;
float y=234.5,*pf;
  p=&x;
   pf=&y;
  printf("x=%d\t\ty=%f\n",x,y);  /*输出变量的值*/
  printf("p=%lu\tpf=%lu\n",p,pf);  /*按十进制输出变量的地址*/
  printf("p=%p\tpf=%p\n",p,pf);  /*按十六进制输出变量的地址*/
/*改变指针变量所指的值：*/
  *p=*p+10;
*pf=*pf *10;
printf("----------------------------------------------------\n");
  printf("x=%d\t\ty=%f\n",x,y);  /*输出变量的值*/
  printf("p=%lu\tpf=%lu\n",p,pf);  /*按十进制输出变量的地址*/
  printf("p=%p\tpf=%p\n",p,pf);  /*按十六进制输出变量的地址*/
}
```

运行结果如下：

```
x=10           y=234.500000
p=1703740       pf=1703732
p=0019FF3C      pf=0019FF34
--------------------------------------------------
x=20           y=2345.000000
p=1703740       pf=1703732
p=0019FF3C      pf=0019FF34
```

根据运行结果可见指针的值可以用无符号的长整型输出，也可以用十六进制来表示，因为指针的值代表的是变量的地址。

9.2 指 针 运 算

9.2.1 指针的赋值运算

1. 将变量的地址赋给指针变量

例如：

```
int a,*pa;
```

定义一个整型变量 *a* 和一个指向整型变量的指针 *pa*，但这时指针 *pa* 并未指向某一具体的整型变量，可以把 *a* 的地址赋给 *pa*：

```
pa=&a;
```

这样 *pa* 指向变量 *a*。

2. 将一个已被赋值的指针赋给另一个指针

*p*1 与 *p*2 都是整型指针变量，它们之间可以互相赋值，如：

```
p1=p2;
```

这时指针 *p*1 和 *p*2 都将指向同一个变量，只有相同类型的指针变量才能相互赋值。

3. 为指针变量赋空值

定义指针变量时指向一个不确定的单元，若这时引用指针变量，可能产生错误。为了避免这个问题，除了为指针变量赋值之外，还可以为指针变量赋空值，声明该指针不指向任何变量。

空值用 NULL 表示，其值为 0。它是头文件 stdio.h 中预定义的常量，在使用时应加上预定义行，如：

```
#include "stdio.h"
P=NULL;
```

也可以写成：

```
p=0 或 p='\0';
```

这里指针 *p* 并非指向 0 地址单元，而是空值，表示不指向任何变量。

注意：指针除了可以赋值常量 0 之外，不能赋值其他常量，如 *p*=1000;是错误的。

9.2.2 指针的算术运算

指针的运算通常只限于算术运算符+、−、++、−−，其中+和++代表指针向前移（地址编号增大）；−和−−代表指针向后移（地址编号减小）。

设 p、q 为某种类型的指针变量，n 为整型变量，则 $p+n$、$p++$、$++p$、$p--$、$--p$ 和 $p-q$ 的运算结果仍为指针。

若有 int a=3, $*p$=&a；且假设 a 的地址为 3 000，则 p=3 000。

变量 a 与指针 p 的存储关系如图 9-2（a）所示。

执行语句：$p＝p+1$; 后指针 p 向前移动一个位置。

如果 a 占用两个字节，则 p 的值为 3 002，如图 9-2（b）所示。

如果 a 占用 4 个字节，则 p 的值为 3 004，如图 9-2（c）所示。

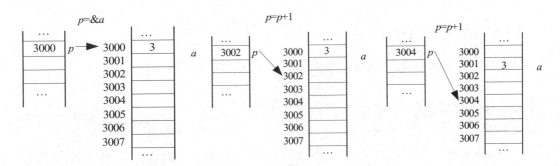

（a）变量 a 和指针 p 的存储关系　　（b）整形变量 a 占两个字节　　（c）整形变量 a 占 4 个字节

图 9-2　变量 a 与指针 p 的存储关系

从图中可以看出 p 值发生了变化，它表示指针 p 向前移动到了下一个变量的存储单元。但无法确定指针所指的值，因此如果在程序中再引用$*p$，则$*p$值是未知的。

【例 9-2】阅读以下程序了解指针值的变化。

C 源程序（文件名 lt9_2.c）：

```
#include <stdio.h>
main()
{
    int i=108,*pi=&i;
    double f=12.34,*pf=&f;
    long l=123,*pl=&l;
    printf("1:-------------------------------\n");
    printf("*pi=%d,\t\tpi=%lu\n",*pi,pi);
    printf("*(pi+1)=%d,\tpi+1=%lu\n",*(pi+1),pi+1);     /* 未知单元的值*/
    printf("2:-------------------------------\n");
    printf("*pf=%lf,\tpf=%lu\n",*pf,pf);
    pf++;
    printf("*pf=%lf,\tpf=%lu\n",*pf,pf);                /* 未知单元的值*/
    printf("3:-------------------------------\n");
    printf("*pl=%ld,\tpl=%lu\n",*pl,pl);
    pl--;
    printf("*pl=%ld,\tpl=%lu\n",*pl,pl);                /* 未知单元的值*/
}
```

运行结果如下：

```
1:-------------------------------
*pi=108,              pi=1703740
*(pi+1)=1703808,      pi+1=1703744
2:-------------------------------
*pf=12.340000, pf=1703728
*pf=0.000000,  pf=1703736
3:-------------------------------
*pl=123,         pl=1703720
*pl=1703716,     pl=1703716
```

9.2.3 指针的关系运算

指针的关系运算常用于比较两个指针是否指向同一变量。

假设有：

```
int a, *p1, *p2;
         p1=&a;
```

则 $p1==p2$ 的值为 0（假），只有当 $p1$ 和 $p2$ 指向同一元素时，表达式 $p1==p2$ 的值才为 1（真）。

【例 9-3】阅读程序了解指针变量的关系运算。

C 源程序（文件名 lt9_3.c）：

```
#include <stdio.h>
main()
{
   int a,b,*p1=&a,*p2=&b;
 printf("The result of (p1==p2) is %d\n",p1==p2);
 p2=&a;
 printf("The result of (p1==p2) is %d\n",p1==p2);
}
```

运行结果如下：

```
The result of (p1==p2) is 0
The result of (p1==p2) is 1
```

9.3 指针与数组

每一个不同类型的变量在内存中都有一个具体的地址，数组也是一样。并且数组中的元素在内存中是连续存放的，数组名代表数组的首地址。由于指针存放地址的值，因此它也可以指向数组或数组元素，指向数组的指针称为"数组指针"。

9.3.1 指向一维数组的指针

指向数组的指针变量称为"数组指针变量"，声明该变量的一般格式为：

```
类型说明符 * 指针变量名
```

其中类型说明符表示所指数组的类型，可以看出指向数组的指针变量和指向普通变量的指针变量的声明相同。

如果定义了一个一维数组：

```
int a[10];
```

则该数组的元素为 $a[0]$，$a[1]$，$a[2]$，$\cdots$，$a[9]$。C 语言规定任何一个数组的数组名本身就是一个指针，是一个指向该数组首元素的指针。即首元素的地址值，所以数组名是一个常量指针。这样数组元素的地址可以通过数组名加偏移量来取得，上面一维数组各元素的地址可表示为 a，$a+1$，$\cdots$，$a+9$，而相应的数组元素可表示为 $*a$，$*(a+1)$，$\cdots$，$*(a+9)$，如图 9-3 所示。

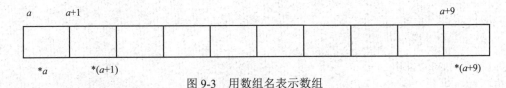

图 9-3　用数组名表示数组

下面定义一个指针变量 p，并将其初始化为 a 或 $\&a[0]$：

```
int *p=a;
```

或

```
int *p=&a[0];
```

这样就把数组 a 的首地址赋给了指针变量 p，于是数组 a 中各元素的地址可以用指针变量 p 加偏移量来表示。即 p，$p+1$，$\cdots$，$p+9$，相应的数组元素则为 $*p$，$*(p+1)$，$\cdots$，$*(p+9)$。

综上所述，引用数组元素可以采用如下方法。

（1）下标法：如 $a[i]$。

（2）常量指针法：如 $*(a+i)$，其中 a 为数组名。

（3）指针变量法：如 $*(p+i)$，其中 p 是指向数组 a 的指针变量。

下标法直观，能直接标明是第几个元素；指针变量法效率较高，能直接根据指针变量的地址值访问数组元素。

在使用数组指针时要注意数组名 a 是常量指针，不能作为指针变量使用，如 a++ 和 $a=a+1$ 这样的操作是非法的；指针变量 p 的值可以改变，但要注意 p 的当前值不能使数组越界。

【例 9-4】了解指针与数组的关系，学会正确使用指针。

C 源程序（文件名 lt9_4.c）：

```
#include <stdio.h>
main()
{
    int a[2]={1,2},i,*pa;
    char ch[2]={'a','b'},*pc;
    pa=a;
    pc=&ch[0];
    printf("1: --------------------------\n");
    for (i=0;i<5;i++)
        printf("a[%d]=%d,ch[%d]=%c\n",i,a[i],i,ch[i]);
    printf("2: --------------------------\n");
    for (i=0;i<5;i++)
        printf("*(pa+%d)=%d,pc[%d]=%c\n",i,*(pa+i),i,pc[i]);
    printf("3: --------------------------\n");
    for (i=0;i<5;i++)
        printf("*a[%d]=%ld, *ch[%d]=%ld\n", i, pa+i, i, ch+i);
}
```

运行结果如下：

```
1: --------------------------
a[0]=1,ch[0]=a
a[1]=2,ch[1]=b
a[2]=1703808,ch[2]=?
a[3]=4199337,ch[3]=?
a[4]=1,ch[4]=8
2: --------------------------
*(pa+0)=1,pc[0]=a
*(pa+1)=2,pc[1]=b
*(pa+2)=1703808,pc[2]=?
*(pa+3)=4199337,pc[3]=?
*(pa+4)=1,pc[4]=8
3: --------------------------
*a[0]=1703736, *ch[0]=1703724
*a[1]=1703740, *ch[1]=1703725
*a[2]=1703744, *ch[2]=1703726
*a[3]=1703748, *ch[3]=1703727
*a[4]=1703752, *ch[4]=1703728
```

从上面的程序中可知超出数组元素下标范围的值是不确定的；另外，作为整型指针和字符指针的"指针+1"表达式结果不同。对整型指针，它意味着所指的地址值+4；对字符指针，则意味着所指的地址值+1。

9.3.2 指向二维数组的指针

对二维数组而言，数组名同样代表数组的首地址。若有 int $a[3][4]$，可以看成是由 3 个一维数组 $a[0]$、$a[1]$ 和 $a[2]$ 构成，其中 $a[0]$ 的元素为 $a[0][0]$、$a[0][1]$、$a[0][2]$、$a[0][3]$；$a[1]$ 的元素为 $a[1][0]$、$a[1][1]$、$a[1][2]$、$a[1][3]$；$a[2]$ 的元素为 $a[2][0]$、$a[2][1]$、$a[2][2]$、$a[2][3]$。

二维数组与一维数组不同，对于 int $a[3][4]$ 来说，其首地址表示 a、$a[0]$、$\&a[0][0]$。此时数组名 a 代表的是"行指针"，即指向具有 4 个元素的指针；$a[0]$、$\&a[0][0]$ 代表的是第 1 个元素的地址。因此若有 int $a[3][4]$, $*p$;，则 $p=a[0]$;或 $p=\&a[0][0]$;是将指针 p 指向数组的首地址。

而 $p=a$;语句在概念上容易混淆，有些编译时会有警告提示"Suspicious Pointer Conversion"，应该避免这种情况。

对于 int $a[3][4]$ 和 $*p=a[0]$，假设数组 a 的首地址为 3000，则指针 p 与数组元素的地址关系如表 9-1 所示。

表 9-1　指针与数组元素的地址关系

表 达 式	表达式的值		物理意义
	整型变量占 2 个字节	整型变量占 4 个字节	
$p=a+1$	3 008	3 016	移到下一行的地址
$p=a[0]+1$	3 002	3 004	
$p=\&a[0][0]+1$	3 002	3 004	移到下一个元素的地址
$p=p+1$	3 002	3 004	

【例 9-5】阅读程序了解指针与二维数组地址的关系。

C 源程序（文件名 lt9_5.c）：

```
#include <stdio.h>
main()
{
    int a[3][4]={{1,2,3,4},{5,6,7,8},{9,10,11,12}};
    int *p;
    p=a[0];
    printf("1:-----------------------\n");
    printf("a=%lu\n",a);
    printf("*a=%lu\n",a);
    printf("p=%lu\n",p);
    printf("a[0]=%lu\n",a[0]);
    printf("&a[0][0]=%lu\n",&a[0][0]);
    printf("2:-----------------------\n");
    printf("a+1=%lu\n",a+1);
    printf("*a+1=%lu\n",*a+1);
    printf("p+1=%lu\n",p+1);
    printf("a[0]+1=%lu\n",a[0]+1);
    printf("&a[0][0]+1=%lu\n",&a[0][0]+1);
    printf("3:-----------------------\n");
    printf("*a+1*4+2=%lu\n",*a+1*4+2);
    printf("p+1*4+2=%lu\n",p+1*4+2);
    printf("a[0]+1*4+2=%lu\n",a[0]+1*4+2);
    printf("&a[0][0]+1*4+2=%lu\n",&a[0][0]+1*4+2);
}
```

运行结果如下：

```
1:-----------------------
```

```
a=1703696
*a=1703696
p=1703696
a[0]=1703696
&a[0][0]=1703696
2:-------------------------
a+1=1703712
*a+1=1703700
p+1=1703700
a[0]+1=1703700
&a[0][0]+1=1703700
3:--------------------
*a+1*4+2=1703720
p+1*4+2=1703720
a[0]+1*4+2=1703720
&a[0][0]+1*4+2=1703720
```

分析程序中指针变量、数组名之间的地址关系，掌握指针与二维数组的联系。

【例9-6】阅读程序了解指针与数组元素的关系。

C 源程序（文件名 lt9_6.c）：

```c
#include <stdio.h>
main()
{
   int a[3][4]={{1,2,3,4},{5,6,7,8},{9,10,11,12}};
   int *p,i,j;
   p=a[0];
   for(i=0;i<3;i++)
   {
     for(j=0;j<4;j++)
         printf("a[%d][%d]=%d   ",i,j,a[i][j]);
     printf("\n");
   }
   printf("第 1 行第 1 列元素的值：\n");
   printf("**a=%d\n",**a);
   printf("*p=%d\n",*p);
   printf("*a[0]=%d\n",*a[0]);
   printf("a[0][0]=%d\n",a[0][0]);
   printf("第 1 行第 2 列元素的值：\n");
   printf("*(*a+1)=%d\n",*(*a+1));
   printf("*(p+1)=%d\n",*(p+1));
   printf("*(a[0]+1)=%d\n",*(a[0]+1));
   printf("*(&a[0][0]+1)=%d\n",*(&a[0][0]+1));
   printf("a[0][1]=%d\n",a[0][1]);
   printf("第 2 行第 3 列元素的值：\n");
   printf("*(*a+1*4+2)=%d\n",*(*a+1*4+2));
   printf("*(p+1*4+2)=%d\n",*(p+1*4+2));
   printf("*(a[0]+1*4+2)=%d\n",*(a[0]+1*4+2));
   printf("*(&a[0][0]+1*4+2)=%d\n",*(&a[0][0]+1*4+2));
   printf("a[1][2]=%d\n",a[1][2]);
```

```
}
```

运行结果如下:

```
a[0][0]=1    a[0][1]=2    a[0][2]=3    a[0][3]=4
a[1][0]=5    a[1][1]=6    a[1][2]=7    a[1][3]=8
a[2][0]=9    a[2][1]=10    a[2][2]=11    a[2][3]=12
第 1 行第 1 列元素的值:
**a=1
*p=1
*a[0]=1
a[0][0]=1
第 1 行第 2 列元素的值:
*(*a+1)=2
*(p+1)=2
*(a[0]+1)=2
*(&a[0][0]+1)=2
a[0][1]=2
第 2 行第 3 列元素的值:
*(*a+1*4+2)=7
*(p+1*4+2)=7
*(a[0]+1*4+2)=7
*(&a[0][0]+1*4+2)=7
a[1][2]=7
```

分析程序中用指针引用数组元素的表达式可知引用同一个数组元素有多种不同的方法,使用时选择一种自己认为最合适的即可。

9.3.3 指向字符串指针

在 C 语言中也可以用字符数组表示字符串,或者定义一个字符指针变量指向一个字符串。引用时既可以逐个字符引用,也可以整体引用。

(1) 字符指针。

指向字符串的指针变量定义格式为:

```
char    *指针变量 ;
```

定义并初始化字符指针变量,如:

```
  char  *stg="I love Beijing. ";
```

等价于:

```
char *stg;
    stg="I love Beijing. " ;
```

用字符串常量"I love Beijing."的地址(由系统自动开辟字符串常量的内存块的首地址)为 *stg* 赋初值。

【例 9-7】阅读程序了解使用字符指针输出数组中字符的方法。

C 源程序(文件名 lt9_7.c):

```
#include <stdio.h>
#include <conio.h>
main()
{
  char ch[30]="This is a test of point.",*p=ch;
  int i;
  printf("通过指针输出数组元素：\n");
  printf("1.整体输出：\n%s\n",p);
  printf("2.单个元素输出：\n");
  while(*p!='\0')
  {
    putch(*p);
    p++;
  }
  printf("\n");
  p=ch;
  printf("3.单个元素输出：\n");
  for(i=0;i<30;i++)
    printf("%c",p[i]);
  printf("\n");
}
```

运行结果如下：

```
通过指针输出数组元素：
1．整体输出：
This is a test of point.
2．单个元素输出：
This is a test of point.
3．单个元素输出：
This is a test of point.
```

（2） 字符指针作为函数参数。

把一个字符串从一个函数传递到另一个函数时可以利用字符数组名或字符指针作为参数，它们在调用时传递的是地址。在被调函数中处理字符串以后，其任何变化都会反映到主调函数中。

【例 9-8】用函数调用实现字符串的复制。

C 源程序（文件名 lt9_8.c）：

```
#include <stdio.h>
void strcpy(char *,char *);
main()
{
  char *str1="Pascal";
  char *str2="C++";
  printf("%s\n%s\n",str1,str2);
  strcpy(str1,str2);
  printf("%s\n%s\n",str1,str2);
```

```
    }
    void strcpy(char *t,char *s)
    {
      while((*t=*s)!='\0')
      {
          t++;
          s++;
      }
    }
```

运行结果如下：

```
Pascal
C++
C++
C++
```

在主调函数中字符指针 *str1* 指向字符串 "Pascal" 的起始地址，字符指针 *str2* 指向字符串 "C++" 的起始地址。函数 strcpy 被调用时 *str1* 和 *str2* 作为实参传递给形参 *t* 和 *s*，这时 *t* 和 *s* 也指向相应的字符串的起始地址。while 语句中的赋值语句*t*=*s*，将 *s*（即 *str2*）所指地址的字符赋给相应的 *t*（即 *str1*）所指的地址，两个指针同时移动。直到 *s* 所指地址的内容为'\0'，这时*t* 也为'\0'循环结束，完成字符串的复制。

9.3.4 指针数组和指向指针的指针

1. 指针数组

如果数组中的每一个元素都是指针，则称为"指针数组"，定义指针数组的格式为：

[存储类型]　数据类型　*数组名[元素个数]

例如：

```
int *p[5];
```

其中 *p* 为指针数组，共有 5 个元素。即 *p*[0]、*p*[1]、*p*[2]、*p*[3]、*p*[4]，每一个元素都是指向整型变量的指针。

通常可用指针数组来处理字符串和二维数组。

【例 9-9】阅读程序了解用指针数组访问二维数组中的每一个元素的方法。

C 源程序（文件名 lt9_9.c）：

```
#include <stdio.h>
main()
{
  static char ch[3][4]={"ABC","DEF","HKM"};
  char *pc[3]={ch[0],ch[1],ch[2]};
  int i,j;
  static int a[3][4]={{11,22,33,44},{55,66,77,88},{99,110,122,133}};
  int *p[3]={a[0],a[1],a[2]};
```

```
    printf("1. 直接输出数组元素（字符）ch[i][j]：\n");
    for(i=0;i<3;i++)
    {
      for(j=0;j<4;j++)
          printf("ch[%d][%d]=%c\t",i,j,ch[i][j]);
      printf("\n");
    }
    printf("\n2. 用指针数组输出第 2 行的字符串：\n");
    printf("ch[1]=%s\t",pc[1]);
    printf("\n\n3. 用指针数组输出数组元素（字符）pc[i][j]：\n");
    for(i=0;i<3;i++)
    {
      for(j=0;j<4;j++)
          printf("ch[%d][%d]=%c\t",i,j,pc[i][j]);
      printf("\n");
    }
    printf("\n4. 用指针数组输出第 2 行的数组元素（整型数）：\n");
    for(i=0;i<4;i++)
      printf("a[1][%d]=%d\t",i,p[1][i]);
    printf("\n\n5. 用指针数组输出数组元素（整型数）p[i][j]：\n");
    for(i=0;i<3;i++)
    {
      for(j=0;j<4;j++)
          printf("a[%d][%d]=%d\t",i,j,p[i][j]);
      printf("\n");
    }
}
```

运行结果如下：

```
1. 直接输出数组元素（字符）ch[i][j]：
ch[0][0]=A      ch[0][1]=B      ch[0][2]=C      ch[0][3]=
ch[1][0]=D      ch[1][1]=E      ch[1][2]=F      ch[1][3]=
ch[2][0]=H      ch[2][1]=K      ch[2][2]=M      ch[2][3]=

2. 用指针数组输出第 2 行的字符串：
ch[1]=DEF

3. 用指针数组输出数组元素（字符）pc[i][j]：
ch[0][0]=A      ch[0][1]=B      ch[0][2]=C      ch[0][3]=
ch[1][0]=D      ch[1][1]=E      ch[1][2]=F      ch[1][3]=
ch[2][0]=H      ch[2][1]=K      ch[2][2]=M      ch[2][3]=

4. 用指针数组输出第 2 行的数组元素（整型数）：
a[1][0]=55      a[1][1]=66      a[1][2]=77      a[1][3]=88

5. 用指针数组输出数组元素（整型数）p[i][j]：
a[0][0]=11      a[0][1]=22      a[0][2]=33      a[0][3]=44
a[1][0]=55      a[1][1]=66      a[1][2]=77      a[1][3]=88
```

a[2][0]=99   a[2][1]=110   a[2][2]=122   a[2][3]=133 运行结果：

2. 指向指针的指针

如果定义了一个变量，如：

```
int i=8;
```

这时要访问变量 i 的值，可通过变量 i 直接访问，也可以定义一个指针变量 p 使其指向 i：

```
int *p=&I;
```

如果要访问 i 的值，可以通过指针变量 p 间接访问；同样指针变量 p 也有地址，可以通过这个地址间接访问 p，进而间接访问 i。C 语言允许定义指向指针的指针来实现上述多级间接访问功能，二级指针的定义如下：

```
int *pp=&p;
```

pp 指向指针 p，前面两个*是指向指针的指针，通过 pp 可以访问指针 p 和最终数据 i，如图 9-4 所示。

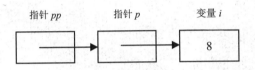

图 9-4 指向指针的指针

指向指针的指针主要用来处理指针数组，这是因为指针数组中的元素是指针，而指针数组本身又可用指针来操作。如图 9-5 所示，用指针数组 $p[]$ 处理多个字符串可以改用指向指针的指针 pp 来处理。

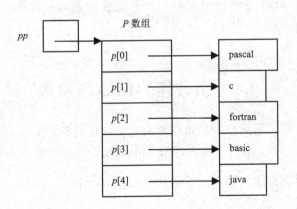

图 9-5 用指向指针的指针处理字符串

【例 9-10】如下程序利用指向指针的指针变量访问二维字符数组，请阅读程序了解指向指针的指针变量的作用和使用方法。

C 源程序（文件名 lt9_10.c）：

```
#include <stdio.h>
#include <stdlib.h>
main()
{
  int i;
  static char words[][16]={ "internet","times","mathematics","geography"};
  static char *pw[]={words[0],words[1],words[2],words[3]};
  static char *ppw;
  ppw=pw;
  for (i=0;i<4;i++)
    printf("%s\n",*ppw++);
  printf("----------------\n");
  for (i=0;i<4;i++)
  {
    ppw=&pw[i];
    printf("%s\n",*ppw);
  }
}
```

运行结果如下：

```
internet
times
mathematics
geography
internet
times
mathematics
geography
```

注意：要注意区分指向指针的指针与二维数组名的关系，程序中语句 *ppw=pw;* 的作用是将指针数组的首地址传递给指向指针的指针变量。因此表示第 i 行的首地址应该用 *(ppw+i)，而不是 ppw+i。

9.4 指针作为函数的参数

指针作为变量也可以用来作为函数的参数，若函数的参数类型为指针型，则实参与形参的传递是一种传址方式。如果函数中改变形参的值，实际上也就是修改了实参的值。

【例 9-11】从键盘输入任意两个整数作为两个变量的值，编写程序交换这两个变量的值。

C 源程序（文件名 lt9_11.c）：

```
#include <stdio.h>
void swap(int *p1,int *p2)
{
  int temp;
```

```
    temp=*p1;
    *p1=*p2;
    *p2=temp;
}
main()
{
    int a,b,*t1=&a,*t2=&b;
    printf("Please enter the number of a and b:\n");
    scanf("%d%d",&a,&b);
    printf("Before swap:\n a=%d,b=%d\n",a,b);
    swap(t1,t2);   /* 调用函数，交换 a、b 的值*/
    printf("After swap:\n a=%d,b=%d\n",a,b);
}
```

运行结果如下：

```
Please enter the number of a and b:
12 34
Before swap:
 a=12,b=34
After swap:
 a=34,b=12
```

【例 9-12】用字符指针指向从键盘输入的字符串，编写程序计算输入的字符串的长度，输入结束时的换行符不作为字符计入其长度。

算法分析：用字符指针来表示字符串时指针指向的是字符串的首地址，输入结束时系统会将结束标志'\0'置于字符串的尾部，计算字符串的长度时结束标志不计数。若输入的字符串为"abcdefg"，则占用的内存单元为 8 个，但字符串的长度为 7。设计函数 int getlength(char *str)计算 str 所指字符串的长度，字符串的结束标志和输入的换行符均不计入字符的长度。

C 源程序（文件名 lt9_12.c）：

```
#include <stdio.h>
#define N 81
/* 统计 str 所指字符的长度: */
int getlength(char *str)
{ char *p=str;
  while(*p!='\0')
    if(*p!='\n')
        p++;
  return p-str;   /* 返回字符串的长度*/
}
main()
{ char word[N],*string=word;
  int length;
  printf("Please enter strings:\n");
  gets(string);
  length=getlength(string);
  printf("The length of string is: %d\n",length);
}
```

运行结果如下：

```
Please enter strings:
Now we are learning how to use the point of string.
The length of string is: 51
```

9.5 指针应用示例

【例 9-13】用指向数组的指针变量输入/输出二维数组中的各元素。

C 源程序（文件名 lt9_13.c）：

```c
#include <stdio.h>
main()
{  int a[3][4],*ptr;
    int i,j;
    ptr = a[0];   /*给指针变量赋值为&a[0][0]*/
    for(i = 0; i<3; i++)
     for(j = 0; j< 4; j++)
     scanf("%d", ptr++);   /*指针的表示方法*/
ptr = a[0];
for(i = 0; i<3; i++)
    for(j = 0; j<4; j++)
    {printf("%d", *ptr++);
    printf("/n");}
  }
```

运行结果如下：

```
1 2 3 4 5 6 7 8 9 10 10 12
1 2 3 4
5 6 7 8
9 10 10 12
```

【例 9-14】求字符串的长度，用指针变量作为函数参数。

C 源程序（文件名 lt9_14.c）：

```c
#include <stdio.h>
  int  getlength(char *str)
  {  char  *p=str;
     while(*p!='\0')
   p++;
     return  p-str;
  }
  main()
   {  char  *string="I am a student";
      printf("The length of \"%s", string);
      printf(" \" is %d " , getlength(string) );
   }
```

运行结果如下：

```
The length of "I am a student" is 14
```

【例9-15】有 5 本图书，请按字母从小到大顺序输出书名。

C 源程序（文件名 lt9_15.c）：

```
main()
   {  void sort( char *name[], int   count ) ;
      char *name[5]={ "BASIC","FORTRAN","PASCAL","C","FoxBASE"};
      int i=0;
      sort(name,5);
      for(; i<5;i++)
      printf("%s\n",name[i]);
}
void  sort( char *name[],  int count )
 { char *p;
int i,j,min;                     /*使用选择法排序*/
   for(i=0; i<count-1; i++)       /*外循环控制选择次数*/
{ min=i;             /*预置本次最小串的位置*/
      for(j=i+1; j<count; j++)  /*内循环选出本次的最小串*/
      if  ( strcmp(name[min],name[j])>0 )
         min=j;              /*保存之*/
    if ( min!=i)                  /*存在更小的串，交换位置*/
      {p=name[i];  name[i]=name[min];
       name[min]= p; }
 }
 }
```

运行结果如下：

```
BASIC
C
FORTRAN
FoxBASE
PASCAL
```

【例9-16】编写程序，采用冒泡法升序排序一组从键盘输入的任意个整数（个数小于等于 50），并输出结果。

C 源程序（文件名 lt9_16.c）：

```
#include <stdio.h>
void swap(int *a,int *b)
{ int temp;
   temp=*a;
   *a=*b;
   *b=temp;
}
main()
{ int array[50],num,i,j;
```

```
    printf("请输入数据的个数(<50)：");
    scanf("%d",&num);
    printf("请输入%d 个元素的值:\n",num);
    for(i=0;i<num;i++)
      scanf("%d",&array[i]);
    for(i=0;i<num;i++)
      for(j=i+1;j<num;j++)
        if(array[j]<array[i])
          swap(&array[j],&array[i]);
    printf("升序排序的结果:\n");
    for(i=0;i<num;i++)
      printf("%d, ",array[i]);
    printf("\n");
}
```

运行结果如下：

```
请输入数据的个数(<50)：10
请输入 10 个元素的值:
70 43 66 11 34 95 112 342 48 29
升序排序的结果:
11, 29, 34, 43, 48, 66, 70, 95, 112, 342,请输入数据的个数(<50)：10
请输入 10 个元素的值:
70 43 66 11 34 95 112 342 48 29
升序排序的结果:
11, 29, 34, 43, 48, 66, 70, 95, 112, 342,
```

【例 9-17】在输入的字符串中查找有无字符 "g"。

C 源程序（文件名 lt9_17.c）：

```
#include <stdio.h>
main()
{
    char s[20],*p;
    int i;
    printf("input a string:\n");
    p=s;
    scanf("%s",p);
    for(i=0;p[i]!='\0';i++)
    if(p[i]=='g') break;
    if(p[i]=='g')
      printf("Found! ");
    else
      printf("Not found! ");
}
```

运行结果如下：

```
Input a string:
blirjgdkjfelf✓
Found!
```

说明：为了能在输入字符串中找出字符"g"，需要定义一个字符指针变量来指向该输入的字符串。从头到尾逐个比较输入字符串中的字符，如果找到，则终止查找过程并给出相应的信息；如果查找过程中遇到字符 '\0'，则表示该串中不含有要找的字符，已经到了字符串的结束位置。

【例 9-18】编写一个程序输入整数 1～7，输出对应的英文星期几的字符串。

C 源程序（文件名 lt9_18.c）：

```
#include<stdio.h>
#include<string.h>
main()
{
  char *a[7][15]={{"Monday"},{"Tuesday"},{"Wednesday"},{"Thursday"},{"Friday"},
{"Saturday"},{"Sunday"}};
    int n;
    printf("请输入一个 1～7 的数\n");
    scanf("%d",&n);
    if(n>=1&&n<=7)
      printf("\n%d——%s\n",n,*a[n-1]);
      else printf("输入错误数字，请输入 1~7\n");
}
```

运行结果如下：

```
请输入一个 1～7 的数
3
3——Wednesday
```

9.6 小   结

关于指向指针变量的指针要注意指针变量、一维数组名与指针的关系，关于指针数组要注意数值型指针数组和字符型指针数组的异同。

以下是一些常用指针定义格式及其含义。

（1） int*i;：i 是整型。
（2） int *i;：i 是整型指针。
（3） int **i;：i 是整型指针的指针。
（4） int *i[5];：i 是含有 5 个元素的整型指针数组。
（5） int (*i)[5]];：i 是指向 5 个整型元素的指针。
（6） int *i();：i 是返回整型指针的函数。
（7） int *(*i)();：i 是函数指针，函数返回整型指针。
（8） int *(*i[])();：i 是函数指针数组，函数返回整型指针。
（9） int(*i)();：i 是返回整型的函数指针。
（10） int *((*i)())[5];：i 是函数指针，函数返回指向 5 个整型指针元素的指针。

　　在使用指针时常常容易犯以下一些常识性的错误。

　　（1）　用指针引用数组元素（包括一维数组和二维数组）时，错误地认为对任何数组而言，数组名、第 1 行的首地址、数组第 1 个元素的首地址都具有相同的含义和功能。它们的相同之处是这 3 个地址值相同，但使用时不同的数组会有不同的特性。

　　（2）　在输出地址值时常常出现负值，这是由于在 printf 中使用了%d 输出地址，正确的做法应该是采用%u、%x 或%o 等格式输出字符串。

　　（3）　不清楚地址运算符&和指针运算符*的概念，实际上如果有：

```
Int  a=10, *p=&a;
```

则 p、&a、&(*p)的值都为变量的地址值，而 a、*p、*&a 的值都为 10。

习　题

1. 选择题

　　（1）　若有声明 int i, j=7,, *p=&i,，则与 i=j;等价的语句是（　　）。

　　A. i=*p;　　　　　　　　　　　　　　　B. *p=*&j;

　　C. i=&j;　　　　　　　　　　　　　　　D. i=**p;

　　（2）　下列函数的功能是（　　）。

```
int fun1(char * x)
{char *y=x;
while(*y++);
return(y-x-1);}
```

　　A. 求字符串的长度　　　　　　　　　　B. 比较两个字符串的大小

　　C. 将字符串 x 复制到字符串 y　　　　D. 将字符串 x 连接到字符串 y 后面

　　（3）　有以下函数：

```
int aaa(char *s)
{char *t=s;
while(*t++);
t--;
return(t-s);
}
```

以下关于 aaa 函数的功能叙述正确的是（　　）。

　　A. 求字符串 s 的长度　　　　　　　　B. 比较两个串的大小

　　C. 将串 s 复制到串 t　　　　　　　　D. 求字符串 s 所占字节数

　　（4）　若有以下调用语句，则不正确的 fun 函数的首部是　（　　）。

```
main()
{ …
int a[50],n;
 ⋮
```

```
fun(n, &a[9]);
… }
```

    A. void fun(int *m*, int *x*[])   B. void fun(int *s*, int *h*[41])

    C. void fun(int *p*, int **s*)   D. void fun(int *n*, int *a*)

（5）以下程序运行后的输出结果是（　　）。

```
void swap1(int c0[], int c1[])
{ int t ;
  t=c0[0] ; c0[0]=c1[0] ; c1[0]=t ;
}
  void swap2(int *c0, int *c1)
{ int t ;
  t=*c0 ; *c0=*c1 ; *c1=t ;
}
main()
{ int a[2]={3,5}, b[2]={3,5} ;
  swap1(a, a+1) ; swap2(&b[0], &b[1]) ;
  printf(« %d %d %d %d\n »,a[0],a[1],b[0],b[1]) ;
}
```

    A. 3 5 5 3   B. 5 3 3 5

    C. 3 5 3 5   D. 5 3 5 3

（6）以下程序运行后的输出结果是（　　）:

```
char cchar(char ch)
{
  if(ch>='A'&&ch<='Z')  ch=ch-'A'+'a' ;
  return ch ;
}
main()
{ char s[]= »ABC+abc=defDEF »,*p=s ;
  while(*p)
{ *p=cchar(*p) ;
  p++ ;
}
  printf(« %s\n »,s) ;
}
```

    A. abc+ABC=DEFdef   B. abc+abc=defdef

    C. abcaABCDEFdef   D. abcabcdefdef

（7）若有以下声明:

```
int  a[10]={1,2,3,4,5,6,7,8,9,10},*p=a ;
```

则数值为 6 的表达式是（　　）。

    A. **p*+6   B. **(p*+6)

    C. **p*+=5   D. *p*+5

（8）下面不能正确执行字符串赋值操作的语句是（　　）。

    A. char *s*[5]={"ABCDE"};   B. char *s*[5]={'A','B','C','D','E'};

C. char *s;s="ABCDEF";   D. char *s; scanf("%s",s);

（9） 以下程序运行后的输出结果是（   ）。

```
main()
{ char a[10]={'1','2','3','4','5','6','7','8','9'}, *p;
  int i;
  i=8;
  p=a+i;
  printf("%s\n", p-3);
}
```

A. 6   B. 6789

C. '6'   D. 789

（10） 以下定义和语句的输出结果是（   ）。

```
char *s1="12345",*s2="1234";
printf("%d\n",strlen(strcpy(s1,s2)));
```

A. 4   B. 5

C. 9   D. 10

2. 填空题

（1） 以下程序运行后的输出结果是_____。

```
main()
{ static char a[]="ABCDEFGH",b[]="abCDefGh";
  char *p1,*p2;
  int k;
  p1=a;  p2=b;
  for(k=0;k<=7;k++)
  if(*(p1+k)==*(p2+k))
  printf("%c",*(p1+k));
  printf("\n");
}
```

（2） 以下程序运行后的输出结果是_____。

```
#include <stdio.h>
main( )
{ char b[ ]= "ABCDEFG";
  char *chp=&b[7];
  while(- -chp>&b[0])
  putchar(*chp);
  putchar("\n");
}
```

（3） 以下程序运行后的输出结果是_____。

```
char b[]="abcd";
main()
{ char *chp;
  for(chp=b; *chp; chp+=2) printf("%s",chp);
```

```
    printf("\n");}
```

（4） 以下程序运行后的输出结果是_____。

```
main( )
{ int  i=3,  j=2;
   char  *a="dcba";
   printf("%c%c\n",a[i],a[j]);
}
```

（5） 以下程序运行后的输出结果是_____。

```
#include    <stdio.h>
#include    <string.h>
main()
{ char    b1[8]= "abcdefg",b2[8],*pb=b1+3;
   while  (--pb>=b1)    strcpy(b2,pb);
   printf("%d\n",strlen(b2));
}
```

3. 改错题

（1） 以下程序的功能是交换变量 *a* 和 *b* 中的值，程序中有错误，请修改。

```
main()
 {
   int  a,b,*p,*q,*t;
   p=&a;
   q=&b;
   printf("请输入变量 a 和 b 的值: ")
   scanf("%d%d",&p,&q);
   *t=*p;
   *p=*q;
   *q=*t;
   printf("交换后 a 和 b 的值: %d%d\n",a,b);
 }
```

（2） 以下程序的功能是将字符串 *ch* 逆置，程序中有错误，请修改。

```
#include <string.h>
main()
 {
   char  ch[]="abcdef",*p,*q,t;
   p=ch;
   printf("原有字符串: %s\n",*p);
   q=ch+strlen(ch);
   while(p<q)
 {
   t=p;p=q;q=t;p++;q--;}
   printf("逆置后的字符串: %s\n",ch);
 }
```

（3） 以下程序的功能是将字符串 *str2* 连接到字符串 *str1* 的尾部，程序中有错误，请修改。

```
main()
{
  char str1 []="abcd",*str2="12345";
  int i=0,j=0;
  while( str1[i]!=0) i++;
  while( *(str2+j)!='\0')
  {
    str1[i]=*str2+j;
    i++; j++;
  }
  str1[j]='\0';
  printf("连接后的字符串是：%s\n",str1);
}
```

4. 编程题

（1） 输入 3 个整数 *a*、*b*、*c*，要求按大小顺序输出，用函数改变这 3 个变量的值。

（2） 一字符串 *a* 的内容为 "My name is Li Lei."，另有字符串 *b* 的内容为 "Mr. Zhang Xiaoli is very happy."。写一函数将字符串 *b* 中从第 5～17 个字符复制到字符串 *a* 中，取代字符串 *a* 中第 12 个字符以后的字符并输出新的字符串。

（3） 编写一个程序，输入月份数，输出该月的英文月名。例如，输入 "3"，则输出 "March"，要求用指针数组处理。

（4） 用指针数组处理一题目，在主函数中输入 10 个等长的字符串，用另一函数排序这些字符串。然后在主函数中输出这 10 个已经排好序的字符串，字符串不等长。

第10章 构造型数据类型

本章介绍 C 语言中一种重要的构造型数据类型，即结构体（Structure），具有该种类型的变量称为"结构体变量"。结构体与数组同是构造型数据类型，但不同于数组仅在于它是不同数据类型变量的集合，而数组要求是相同数据类型变量的集合，因此在某种意义上讲，结构体的应用比数组更加广泛；此外，本章还将介绍链表、共用体类型及枚举类型。

10.1 结构体类型

在解决实际问题的过程中有时需要将不同类型的数据组合成一个有机的整体，以便于引用。这些组合在一个整体中的数据相互联系，如一个完整的学生数据信息可以包含学号、姓名、性别、年龄和成绩等。这类数据因为所包含成分的类型不同，所以不能用数组来表示。但这些成分又是互相联系的，如果分别用不同的变量来表示，则使用起来很不方便。为此，C 语言提供了结构体类型来定义这种由若干不同类型成分组成的数据结构。

10.1.1 定义结构体

结构体的一个比较精确的定义是一个或多个相同或不同数据类型的变量集合在一个名称下的用户自定义数据类型，C 语言严格规定了结构体数据类型的构成方法，称为"结构体的声明"。

定义结构体的一般格式如下：

```
struct 结构体类型名
{
成员表
};
```

其中花括号中的成员表是该结构类型的各个成分的声明，其格式如下：

```
类型 成员名;
```

如一个学生的信息可用结构体描述为：

```
struct student
{
  int num;              /*学号*/
  char name[5];         /*姓名*/
  char sex;             /*性别*/
  int age;              /*年龄*/
  float score;          /*成绩*/
};
```

在上面的定义中 struct 是保留字,即结构体类型名。花括号括起的部分是成员表,包括 *num*、*name*、*sex*、*age*、*score* 等不同类型的数据项。

10.1.2　定义结构体变量

结构体类型是用户自定义类型,与系统定义的标准类型(如 int、char 等)一样,可以用来声明一个变量。为了能在程序中使用结构体类型的数据,应当定义结构体类型的变量,并在其中存放具体数据。声明结构体变量的方式有如下 3 种。

（1）定义结构体类型后声明结构体变量。

格式如下:

```
struct 结构体类型名  结构体变量名表;
```

如上面已定义的结构体类型 struct *student*,可以声明以下结构体变量:

```
        struct student st1,st2;
```

其中 *st1* 和 *st2* 是两个结构体变量,它们的类型为 struct *student*。这里请注意,声明时不仅要指明结构体类型名 *student*,还要明确指明其类型为结构体 struct。

（2）定义结构体类型的同时声明结构体变量。

其格式如下:

```
struct 结构体类型名
{
  成员表
}结构体变量名表;
```

例如,同样定义两个 struct *student* 类型的结构体变量 *st1* 和 *st2*,也可以用如下方式:

```
struct student
{
  int num;              /*学号*/
  char name[5];         /*姓名*/
  char sex;             /*性别*/
  int age;              /*年龄*/
  float score;          /*成绩*/
}st1,st2;
```

定义学生信息类型 struct *student*,同时声明该结构体类型的变量 *st1* 和 *st2*。

（3）直接声明结构体变量。

格式如下：

```
struct
{
  成员表
}结构体变量名表;
```

指定了一个无名的结构体类型，它没有名字（不出现结构体名），这种方式用得不多。

10.1.3 初始化结构体变量

初始化结构体变量的方法与数组类似，即按照结构体变量各个成员的顺序在一对花括号内列出相应的值，一般格式如下：

```
struct 结构体类型名　结构体变量名={初始数据};
```

或：

```
struct 结构体类型名
{
  成员表
}结构体变量名={初始数据};
```

每个成员依次对应"初始数据"中的一个数据，数据之间用逗号分隔，如：

```
struct student
{
  int num;
  char name[15];
  char sex;
  int age;
  float score;
}st1={10001, "zhang san"; "F",21,85.5 }
```

在定义结构体类型 struct *student* 的同时声明其变量 *stl*，并初始化 *st1*，为各成员赋予相应类型的初值。

【例 10-1】初始化结构体变量。

C 源程序（文件名 lt10_1.c）：

```
#inclued <stdio.h>
void main
{struct student
{long int num;
  char name[20];
  char sex;
  char addr[20];
  printf("No.:%1d\nname:% s\nsex:% c\nadderess:% s\n",
        a.num,a.name,a.sex,a.addr);
}
```

运行结果如下：

```
No.:10101
name:Li Lin
sex:M
address:123 Beijing Road
```

全局或静态变量初始化在程序执行前完成，如果未指定初始值，则字符型成员的初值默认为 '\0'；数值型成员默认为 0。

早期的 C 版本只能初始化全局或静态的结构体变量，但目前的大多数系统，如 Turbo C 2.0 已取消了这一限制。

10.1.4 引用结构体变量成员

我们不能整体操作结构体变量，只能分别引用其分量，引用格式为：

结构体变量名.成员变量名

如：

```
st1.num=10001;
strcpy(st1.name, "zhang san");
```

这里的 " · " 称为 "成员运算符"，它是左结合的，具有最高的优先级。如果成员变量是结构体类型，必须一级一级地找到最低级成员变量。然后引用它，如：

```
st1. birthday. year=1980;
st1. birthday. month=3;
st1. birthday. day=25;
```

最低级成员变量所能执行的操作由其类型决定。

【例 10-2】引用结构体类型。
C 源程序（文件名 lt10_2.c）：

```
#include <stdio.h>
#include <string.h>
struct student
{
   int num;
   char name[15];
   float score;
};
main()
{
   struct student st1,st2;
   st1.num=10001;
   strcpy(st1.name,"zhang san");
   st1.score=85.5;
   printf("st1:\n");
   printf(" %d, %s, %5.1f\n",st1.num,st1.name,st1.score);
   st2=st1;
```

```
    printf("st2:\n");
    printf(" %d, %s, %5.1f\n",st2.num,st2.name,st2.score);
}
```

运行结果如下：

```
st1:
10001,zhang san, 85.5
st2:
10001,zhang san, 85.5
```

10.2 结构体数组

一个结构体变量中可以存放一组数据,如果有 10 个学生的数据需要参加运算和处理,显然应该使用数组,这就是结构体数组。数组中的元素是一个结构体类型的数据,它们分别包含各个成员项。结构体类型在声明以后使用时与其他数据类型相同。

10.2.1 声明结构体数组

声明结构体数组与声明结构体变量的方法类似,只须声明其为数组即可,格式如下：

```
struct 结构体类型名 结构体数组名[元素个数];
```

或：

```
struct  结构体类型名
{
成员表
}结构体数组名[元素个数];
```

例如：

```
struct student st[30];
```

或：

```
struct student
{
    int num;
    char name[15j;
    float score;
}st[30];
```

以上声明了一个数组元素 *st*[],它有 30 个元素,每个元素的类型为 struct *student* 结构体类型。结构体数组的元素在内存中的存放顺序与元素为标准类型的数组一样,也是按顺序存放,访问数组元素也要用其下标。

注意：同所有的数组变量,结构体数组的下标从 0 开始。

10.2.2　初始化和引用结构体数组成员

与其他类型的数组一样，也可以初始化结构体数组，一般格式如下：

结构体数组名[元素个数]={{初值数据1}，{初值数据2}，…}；

下面定义一个结构体类型 *student* 和相应的结构体数组 *st*[3]初始化的格式：

```
struct student
{
    int   num;
    char  name[15];
    float score;
}st[3]={ {10001, "Zhang San",85},
    {10002, "Li Si", 70 },
    {10003, "Wang Wu",90.5 }};
```

引用结构体数组中的元素用"·"成员运算符，一般格式如下：

结构体数组名[下标]．结构体成分名

例如，要引用 *st*[ ]结构体数组中第 *i* 个学生的姓名可以表示为：

```
st[i].name
```

【例 10-3】计算学生的平均成绩和不及格的人数。

C 源程序（文件名 lt10_3.c）：

```
struct student
{
  int num;
  char *name;
  char sex;
  float score;
}st[5]={
{10001,"Li ming",'M',49},
{10002,"Zhang san",'M',66.5},
{10003,"Huang ping",'F',82},
{10004,"Zhao ling",'F',57},
{10005,"Peng fa",'M',68.5},
};
main()
{
  int i,c=0;
  float ave,s=0;
  for(i=0;i<5;i++)
{
  s+=st[i].score;
  if(st[i].score<60) c+=1;
}
  printf("s=%f\n",s);
```

```
    ave=s/5;
    printf("average=%f\ncount=%d\n",ave,c);
}
```

运行结果如下:

```
s=323.000000
average=64.599998
count=2
```

本例中定义了一个结构体数组 *st*, 共 5 个元素, 并做了初始化赋值。在 main 函数中用 for 语句逐个累加各元素的 *score* 成员值并存于 *s* 之中, 如 *score* 的值小于 60 (不及格), 则计数器 *C* 加 1。循环后计算平均成绩, 并输出全班总分、平均分及不及格人数。

10.3 结构体指针

结构体指针是指向结构体数据的指针, 一个结构体变量的起始地址是这个结构体变量的指针。C 语言允许定义指针变量用于指向结构体类型的数据, 并可以通过该指针变量来引用所指向的结构体类型数据的各个成分。指针变量既可以指向结构体变量, 也可以用来指向结构体数组中的元素。

例如, 已定义结构类型 struct *student*, 即可声明指向该类型的指针变量:

```
struct student *pst;
```

pst 为指针变量, 指向结构体类型 struct *student* 的数据。

当然也可在定义 *student* 结构体的同时声明 *pst*, 与前面讨论的各类指针变量相同。结构体指针变量也必须要赋值后使用, 赋值是把结构体变量的首地址赋予该指针变量, 不能赋予结构体名。如果 *st1* 声明为 *student* 类型的结构体变量, 则 *pst=&st1* 是正确的, 而 *pst=&student* 是错误的。

假定定义的结构体变量 *st1* 及初始化如下:

```
struct student st1={10001,"zhang san", 78.5 };
```

赋值语句:

```
pst=&st1 ;
```

使指针变量 *pst* 指向结构体变量 *st1*。

*pst 是指针变量 *pst* 指向的变量, 即 *st1*, 所以通过指针 *pst* 来引用 *st1* 中成员的方法可表示如下:

```
(*pst).num
(*pst).name
(*pst).score
```

通常可以用一种更直观且更方便的指向运算符来表示:

```
pst ->num
```

```
pst 一>name
pst 一>score
```

由此通过指针变量引用它所指向的结构体变量成员的一般格式如下：

```
(*指针变量名).结构体成员名
```

或：

```
指针变量名一>结构体成员名
```

【例 10-4】通过指向结构体变量的指针变量输出该结构体变量的信息。
C 源程序（文件名 lt10_4.c）：

```
#include <stdio.h>
#include <string.h>
main()
{struct student
{
  long num;
  char name[20];
  char sex;
  float score;
} ;
  struct student stu_1;
  struct student *p;
  p=&stu_1;
  stu_1.num=10101;
  strcpy(stu_1.name,"Li Lin");
  stu_1.sex='M';
  stu_1.score=89.5;
  printf("No.:% ld\nname:% s\nsex:% c\nscore:% 5.1f\n",
      stu_1.num,stu_1.name,stu_1.sex,stu_1.score);
  printf("No.:% ld\nname:% s\nsex:% c\nscore:% 5.1f\n",
      (*p).num,(*p).name,(*p).sex,(*p).score);
}
```

运行结果如下：

```
No.:10101
name=Li Lin
sex:M
score:89.5
No.:10101
name=Li Lin
sex:M
score:89.5
```

可见两个 printf 函数输出的结果是相同的。
从运行结果可以看出如下 3 种用于表示结构体成员的格式是完全等效的。
（1） 结构体变量.成员名。
（2） (*结构体指针变量).成员名。

（3） 结构体指针变量->成员名。

结构体数组指针变量可以指向一个结构体数组，这时结构体指针变量的值是整个结构体数组的首地址。它也可以指向结构体数组的一个元素，这时其值是该结构体数组元素的首地址。设 ps 为指向结构体数组的指针变量，则 ps 也指向该结构体数组的 0 号元素；ps+1 指向 1 号元素；ps+i 则指向 i 号元素，这与普通数组的情况是一致的。

【例 10-5】应用指向结构体数组元素的指针。

C 源程序（文件名 lt10_5.c）：

```
#include <stdio.h>
struct student
{
  int   num;
  char  name[20];
  char  sex;
  int   age;
}struct student stu[3]={{10101,"Li Lin",'M'18 },
    {10102,"Zhang Fun",'M',19},
{10104,"Wang Min",'F',20},
main()
{
  struct student *p;
  Printf("No.  Name        sex  age\n")
  For(p=stu;p<stu+3;p++)
printf("% 5d %-20s %2c % 4d\n", p->num,p->name,p->sex,p->age);
}
```

运行结果如下：

```
No.    Name        sex    age
10101:Li Lin          M        18
10102:Zhang Fun       M        19
10104:Wang Min        M        19
```

P 是指向 struct student 结构体类型数据的指针变量，在 for 语句中首先使其初值为 stu，即数组 stu 第 1 个元素的起始地址。在第 1 次循环中输出 stu[0]的各个成员值，然后执行 p++，使 p 自加 1，意味着 p 所增加的值为结构体数组 stu 的一个元素所占字节数。执行 p++ 后，p 的值等于 stu+1，p 指向 stu[1]；在第 2 次循环中输出 stu[1]的各成员值，然后执行 p++ 后，p 的值等于 stu+2。p 指向 stu[2]，并输出 stu[2]的各成员值。在执行 p++后，p 的值变为 stu+3，已不小于 stu+3，故不再执行循环。

应该注意的是虽然一个结构体指针变量可以用来访问结构体变量或结构体数组元素的成员，但是不能使其指向一个成员，即不允许赋予它一个成员的地址，因此下面的赋值是错误的。

```
pst=&st[1].num;
```

而只能是：

```
pst=st;/*赋予数组首地址*/
```

或者：

```
pst!! =&st[0];/*赋予 0 号元素首地址*/
```

10.4 链 表

到目前为止，程序中的变量都是通过定义引入的，这类变量在其存在期间固定的数据结构是不能改变的。本节将介绍程序中经常使用的动态数据结构，其中包括的变量不是通过变量定义建立的，而是由程序根据需要向系统申请获得的。动态数据结构由一组数据对象组成，其中数据对象之间具有某种特定的关系，它的最显著的特点是包含的数据对象个数及其相互关系可以按需要改变。动态数据结构包括链表、树、图等，本节介绍其中简单的单向链表。

10.4.1 链表的基本概念

链表的每一个元素称为一个"节点"，每个节点包含数据字段和链接字段，数据字段用来存放节点的数据项；链接字段用来存放该节点指向另一节点的指针。每个链表都有一个"头指针"，它是存放该链表的起始地址。即指向该链表的起始节点，也是识别链表的标志，操作某个链表首先要知道其头指针。链表的最后一个节点称为"表尾"，它不指向任何后继节点，即表示链表的结束，该节点中链接字段指向后继节点的指针存放 NULL。图 10-1 所示为链表的基本结构。

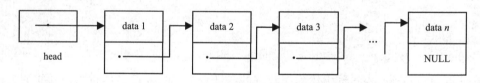

图 10-1　链表的基本结构

在 C 语言中链表的每个节点可用一个结构体变量来描述，为讨论方便，假定每个节点的结构体类型定义如下：

```
struct node
{
char data;
struct node *next;
}
```

该结构体类型有两个成员，一个是字符型变量 *data*，是节点的数据部分；另一个是指针变量，是指向 struct *node* 结构体变量的指针，通过它链接每个节点。

链表中还可以用一个指针变量 p 来指向链表中的某一节点，如要引用由 p 指向的节点的数据，可表示为：

```
p->data
```

引用由 *p* 指向的节点的指针可表示为：

```
p->next
```

实际上 *p*->next 表示了 *p* 所指向节点的下一个节点地址。

10.4.2　内存动态管理函数

链表节点的存储空间是程序根据需要向系统申请的，C 语言系统的函数库中提供了程序动态申请和释放内存存储空间的库函数。

（1）malloc 函数。

该函数在内存开辟指定大小的存储空间，并将此存储空间的起始地址作为函数值返回，其格式为：

```
void *malloc(unsigned int size)
```

其中形参 *size* 为无符号整型。函数值为指针（地址），这个指针指向 void 类型，即不规定指向任何具体的类型。如果需要将这个指针值赋值给其他类型的指针变量，应当执行显式转换；如果内存缺乏足够的分配空间，则函数值为"空指针"，即地址为 0。

（2）calloc 函数。

函数格式为：

```
void *calloc(unsigned int num,unsigned int size)
```

该函数在内存的动态区存储中分配 *num* 个大小为 *size* 字节的连续空间并返回分配域的起始地址。如果分配不成功，返回 0。

（3）free 函数。

函数格式为：

```
void free(void *ptr)
```

该函数调用 free(*ptr*)释放由 *ptr* 所指向的内存区，*ptr* 所指向的内存区地址是调用函数 malloc 或 calloc 的返回值。

（4）realloc 函数。

该函数用来改变已分配的空间大小，即重新分配。

函数格式为：

```
void *realloc(void *ptr,unsigned int size)
```

将 *ptr* 指向的存储区（原先用 malloc 函数分配的）的大小改为 *size* 个字节，可以使原先的分配区扩大或缩小。该函数的返回值是一个指针，即新的存储区的首地址。应当指出新的首地址不一定与原首地址相同，因为为了增加空间，存储区会进行必要的移动。

在 ANSI C 标准中 malloc()和 calloc()返回指向 void 类型的指针，早期的 C 语言返回的是指向 char 类型的指针。

10.4.3 链表的基本操作

链表的基本操作主要包括建立、输出、查找、插入和删除等。

1. 建立链表

建立链表的过程是从空链表开始逐渐增加链表中节点的过程，下面通过一个简单的例子说明。

这里使用一个学生成绩表，该表由若干个学生的成绩组成。其中每个节点是一个学生的成绩，定义节点结构如下：

```
struct student
{
long num;
   int score;
   struct student *next;
};
```

【例 10-6】编写一个函数建立一个有 3 名学生数据的单向动态链表。

设置 3 个结构体指针 *head*、*p* 和 *q*，首先用存储分配函数 malloc()开辟一个节点。并且使指针 *p* 和 *q* 分别指向所开辟的节点，然后从键盘上读人一个学生的数据赋给 *p* 所指向的节点。假定学号 *num* 值为 0 时链表建立结束，该节点不链入表中。输入第 1 个节点的数据后，将 *p* 赋给 *head*，使 *head* 指向链表中的第 1 个节点。如图 10-2 (a) 所示。然后开辟第 2 个节点，使 *p* 指向新节点。读入新节点的数据，并链入新节点。将 *p* 的值赋给 *q->next*，使第 1 个节点的 *next* 成员指向第 2 个节点。再使 *q=p*，即 *q* 将指向新节点，如图 10-2 (b) 所示。

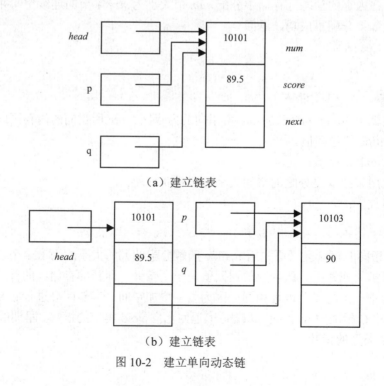

（a）建立链表

（b）建立链表

图 10-2　建立单向动态链

接着用 p 开辟新节点后，在学号不为 0 的情况下链入新节点，直到链入最后一个新节点为止。这里设置的 3 个结构体指针除了 head 作为该链表的头指针外，p 用来指向开辟的新节点；q 指向 p 所指向的新节点的前一个节点。

C 源程序（文件名 lt10_6.c）：

```c
#include <stdio.h>
#include <malloc.h>
#define NULL  0
#define LEN sizeof(struct student)
struct student
{long num;
float score;
struct student *next;
};
 int n;
struct student *creat(void)
{
 struct student *head,*p,*q;
n=0;
    p=q=(struct student *)malloc(LEN);
scanf("%ld%f",&p->num,&p->score );
head=NULL;
    while(p->num!=0)
    {
       n=n+1;
       if (n==1)
    {
        head=p;
    else
        q->next=p;
         q=p;
    p=(struct student *)malloc(LEN);
    printf("input node data:");
    scanf("%ld%f",&p->num,&p->score);
    }
q->next=NULL;
return(head);
}
void main()
{struct student *pt;
pt=create();
printf("\nnum:ld\nscore:% 5.1f \n",pt->num,pt->score);
}
```

第 1 行为#define 命令行，令 NULL 代表 0，用它表示"空地址"。malloc()的作用是开辟内存区，在之前加了"(struct *student* *)"，作用是使 malloc 返回的指针转换为指向 struct *student* 类型数据的指针。注意"*"号不能省略；否则转换成 struct *student* 类型，而不是指针类型。n 为一个外部变量，用来记录节点的个数。该 creat 函数是一个指针函数，返回一个指向结构体变量的指针。所返回的指针为该链表的头指针，链表的许多操作从头指针开始。

2. 输出链表

将链表中各节点的数据依次输出，首先要知道链表头元素的地址，设一个指针变量先指向第 1 个节点并输出该节点。然后指针后移一个节点输出，直到链表的尾节点。

【例 10-7】编写一个输出链表的函数 print。

C 源程序（文件名 lt10_7.c）：

```c
void print(head)
struct student *head;
{
  struct student *p;
  printf("\nThese %d nodes are:\n",n);
  p=head;
  if(head!=NULL)
    do
    {printf("%ld%d\n",p->num,p->score);
        p=p->next;
    }while(p!=NULL);
}
```

p 首先指向第 1 个节点，在输出该节点之后将 p 原来所指向的节点中的 next 值赋给 p（即 p=p->next），而 p->next 的值就是下一个节点的起始地址，使 p 指向下一个节点。

该函数的形参 head 用来接收实参传递来的该链表的头指针，可见链表输出函数是用来输出某个链表从头开始的各个节点的数据。

3. 查找链表

查找链表操作给定一个数据查找链表中是否有与此数据相同的节点，如果有，返回该节点的地址；否则返回空值 NULL。

【例 10-8】编写一个查找链表的函数 search。

C 源程序（文件名 lt10_8.c）：

```c
struct student *search(struct student *head,long key)
{
    struct student *p;
    p=head;
    while(p!=NULL)
    {
      if (p->num==key)
          return(p);
      p=p->next;
    }
    return(NULL);
}
```

search 函数的类型指向 struct student 类型数据的指针，其返回值是链表的头指针，函数参数为 head 及要查找的学号 key。

4. 插入链表

插入链表的操作就是将一个待插入节点插入到已经建立的链表中的适当位置，插入节点操作应知道该插入的节点中某个关键字，以按该关键字的大小顺序插入到适当的位置。

假定插入节点的关键字为学号 *num*，即按学号顺序插入该节点，则要求已有链表中的节点应按学号的大小排序。假定排序为升序，插入节点的操作包含的两个步骤，一是找到插入节点的位置；二是将节点插入到找到的位置。设置 3 个结构体指针 *s*、*p*、*q*，用 *s* 指向待插入的节点；*p* 指向链表首节点。将 *s->num* 与 *p->num* 比较，如果 *s->num>=p->num*，则将 *p* 后移，并使用 *q* 指向刚才 *p* 指向的节点。继续比较和使 *p* 后移，直到 *s->num<=p->num* 为止。即找到 *s* 插入的位置，将 *s* 插入到 *p* 所指向的节点之前；如果 *p* 所指向的节点已是表尾节点，则 *p* 不再后移。3 种插入不同位置的方法如下。

（1） 插入位置在第 1 个节点之前，则将 *s* 赋给 *head*，并将 *p* 赋给 *s->next*。

（2） 插入位置在表尾之后，则将 *s* 赋给 *p->next*，并将 *NULL* 赋给 *s->next*。

（3） 插入位置不为上述情况时，则将 *s* 赋给 *q->next*，使得 *q* 指向待插入的节点。再将 *p* 值赋给 *s->next*，于是在 *q* 与 *p* 所指向的两个节点之间插入新节点。

【例 10-9】编写一个插入链表函数 insert。

C 源程序（文件名 lt10_9.c）：

```c
struct student *insert(struct student *head,struct student *stu)
{
    struct student  *s,*p,*q;
    p=head;
    s=stu;
    if(head==NULL)
    {
        head=s;
        s->next=NULL;
    }
    else
    {
        while ((s->num>p->num)&&(p->next!=NULL))
        {
            q=p;
            p=p->next;
        }
        if(s->num<=p->num)
        {
            if (head==p)
                head=s;
            else
            {
                q->next=s;
                s->next =p;
            }
        }
        else
```

```
    {
        p->next=s;
        s->next=NULL;
    }
  }
  n++;
  return(head);
}
```

说明：该函数也是一个指针函数，它返回链表的头指针。函数开始时首先判断是否是空表，如果是空表，则将插入节点作为该表首节点；否则查找应该插入节点的位置，方法是通过后移 *p* 指针直到找到位置或移至表尾节点为止。接着使用 if-else 语句包含插入节点的 3 种情况，即插入在链表的头部、中间和尾部。

5. 删除链表

假定以学号为关键字，设置两个指针 *p* 和 *q*。首先使 *p* 指向链表中的开始节点，并检查该节点是否是要删除的节点。如果不是，则将 *p* 指向下一个节点。并在此之前将 *p* 值赋给 *q*，使 *q* 指向刚刚检查过的节点；如果 *p* 所指向的下一个节点还不是要删除的节点，则使 *q* 指向该节点。*p* 再往后移，直到 *p* 所指向的节点是要删除的节点或在整个链表中找不到要删除的节点为止；如果找到要删除的节点，则分如下两种情况处理。

（1）要删除的节点为头节点：即 *p*==*head*，则需将 *p*->*next* 赋给 *head*。即让头指针指向链表中的第 2 个节点，这时第 1 个节点被"丢失"。

（2）要删除的节点不是头节点：将 *p*->*next* 赋值给 *q*->*next*，这时 *p* 指向要删除的节点，而 *q* 指向 *p* 的前面一个节点。这样使 *p* 前面的一个节点跳过 *p* 节点指向 *p* 的下一个节点，于是 *p* 指向的要删除的节点"丢失"。

【例 10-10】编写一个删除链表函数 del。

C 源程序（文件名 lt10_10.c）：

```
struct student *del(struct student *head,long num)
{
struct student * p,*q;
if (head==NULL)
  printf("\nlist null!\n");
else
  {
    p=head;
while(num!=p->num&&p->next!=NULL)
    {
        q=p;
        p=p->next;
    }
    if (num==p->num)
    {
        if(p==head)
            head=p->next;
        else
```

```
            q->next=p->next;
        printf("delete node:%ld\n",num);
        free(p);
        n--;
    }
    else
        printf ("%ld not been found!\n",num);
  }
  return(head);
}
```

该函数的类型是指向 struct *student* 类型数据的指针，返回值是链表的头指针，函数参数为 *hea* 和要删除的学号 *num*。该函数中的 *n* 是外部变量，用来存放该链表的节点个数。

【例 10-11】将以上建立的函数组织在一个程序中，用 main 函数作为主调函数，可以写出以下 main 函数。

C 源程序（文件名 lt10_11.c）：

```
main()
{struct student *head,stu;
  long del_num;
  printf("input records:\n");
  head=creat();
  print(head);
  printf("\ninput the deleted number:");
  scanf("%ld",&del_num);
  head=del(head,del_num);
  print(head);
  printf("\ninput the inserted record:");
  scanf("%ld%d",&stu.num,&stu.score);
  head=insert(head,&stu);
  print(head);
}
```

运行结果如下：

```
Input records:
Input node data:101 76✓
Input node data:102 88✓
Input node data:103 78✓
Input node data:0 76✓

These 3 nodes are:
101 76
102 88
103 78

Input the deleted number:102✓
Delete node:102
These 2 nodes are:
101 76
```

```
103 78

Input the inserted record:104 78✓

These 3 nodes are :
101 76
103 78
104 78
```

10.5 共 用 体

共用体是将不同的数据类型组合在一起共同占有同一段内存的用户自定义数据类型，在定义的共用体变量中可以存放不同类型的数据。即不同类型的数据可以共用一个共同体空间，这些不同类型的数据项在内存中所占用的起始单元相同。

10.5.1 定义共用体及共用体变量

前面所介绍的各种数据类型变量的数据类型不能改变，而共用体允许多种不同类型的值存放在同一内存区域中。共用体不同于结构体，某一时刻存于共用体中的只有一种数据值，即共用体是多种数据值覆盖存储，多种不同类型的数据值从同一地址开始存储。但任一时刻只存储其中一种数据，而不是同时存储多种数据，分配给共用体的存储区域至少要能存放其中最大的一种数据类型。

定义共用体类型的一般格式为：

```
    union 共用体类型名
{
    成员说明列表
};
```

例如：

```
union data
{
    int i;
    char ch;
    float f;
};
```

其中 union 是共用体的关键字，成员说明列表声明组成该共用体的所有成员的类型。在 C 语言中几乎所有类型都可以作为共用体的成员，包含结构体变量在内。

同定义结构体变量一样，定义共用体变量有如下 3 种方式。

（1）定义共用体类型后定义共用体变量，如：

```
union data
{
    int i;
```

```
    char ch;
    float f;
};
union data a,b,c;
```

（2） 在定义共用体类型的同时定义共用体类型变量，如：

```
union data
{
    int i;
    char ch;
    float f;
}a,b,c;
```

（3） 定义共用体类型时省略共用体类型名；同时定义共用体类型变量，如：

```
union
{
    int i;
    char ch;
    float f;
}a,b,c;
```

10.5.2 初始化共用体变量和引用其成员

只有首先定义共用体变量后才能引用其中的成员，引用方式与引用结构体变量中的成员相似。

例如，引用上面定义的共用体变量 *a* 的成员：

```
a.i=18;
a.ch='k'
a.f=78.5
```

也可以定义并使用指向共用体变量的指针来引用共用体变量的成员，如：

```
union data *p,x;
p=&x;
p->i=18;
p->ch='G';
p->f=2.5;
```

共用体变量的赋值与使用都只能针对其成员，不允许只用共用体变量名执行赋值或其他操作，也不允许在定义共用体变量时对其初始化。例如，下面是错误的代码：

```
1. union
{
    int i;
    char ch;
    float f;
}a={1,'a',4.3};          /*不能初始化*/
2. a=1;                   /*不能为共用体变量赋值*/
```

```
3. x=a;                    /*不能引用共用体变量名以得到值*/
```

使用共用体变量应注意如下问题。

（1）同一个内存段可以用来存放多种不同类型的成员，但是每一瞬间只能存放其中一种，而不是同时存放多种。即在任一时刻只有一个成员有效，其他成员则无效。

例如，以下赋值语句：

```
a.i=18;
a.ch='k';
a.f=78.5;
```

在完成上面的操作后只有 *a.f*=78.5 有效，*a.i* 和 *a.ch* 则无效。

（2）共用体变量及其成员都是同一地址，如&*a*、&*a.i*、&*a.ch* 都是同一地址。

（3）ANSI C 允许用共用体变量作为函数参数，函数的返回值也可以是共用体类型。早期的 C 系统只允许用指向共用体的指针作为函数参数，并返回指向共用体的指针。

（4）共用体类型可以出现在结构体类型定义中，也可以定义共用体数组。结构体也可以出现在共用体类型定义中，数组也可以作为共用体成员。

【例 10-12】共用体的用法。

C 源程序（文件名 lt10_12.c）：

```
union data
{
  char cdata;
  int idata;
  float fdata;
};
main()
{
union data x;
x.cdata='a';
x.idata=5;
x.fdata=5.8;
printf("%c\t%d\t%.2f\n",x.cdata,x.idata,x.fdata);
printf("%d\n",sizeof(x));
printf("%p\t%p\t%p\t%p\n",&x.cdata,&x.idata,&x.fdata,&x);
}
```

运行结果如下：

```
?    ?    5.80
4
FFD0 FFD0    FFD0    FFD0
```

说明：该程序中定义了共用体变量 *x*，并为其 3 个成员分别赋值。当输出结果是前两个成员时输出值无意义，只有最后一个成员有意义。说明某一时刻一个共用体变量中只有一个成员起作用，其他成员不起作用。输出 sizeof(*x*)的值为 4，说明共用体变量 *x* 占内存 4 个字节。在多个成员共占一个内存地址时该地址指向的内存空间是所有成员中占内存空间最大的成员所占的内存空间。使用 printf()函数分别输出共用体变量 *x* 的 3 个成员的内存地址相同，并且与共用体变量 *x* 的地址值也相同，可见共用体变量的各成员是共址的。

10.5.3 应用共用体

【例 10-13】设有若干个人员的数据，其中有学生和教师。学生的数据中包括姓名、号码、性别、职业、班级；教师的数据中包括姓名、号码、性别、职业、职务，用共用体数据类型完成数据的录入及显示。

C 源程序（文件名 lt10_13.c）：

```
#include <stdio.h>
struct
{int num;
char name[10];
char sex;
char job;
union
{int baiji;
 char position[10];
}category;
}person[2];
void main()
{
  int i;
  for(i=0;i<2;i++)
  {
    sanf("%d %s %c %c",&person[i].num,&person[i].name,
        &person[i].sex,&person[i].job);
    if(person[i].job=='s')
        scanf("%d",&person[i].category.baiji);
    else if(person[i].job=='t')
        scanf("%s",person[i].category.possition);
    else
        printf("Input error!");
  }
printf("\n");
printf("No.  name    sex job class/position\n");
for(i=0;i<2;i++)
{
  if(person[i].job=='s')
    printf("%-6d%-10s%-4c%-10d\n",person[i].num,person[i].name,
    person[i].sex,person[i].job,person[i].category.position);
}
}
```

运行结果如下：

```
101 Li f s 501↙
102 Wang m t professor↙
No.    Name      sex   job    class/position
101    Li          f     s       501
```

```
103    Wang        m    t        professor
```

说明：在 main 函数之前定义了外部结构体数组 *person*，在结构体类型声明中包括共用体类型。*category*（分类）是结构体中的一个成员名，在这个共用体中的成员是 *class* 和 *position*，前者为整型；后者为字符数组。在程序运行过程中需要输入数据，在输入前 4 项数据（编号、姓名、性别、职业）时学生和教师的输入数据类型一样。但在输入第 5 项数据时二者有区别，对于学生，应输入班级号；对于教师，应输入职务（字符串），程序应分别处理。

10.6 枚 举 型

如果一个变量只有几种可能的值，则可以定义为枚举类型。枚举是将变量的值一一列举出来，变量值只限于列举出来的范围内。

定义枚举类型的一般格式如下：

```
enum 枚举类型名{标识符 1，标识符 2，…，标识符 n};
```

其中 enum 为保留字，花括号内的标识符为枚举元素或枚举常量，如：

```
enum weekday{sun,mon,tue,wed,thu,fri,sat }
```

定义了一个枚举类型 enum *weekday*。

定义了枚举类型之后就可以用它来声明枚举变量，如：

```
enum weekday today,nextday;
```

其中 *today* 和 *nextday* 被声明为枚举类型 enum *weekday* 的变量，它们只能在枚举出来的元素 sun～sat 内取值，如：

```
today=sun;
nextday=mon;
```

和结构体类型一样，也可以在定义枚举类型的同时声明枚举变量，如：

```
enum weekday{sun,mon,tue,wed,thu,fri,sat} today,nextday;
```

或：

```
enum {sun,mon,tue,wed,thu,fri,sat} today, nextday;
```

枚举类型中的标识符称为"枚举元素"或"枚举常量"，是程序定义的名字，其字面意义可使程序阅读时易于理解。编译系统把标识符作为常量处理，每个常量与一个整数相对应。值的大小由其在枚举元素表中出现的顺序位置确定，依次为 0，1，2…。例如，在上面的定义中 sun 值为 0，mon 值为 1，tue 值为 2，…，sat 值为 6。因此把就枚举值赋给枚举变量时该变量的值实际上是一个整数，如：

```
today=sat;
```

将 6，而不是字符串 sat 赋给 *today*。枚举变量的值也可输出，如：

```
printf(" %d\n",today);
```

输出整数 6。

使用枚举类型数据应注意以下问题。

（1）枚举类型定义中枚举元素都用标识符表示，但都是常量，不要与变量混淆。

（2）枚举变量不能直接被赋予一个整数值，如 *today*=2;是错误的。但可将一整数值经强制类型转换后赋给枚举变量，如 *today*=(enum *weekday*)2;相当于 *today*=tue;。

（3）枚举值可用来比较判断，也可用来控制循环，如下表达式都是正确的：

```
if(today==sun) printf ("sun");
if(nextday>sun) prinft("mon");
for(day=mon;day<=fri;day++);
```

（4）枚举变量不能直接输入/输出，如：

```
day=sat;
printf("%s",day);
```

其中第 2 句是错误的，这是因为 *day* 所具有的值 sat 是整型值 6，而不是字符串，只可以作为整型直接输出：

```
printf("%d", day);
```

如要输入/输出枚举变量的值，则必须执行适当的转换。

【例 10-14】口袋中有红、黄、蓝、白、黑 5 种颜色的球若干个，每次从口袋中先后取出 3 个球。问得到 3 种不同色的球的可能取法，输出每种排列的情况。

C 源程序（文件名 lt10_14.c）：

```
#include <stdio.h>
void main()
{enum color{red,yellow,blue,white,black};
 enum color i,j,pri;int n,loop;
 n=0;
 for(i=red;i<=black;i++)
   for(j=red;j<=black;j++)
     if(i!=j)
     {for(k=red;k<=black;k++)
     if((k!=i)&&(k!=j))
     {n=n+1;
      printf("%-4d",n)
      for(loop=1;loop<=3;loop++)
      {switch(loop)
      {case 1:pri=i;break;
       case 2:pri=j;break;
       case 3:pri=k;break;
       default:break;
       }
      switch(pri)
      {case red:printf("%-10s","red");break;
```

```
        case yellow:printf("%-10s","yellow");break;
        case blue:printf("%-10s","blue");break;
        case white:printf("%-10s","white");break;
        case black:printf("%-10s","black");break;
        default:break;
        }
        }
    printf("\n");
    }
    }
  printf("\ntotal:% 5d\n",n);
}
```

运行结果如下：

```
1    red      yellow    blue
2    red      yellow    white
3    red      yellow    black

58   black    white     red
59   black    white     yellow
60   black    white     blue
total: 60
```

说明： 为了输出 3 个球的颜色，显然应经过 3 次循环。第 1 次输出 i 的颜色，第 2 次输出 j 的颜色，第 3 次输出 k 的颜色。在 3 次循环中先后将 i、j、k 赋予 pri，然后根据 pri 的值输出颜色信息。在第 1 次循环时，pri 的值为 1，如果 i 的值为 red，则输出字符串"red"。

10.7 定 义 类 型

除了可以直接使用 C 语言提供的标准类型名（如 int、char、float、double、long 等）和自己声明的结构体、共用体、指针、枚举类型外，还可以用类型定义指定新的类型名来代替已有的类型名。所谓类型定义并不是定义新类型，而是在已有类型的基础上为某种类型定义一个新的名字。这样做可以简化书写，提高程序的可读性和可移植性。

定义类型的一般格式如下：

```
typedef  已有类型名    新类型名
```

其中 typedef 为保留字，已有类型名包括 C 语言中的所有基本类型名和构造类型名，新类型名则是开发人员为已有类型定义的新名字。

（1） 定义基本数据类型。

```
typedef  int   INTEGER;
typedef  float  REAL;
```

为类型 int 定义了新的名字"INTEGER"，为 float 定义了新名"REAL"。程序中使用 int 的地方可以用 INTEGER 代替，使用 float 的地方可以用 REAL 代替，如：

```
INTEGER i,j;
REAL x,y;
```

（2）定义自定义类型名。

自定义的类型也可利用 typedef 定义一个简短明确的名字，如 struct *student* 类型可以用 typedef 来简化类型定义：

```
typedef shuct student
{
  int num;
  char name[ 10];
  char sex;
  int age;
  float score;
}STUDENT;
```

可以用它来定义变量，如：

```
STUDENT st1,st2;
```

定义了两个结构体变量 *st1* 和 *st2*，同样可以用于共用体和枚举类型。

（3）定义数组类型。

例如：

```
Typedef int COUNT[20];
COUNT a,b.
```

定义 *COUNT* 为整型数组，*a*、*b* 为 *COUNT* 类型的整型数组。

（4）定义指针类型。

例如：

```
Typedef char *STRING;
STRING p1,p2,p[6];
```

定义 *STRING* 为字符指针类型，*p*1 和 *p*2 为字符指针变量，*p* 为字符指针数组。

10.8 程 序 示 例

【例 10-15】定义一个个人信息结构体类型，个人信息包括姓名和年龄。用一个结构体数组保存 4 个人的信息，使用指向结构体变量的指针处理，找到年龄最大的人并输出。

C 源程序（文件名 lt10_15.c）：

```
#define N 4
#include <stdio.h>
static struct people
{
  char name[20];
  int age;
```

```
}person[N]={"li",18,"wang",21,"zhao",22};

void main()
{
  struct people *q,*p;
  int i,m=0;
  p=person;
  for(i=0;i<N;i++)
  {
    if(m<p->age) q=p++;
    m=q->age;
  }
  printf("%s,%d",(*q).name,(*q).age);
}
```

运行结果如下：

```
zhao, 22
```

【例 10-16】采用结构设计一个洗牌和发牌的程序，用 H 代表红桃，D 代表方片，C 代表梅花，S 代表黑桃，用 1～13 代表每一种花色的面值。

C 源程序（文件名 lt10_16.c）：

```
/*example9_12.c*/
#include <stdio.h>
#include <stdlib.h>
#include <time.h>
struct card {
  char *face;
  char *suit;
};
typedef struct card Card;
void fillDeck(Card *, char *[], char *[]);
void shuffle(Card *);
void deal(Card *);
main()
{
  Card deck[52];
  char *face[] = {"1","2", "3","4","5",
                  "6","7","8","9","10",
                  "11","12","13"};
  char *suit[] = {"H","D","C","S"};
  srand(time(NULL));
  fillDeck(deck, face, suit);
  shuffle(deck);
  deal(deck);
}
void fillDeck(Card *wDeck, char *wFace[], char *wSuit[])
{
  int i;
```

```
    for (i = 0; i <= 51; i++) {
      wDeck[i].face = wFace[i % 13];
      wDeck[i].suit = wSuit[i / 13];
    }
}
void shuffle(Card *wDeck)
{
    int i, j;
    card temp;
    for (i = 0; i <= 51; i++) {
      j = rand() % 52;
      temp = wDeck[i];
      wDeck[i] = wDeck[j];
      wDeck[j] = temp;
    }
}
void deal(Card *wdeck)
{
    int i;
    for (i = 0; i <= 51; i++)
      printf("%2s--%2s%c", wdeck[i].suit, wdeck[i].face,
             (i + 1) % 4 ? '\t' : '\n');
}
```

运行结果如下：

```
D- -11    D- -8     S- -13    D- -12
E- -8     S- -13    H- -10    S- -4
C- -9     D- -1     S- -9     S- -6
D- -7     C- -12    D- -3     C- -3
C- -7     H- -12    C- -8     S- -1
H- -2     C- - 2    D- -10    H- -9
H- -5     S- -10    H- -3     C- -10
D- -6     C- -13    S- -8     H- -4
H- -6     C- - 6    D- -9     H- -4
D- -13    S- -11    H- -8     S- -7
S- -2     C- - 11   D- -4     H- -11
D- -2     H -7      H- -13    S- -3
H- -5     D- -5     H- -1     C- -5
```

【例 10-17】设有一个教师与学生的表格，教师数据有姓名、年龄、职业、教研室 4 项；学生数据有姓名、年龄、职业、班级 4 项。编程输入数据，再以表格输出。

C 源程序（文件名 lt10_17.c）：

```
main()
{
    struct
    {
      char name[10];
      int age;
```

```
        char job;
     union
     {
     int class;
     char office[10];
     } depa;
  }body[2];
     int n,i;
     for(i=0;i<2;i++)
     {
       printf("input name,age,job and department\n");
       scanf("%s %d %c",body[i].name,&body[i].age,&body[i].job);
       if(body[i].job=='s')
           scanf("%d",&body[i].depa.class);
       else
           scanf("%s",body[i].depa.office);
     }
     printf("name\tage job class/office\n");
     for(i=0;i<2;i++)
     {
     if(body[i].job=='s')

     printf("%s\t%3d%3c%d\n",body[i].name,body[i].age,body[i].job,body[i].d
epa.class);
     else

     printf("%s\t%3d %3c %s\n",body[i].name,body[i].age,body[i].job,body[i]
.depa.office);
     }
  }
```

运行结果如下：

```
Input name, age, job and department
Hesan 32 t✓
Math✓
Input name, age, job and department
Lisi 21 s✓
102✓
Name          age    job    class/office
Hesan         32     t      math
Lisi          21     s      102
```

本例用一个结构体数组 *body* 来存放人员数据，该结构体共有 4 个成员。其中成员项 *depa* 是一个共用体类型，这个共用体又由两个成员组成，一个为整型量 *class*；一个为字符数组 *office*。在程序的第 1 个 for 语句中输入人员的各项数据，先输入结构体前 3 个成员的 *name*、*age* 和 *name.job*。然后判别 *name.job* 成员项，如果值为"*s*"，则为共用体 *depa·class* 输入数据（即为学生赋班级编号）；如果值为"*t*"，则为 *depa·office* 输入数据（即为教师赋教研组名）。

在用 scanf 语句输入时要注意凡为数组类型的成员，无论是结构体成员还是共用体成员，在该项前不能再加"&"运算符。如程序第 18 行中 *body*[*i*].*name* 是一个数组类型，第 22 行中的 *body*[*i*].*depa.office* 也是数组类型，因此在这两项之间不能加"&"运算符。

【例 10-18】链表结构体信息包括学生学号、成绩，结构体定义如下：

C 源程序：（文件名 lt10_18.c）：

```
struct plist
{ int no;
  float score;
  struct plist *next;
};
```

设已经建立两个具有上述结构体的链表并且均以学号升序排列，要求编写一个函数将两个链表按学号升序合并。

代码如下：

```
struct plist *merge(struct plist *p1,struct plist *p2)   /*p1 和 p2 分别为两个
链表的头指针*/
{
    struct plist *p,*head;
    if(p1->no<p2->no)
    {head=p=p1;p1=p1->next;}        /*产生新链表的头节点*/
    else
    {head=p=p2;p2=p2->next;}
    while(p1!=NULL && p2!=NULL)
      if(p1->no<p2->no)
      {p->next=p1;                  /*p1 指示的节点并入到新链表*/
          p=p1;                     /*p1 指向新链表的表尾*/
          p1=p1->next;              /*p1 指向后续*/
      }
      else
      {p->next=p2;                  /*p2 指示的节点并入到新链表*/
          p=p2;
          p2=p2->next;              /*p2 指向后续*/
      }
      if(p1!=NULL)                  /*p1 没有到达表尾*/
          p->next=p1;               /*p1 指示的链表后部分接新链表的表尾*/
      else
          p->next=p2;               /*p2 指示的链表后部分接新链表的表尾*/
    return head;
}
```

10.9　小　　结

C 语言中的数据类型分为两类，一类是系统已经定义的标准数据类型，如 int、char、float、double 等。开发人员不必自己定义，可以直接用其定义变量；另一类是用户根据需

要在一定的框架范围内定义的类型，此种类型先要向系统做出声明。然后才能用其定义变量，其中最常用的有结构体类型、共用体类型和枚举类型。

结构体和共用体是两种构造类型数据，是用户定义新数据类型的重要手段。而且有很多相似之处，它们都由成员组成。成员可以具有不同的数据类型，但是表示方法相同。

在结构体中各成员占有自己的内存空间，是同时存在的，一个结构体变量的总长度等于所有成员长度之和；在共用体中所有成员不能同时占用其内存空间，即不能同时存在，一个共用体变量的长度等于最长成员的长度。

"•"是成员运算符，可用其表示成员项，成员也可用"->"运算符来表示。

结构体变量可以作为函数参数，函数也可返回指向结构体的指针变量；共用体变量不能作为函数参数，函数也不能返回指向共用体的指针变量。但可以使用指向共用体变量的指针，也可使用共用体数组。

结构体定义允许嵌套，也可用共用体作为成员，形成结构体和共用体的嵌套。

链表是一种重要的数据结构，便于实现动态的存储分配。本章介绍的是单向链表，还可组成双向链表和循环链表等。

枚举是一种基本数据类型，枚举变量的取值有限。枚举元素是常量，不是变量。

类型定义 typedef 为用户提供了一种自定义类型声明符的手段，照顾了用户编程使用词汇的习惯，又增加了程序的可读性。

习　题

1. 选择题

（1）当声明一个结构体变量时系统分配给它的内存是（　　）。

A. 各成员所需内存的总和　　　　　　　　B. 结构中第 1 个成员所需内存量

C. 成员中占内存量最大者所需的容量　　　D. 结构中最后一个成员所需内存量

（2）设有以下声明语句：

```
struct stu
{int a;
float b;}stutype;
```

则以下叙述错误的是（　　）。

A. struct 是结构体类型的关键字　　　　　B. struct *stu* 是用户定义的结构体类型

C. stutype 是用户定义的结构体类型名　　D. *a* 和 *b* 都是结构体成员名

（3）C 语言结构体类型变量在程序执行期间（　　）。

A. 所有成员一直驻留在内存中　　　　　　B. 只有一个成员驻留在内存中

C. 部分成员驻留在内存中　　　　　　　　D. 没有成员驻留在内存中

（4）以下程序的运行结果是（　　）。

```
main()
{st}uct da}e
```

```
{int year,month,day;}today;
printf("%d\n",sizeo" (str"ct date));}
```

A. 6   B. 8

C. 10   D. 12

（5） 以下程序的运行结果是（   ）。

```
main()
{st}uct cm}lx{int x;
int y;}cnum[2]={1,3,2,7};
printf("%)\n",cnum["].y/"num[0].)*cnum[1].));}
```

A. 0   B. 1

C. 3   D. 6

（6） 若有以下定义和语句，则错误的引用是（   ）。

```
struct student
{int age;
int num;};
struct student stu[3]={{1001,20}}{1002,19},{1003,21}};
main()
{struct st}dent *p;
p=stu;……}
```

A. (p++)->num   B. p++

C. (*p).num   D. p=&stu.age

（7） 以下 scanf 函数调用语句中对结构体变量成员的错误引用是（   ）。

```
struct pupil
{char name[20]; int age; }nt sex;}pup[5],*p;
p=pup;
```

A. scanf("%s",pup[0]. "am");   B. scanf("%d",&pup[0] "ag");

C. scanf("%d",&(p->se))"   D. scanf("%d",p->age)

（8） 若有以下说明和语句，则以下对结构体变量 std 中成员 age 的引用方式错误的是（   ）。

```
struct student
{int age; int num;}std,*p;
p=&std;
```

A. std.age   B. p->age

C. (*p).age   D. *p.age

（9） 若有以下程序段，则以下表达式值为 2 的是（   ）。

```
struct dent
{ int n; int *m;};
   int a=1,b=2,c=3;
   struct dent s[3]={{101,&a},}102,&b},{103,&c}};
   main()
```

```
{struct de}t *p;
p=s; ……}
```

A. (P++)->m   B. *(P++)->m
C. (*P).m   D. *(++p)->m

（10） 以下对 C 语言中共用体类型数据的叙述正确的是（   ）。

A. 可以直接赋值共用体变量名
B. 一个共用体变量中可以同时存放其所有成员
C. 一个共用体变量中不能同时存放其所有成员
D. 共用体类型定义中不能出现结构体类型的成员

2. 填空题

（1） 运行以下程序段，输出结果是_____。

```
struct country
{ int num;
  char name[20];
}x[5]={1} "China}, 2, "USA", "3, "F"anc"", 4, ""Engla"d", 5" "Spani"h"};
"struct "ountry *p;
p=x+2;
printf("%d,%s",p->n"m,x[0".name);
```

（2） 定义以下结构体数组：

```
struct
{
  int num;
  char name[10];
}x[3]={},"china"}2,"U"A",3,"Eng"and"};
```

语句 printf")\n%d,%s", x["].num, x"2].n)me)的输出结果为_____。

（3） 运行以下程序，输出结果是_____。

```
struct contry
{ int num;
  char name[20];
}x[5]={1,"China",2,"USA",3,"France",4,"England",5,"Spanish"};
main()
{
  int i;
  for (i=3;i<5;i++)
    printf("%d%c",x[i].num,x[i].name[0]);
}
```

3. 改错题

（1） 以下程序有若干语法错误，请修改。

```
struct date
{int y;m;d;
};
```

```
struct stu
{ char n[10];
  struct date b;
  int a;
}s={"Zhang",{1974,5,6},30};
main()
{ printf("%c,%d,%d",s.n,s.d,s.a);
}
```

（2） 以下程序的功能是在结构体数组 *a* 中查找其 *t* 成员的值大于所有 *t* 成员平均值的数组元素下标及其 *t* 成员的值，程序有错误，请修改。

```
#define N 10
struct node
{int s;
float t;
};
float fun(struct node *a);
main()
{ struct node a[N]={{1,85.3},{2,54.6},
{3,77.5},{4,69.3},{5,80.7},{6,48.9},
{7,65.4},{8,90.6},{9,74.3},{10,20.5}};
float aver;
aver=fun(a);
printf("aver=%.2f\n",aver);
printf("The elements of beyongd average are:\n");
for(i=1;i<N;i++)
   if(a[i].t>aver)
     printf("a[%d].t=%.2f\n",i,a[i].t);
}
float fun(struct node *a)
{ int i;int sum=0,aver;
   for(i=1;i<N;i++)
     sum=sum+a[i].t;
   aver=sum/N;
   return sum;
}
```

（3） 以下程序的功能是删除结构体数组中的第 *n* 个元素，程序有错误，请修改。

```
#define N 10
struct ss
{int x;
 int y;
};
void fun(struct ss *a,int n);
main()
{ struct ss a[N]={{1,10},{2,20,
{4,40},{5,50},{6,60},
{7,70},{8,80},{9,90},{10,100}};
int n;
```

```
printf("Input n to be delete:(0<=n<=%d)\n",N-1);
scanf("%d",&n);
while(n<0||n>N)
{ printf("Error n! Input n again:(0<=n<=%d)\n",N-1);
  scanf("%d",&n);
}
fun(a, n);
printf("The new array is:\n");
for(i=0;i<N-1;i++)
   printf("a[%d].x=%d,a[%d].y=%d\n",i,a[i].x,i,a[i].y);
}
 void fun(struct ss *a)
{ int i,n;
   for(i=1;i<N-1;i++)
     a[i-1]=a[i];


}
```

4. 阅读题

（1）请阅读下面的程序，表述程序的功能。

```
#include<stdio.h>
#include <string.h>
typedef struct student
{
    int num;
    char name[20];
    int score[3];
    int sum;
}STU;
int main()
{
    STU s[100];
    int n,i,j;
    scanf("%d",&n);
    for(i=0;i<n;i++)
    {
        scanf("%d",&s[i].num);
        getchar();    //注意当上边输入学号之后会有换行符，会影响下面对名字的输入，所以
加上个getchar
        gets(s[i].name);
        for(j=0;j<3;j++)
            scanf("%d",&s[i].score[j]);
    }
    for(i=0;i<n;i++)
    {
        s[i].sum=0;
        for(j=0;j<3;j++)
         s[i].sum+=s[i].score[j];
    }
```

```
  for(i=0;i<n;i++)
  {
      printf("%d %s %d\n",s[i].num,s[i].name,s[i].sum);

  }
}
```

（2） 请阅读下面的程序，表述程序的功能。

```
#include <stdio.h>

int main()
{
  struct stud_str
  {
    char num[10];
    float score_mid;
    float score_final;
  }stu[5];

  float sum_mid = 0;
  float sum_final = 0;
  float ave_mid = 0;
  float ave_final = 0;
  int i = 0;

  for( i = 0;i < 5;i++ )
  {
    printf("plase input id:\n");
    scanf("%s",stu[i].num);
    printf("please input mid_exam score:\n");
    scanf("%f",&stu[i].score_mid);
    printf("please input final_exam score:\n");
    scanf("%f",&stu[i].score_final);
  }

  for(i = 0;i < 5;i++)
  {
    sum_mid += stu[i].score_mid;
    sum_final += stu[i].score_final;
  }

  ave_mid = sum_mid/5;
  ave_final = sum_final/5;

  printf("学号 期中分数 期末分数\t\n");

  for(i = 0;i < 5;i++)
  {
    printf("%s\t",stu[i].num);
    printf("%g\t",stu[i].score_mid);
```

```
        printf("%g\t",stu[i].score_final);
        printf("\n");
    }
    printf("期中平均分：%g\n",ave_mid);
    printf("期末平均分：%g\n",ave_final);

    return 0;
}
```

（3） 请阅读下面的程序，分析输出结果。

```
struct  stu
{ int  x ;
  int  *y;}*p ;
  int  dt[4]={ 10 , 20 , 30 , 40 };
  struct  stu  a[4]={50 , &dt[0] , 60 , &dt[1] , 70 , &dt[2] , 80 , &dt[3] } ;
main()
  { p=a;
  printf("%d," , ++p->x);
  printf("%d," , (++p)->x );
  printf("%d\n" , ++(*p->y) );
    }
```

5. 编程题

（1） 编写程序，实现的功能为根据当天日期输出明天的日期。

（2） 编程实现输入 3 个学生的学号、计算他们的期中和期末成绩，然后计算平均成绩并输出成绩表。

第*11*章 文　　件

11.1　文件的相关概念

1. 定义

文件是指一组相关数据的有序集合，它有一个名称，即文件名。实际上在前面的各章中已经多次提到了文件，如源程序文件、目标文件、可执行文件和库文件（头文件）等。

文件通常驻留在外部介质（如磁盘等）中，在使用时才调入内存中。从不同的角度可对文件做不同的分类，从用户的角度看文件可分为普通文件和设备文件。普通文件是指驻留在磁盘或其他外部介质中的一个有序数据集，可以是源文件、目标文件、可执行程序，也可以是一组待输入处理的原始数据，或者是一组输出的结果。源文件、目标文件和可执行文件可以称为"程序文件"，输入/输出数据可称为"数据文件"；设备文件是指与主机连接的各种外部设备，如显示器、打印机和键盘等。在操作系统中把外部设备也作为一个文件来管理，将其输入和输出等同于读和写磁盘文件。

通常把显示器定义为标准输出文件，一般情况下在屏幕上显示有关信息就是向标准输出文件，如前面经常使用的 printf 和 putchar 函数就是这类输出。

键盘通常被指定为标准的输入文件，从键盘上输入意味着从标准输入文件中输入数据，scanf 和 getchar 函数属于这类输入。

从文件编码的方式来看，文件可分为 ASCII 码文件和二进制码文件，前者也称为"文本文件"。这种文件在磁盘中存放时每个字符对应一个字节，用于存放对应的 ASCII 码。

例如，数 5 678 的存储形式为：

ASCII 码：　00110101　　00110110　　00110111　　00111000

　　　　　　　↓　　　　　↓　　　　　↓　　　　　　↓

十进制码：　　5　　　　　6　　　　　7　　　　　　8

共占用 4 个字节。

ASCII 码文件可在屏幕上按字符显示，如源程序文件就是 ASCII 码文件，用 DOS 系统的 type 命令可显示文件的内容。由于是按字符显示，因此能读懂文件内容。

二进制文件按二进制的编码方式来存放文件，如数 5 678 的存储形式为：

00010110　00101110

它只占两个字节。虽然二进制文件也可在屏幕上显示，但其内容无法读懂。C 语言在处理这些文件时并不区分类型，即都看成是字符流，按字节处理。

输入/输出字符流的开始和结束只由程序控制而不受物理符号（如回车符）的控制，因此也把这种文件称为"流式文件"。

本章讨论流式文件的打开、关闭、读、写和定位等各种操作。

2. 文件指针

在 C 语言中用一个指针变量指向一个文件，这个指针称为"文件指针"，通过文件指针即可对其所指的文件执行各种操作。

声明文件指针的一般格式为：

```
FILE *指针变量标识符；
```

其中 FILE 应为大写，它实际上是由系统定义的一个结构。其中包括文件名、文件状态和文件当前位置等信息，在编写源程序时不必关心 FILE 结构的细节。

例如：

```
FILE *fp;
```

表示 *fp* 是指向 FILE 结构的指针变量，通过它即可查找存放某个文件信息的结构变量。然后按结构变量提供的信息查找到该文件，实施对文件的操作。习惯上，也笼统地把 *fp* 称为"指向一个文件的指针"。

11.2　打开与关闭文件

读写操作之前要首先打开文件，使用后要关闭。打开文件实际上是建立文件的各种有关信息，并使文件指针指向该文件，以执行其他操作；关闭文件则断开指针与文件之间的联系，即禁止操作该文件。

在 C 语言中文件操作由库函数来完成。

11.2.1　使用 fopen 函数打开文件

fopen 函数用来打开一个文件，其调用的一般格式为：

```
文件指针名=fopen(文件名,使用文件方式);
```

其中"文件指针名"必须是声明为 FILE 类型的指针变量；"文件名"是被打开文件的名称，是字符串常量或字符串数组；"使用文件方式"是指文件的类型和操作要求。例如：

```
FILE *fp;
fp=("file a","r");
```

其意义是在当前目录下打开文件 file1，只允许执行读操作并使 *fp* 指向该文件，又如：

```
FILE *fphzk;
fphzk=("c:\\hzk16","rb");
```

其意义是打开 C 驱动器磁盘根目录下的文件 hzk16，这是一个二进制文件，只允许按二进制方式执行读操作。两个反斜线"\\"中的第 1 个表示转义字符，第 2 个表示根目录。

使用文件的方式共有 12 种，如表 11-1 所示。

表 11-1   使用文件的方式及其意义

文件的使用方式	意 义
"rt"	只读打开一个文本文件，只允许读数据
"wt"	只写打开或建立一个文本文件，只允许写数据
"at"	追加打开一个文本文件，并在文件末尾写数据
"rb"	只读打开一个二进制文件，只允许读数据
"wb"	只写打开或建立一个二进制文件，只允许写数据
"ab"	追加打开一个二进制文件，并在文件末尾写数据
"rt+"	读写打开一个文本文件，允许读和写
"wt+"	读写打开或建立一个文本文件，允许读和写
"at+"	读写打开一个文本文件，允许读，或在文件末追加数据
"rb+"	读写打开一个二进制文件，允许读和写
"wb+"	读写打开或建立一个二进制文件，允许读和写
"ab+"	读写打开一个二进制文件，允许读或在文件末追加数据

文件使用方式由 r、w、a、t、b、+共 6 个字符拼成，含义如下。

（1）　r（read）：读。

（2）　w（write）：写。

（3）　a（append）：追加。

（4）　t（text）：文本文件，可省略不写。

（5）　b（banary）：二进制文件。

（6）　+：读和写。

使用"r"打开一个文件时，该文件必须已经存在且只能从中读出。

使用"w"打开的文件只能写该文件。若打开的文件不存在，则以指定的文件名建立该文件；若打开的文件已经存在，则将其删除后重建一个新文件。

若要向一个已存在的文件追加新的信息，只能用"a"方式打开文件，但此时该文件必须是存在的；否则将会出错。

在打开一个文件时如果出错，fopen 将返回一个空指针值 NULL。在程序中可以用这一信息来判别是否已经打开文件并做相应的处理，因此常用以下程序段打开文件：

```
if((fp=fopen("c:\\hzk16","rb")==NULL)
    {
    printf("\nerror on open c:\\hzk16 file! ");
    getch();
    exit(1);
    }
```

这段程序的意义是如果返回的指针为 NULL，表示不能打开 C 盘根目录下的 hzk16 文件，并给出提示信息"error on open c:\ hzk16 file!"。下一行 getch()的功能是从键盘输入一个字符，但不在屏幕上显示。该行的作用是等待，只有当用户从键盘按下任一键时，程序才继续执行。因此用户可利用这个等待时间阅读出错提示，按键后执行 exit(1)退出程序。

把一个文本文件读入内存时，要将 ASCII 码转换成二进制码；以文本方式把文件写入磁盘时，也要把二进制码转换成 ASCII 码。因此文本文件的读写要花费较多的转换时间，二进制文件的读写不存在这种转换。

标准输入文件（键盘）、标准输出文件（显示器）和标准出错输出（出错信息）文件由系统打开，可直接使用。

11.2.2　使用 fclose 函数关闭文件

文件一旦使用完毕，应用关闭文件函数关闭文件，以避免产生丢失文件数据等问题。fclose 函数调用的一般格式为：

```
fclose(文件指针);
```

例如：

```
fclose(fp);
```

正常完成关闭文件操作时，fclose 函数返回值为 0；如返回非 0 值，则表示有错误发生。

11.3　顺序读写文件

读写文件是最常用的文件操作，在 C 语言中提供了如下文件读写函数。
（1）字符读写函数：fgetc 和 fputc。
（2）字符串读写函数：fgets 和 fputs。
（3）数据块读写函数：fread 和 fwrite。
（4）格式化读写函数：fscanf 和 fprinf。
注意：使用以上函数要求包含头文件 stdio.h。

11.3.1　读写文件的一个字符

字符读写函数是以字符（字节）为单位的读写函数，每次可从文件读出或向文件写入一个字符。
（1）读字符函数 fgetc。
fgetc 函数的功能是从指定的文件中读一个字符，函数调用的格式为：

```
字符变量=fgetc(文件指针);
```

例如：

```
ch=fgetc(fp);
```

从打开的文件 *fp* 中读取一个字符并送入 *ch* 中。

说明：在 fgetc 函数调用中读取的文件必须以读或读写方式打开。

读取字符的结果也可以不为字符变量赋值，例如：

```
fgetc(fp);
```

但是这样读出的字符不能保存。

在文件内部有一个位置指针，用来指向文件的当前读写字节，在文件打开时该指针总是指向文件的第 1 个字节。执行 fgetc 函数后位置指针将向后移动一个字节，因此可连续多次调用 fgetc 函数读取多个字符。应注意文件指针和文件内部的位置指针不同，文件指针指向整个文件，必须在程序中定义。只要不重新赋值，其值是不变的；文件内部的位置指针指示文件内部的当前读写位置，每读写一次该指针均向后移动。它不需在程序中定义，而是由系统自动设置的。

【例 11-1】读文件并在屏幕上输出。

C 源程序（文件名 lt11_1.c）：

```
#include<stdio.h>
main()
{
FILE *fp;
char ch;
if((fp=fopen("d:\\jrzh\\example\\ex1_1.c","rt"))==NULL)
{
printf("\nCannot open file strike any key exit! ");
getch();
exit(1);
}
ch=fgetc(fp);
while(ch!=EOF)
{
putchar(ch);
ch=fgetc(fp);
}
fclose(fp);
}
```

本例的功能是从文件中逐个读取字符并在屏幕上显示。程序中定义了文件指针 *fp*，以读文本文件方式打开文件 "d:\\jrzh\\example\\ex1_1.c"，并使 *fp* 指向该文件。如打开文件出错，则给出提示并退出程序。程序第 12 行首先读出一个字符，然后进入循环。只要读出的字符不是文件结束标志（每个文件末尾有一结束标志 EOF）就在屏幕上显示该字符，然后读入下一字符。每读一次，文件内部的位置指针向后移动一个字符。文件结束时该指针指向 EOF，执行本程序将显示整个文件。

（2）写字符函数 fputc。

fputc 函数的功能是把一个字符写入指定的文件中，函数调用的格式为：

```
fputc(字符量,文件指针);
```

其中待写入的字符量可以是字符常量或变量，如：

```
fputc('a',fp);
```

把字符 a 写入 *fp* 所指向的文件中。

说明如下。

（1） 被写入的文件可以用写、读写或追加方式打开，用写或读写方式打开一个已存在的文件时将清除原有的文件内容，写入字符从文件首开始。如需保留原有文件内容，希望写入的字符从文件末开始存放，必须以追加方式打开文件。若被写入的文件不存在，则创建该文件。

（2） 每写入一个字符，文件内部位置指针向后移动一个字节。

（3） 如写入成功，则 fputc 函数返回写入的字符；否则返回一个 EOF，可用此来判断写入是否成功。

【例 11-2】从键盘输入一行字符后写入一个文件，然后读出该文件内容显示在屏幕上。

C 源程序（文件名 lt11_2.c）：

```
#include<stdio.h>
main()
{
FILE *fp;
char ch;
if((fp=fopen("d:\\jrzh\\example\\string","wt+"))==NULL)
{
  printf("Cannot open file strike any key exit!");
  getch();
  exit(1);
}
printf("input a string:\n");
ch=getchar();
while (ch!='\n')
{
  fputc(ch,fp);
  ch=getchar();
}
rewind(fp);
ch=fgetc(fp);
while(ch!=EOF)
{
  putchar(ch);
  ch=fgetc(fp);
}
printf("\n");
fclose(fp);
}
```

程序中第 6 行以读写文本文件方式打开文件 string；第 13 行从键盘读入一个字符后进入循环。当读入字符不为回车符时，则把该字符写入文件中，然后继续从键盘读入下一字符。每输入一个字符，文件内部位置指针向后移动一个字节，写入完毕该指针指向文件末尾。如要从头读出文件，必须把指针移向文件头；程序第 19 行的 rewind 函数用于移动 *fp* 所指文件的内部位置指针到文件头；第 20～25 行用于读出文件中的一行内容。

【例 11-3】把命令行参数中的前一个文件名标识的文件复制到后一个文件名标识的文件中，如果命令行中只有一个文件名，则把该文件写到标准输出文件（显示器）中。

C 源程序（文件名 lt11_3.c）：

```
#include<stdio.h>
main(int argc,char *argv[])
{
FILE *fp1,*fp2;
char ch;
if(argc==1)
{
printf("have not enter file name strike any key exit");
getch();
exit(0);
}
if((fp1=fopen(argv[1],"rt"))==NULL)
{
    printf("Cannot open %s\n",argv[1]);
    getch();
    exit(1);
}
if(argc==2) fp2=stdout;
else if((fp2=fopen(argv[2],"wt+"))==NULL)
{
    printf("Cannot open %s\n",argv[1]);
    getch();
    exit(1);
}
while((ch=fgetc(fp1))!=EOF)
    fputc(ch,fp2);
fclose(fp1);
fclose(fp2);
}
```

本程序为带参数的 main 函数，其中定义了两个文件指针 *fp1* 和 *fp2*，分别指向命令行参数中给出的文件。如命令行参数中没有给出文件名，则给出提示信息。程序第 18 行表示如果只给出一个文件名，则使 *fp2* 指向标准输出文件；第 25～28 行用循环语句逐个读出文件 1 中的字符后送到文件 2 中。再次运行时给出了一个文件名，故输出到标准输出文件 stdout，即在显示器上显示文件内容。第 3 次运行给出了两个文件名，因此把 string 中的内容读出写入到 OK 文件中，可用 DOS 的 type 命令显示 OK 文件的内容。

11.3.2 读写文件的一个字符串

1. 读字符串函数 fgets

函数的功能是从指定的文件中读一个字符串到字符数组中，函数调用的格式为：

```
fgets(字符数组名,n,文件指针);
```

其中的 n 是一个正整数，表示从文件中读出的字符串不超过 $n-1$ 个字符。在读入的最后一个字符后加上串结束标志'\0'。例如：

```
fgets(str,n,fp);
```

从 *fp* 所指的文件中读出 $n-1$ 个字符送入字符数组 *str* 中。

【例 11-4】从 string 文件中读入一个含 10 个字符的字符串。
C 源程序（文件名 lt11_4.c）：

```
#include<stdio.h>
main()
{
FILE *fp;
char str[11];
if((fp=fopen("d:\\jrzh\\example\\string","rt"))==NULL)
{
printf("\nCannot open file strike any key exit! ");
getch();
exit(1);
}
fgets(str,11,fp);
printf("\n%s\n",str);
fclose(fp);
}
```

本例定义了一个字符数组 *str*，共 11 个字节。在以读文本文件方式打开文件 string 后，从中读出 10 个字符送入 *str* 数组。在数组最后一个单元内将加上'\0'，然后在屏幕上显示输出 *str* 数组。

fgets 函数的说明如下。

（1） 在读出 $n-1$ 个字符之前，如遇到了换行符或 EOF，则读出结束。

（2） 函数返回值为字符数组的首地址。

2. 写字符串函数 fputs

fputs 函数的功能是向指定的文件写入一个字符串，其调用格式为：

```
fputs(字符串,文件指针);
```

其中字符串可以是字符串常量，也可以是字符数组名或指针变量，如：

```
fputs("abcd",fp);
```

把字符串"abcd"写入 *fp* 所指的文件之中。

【例 11-5】在文件 string 中追加一个字符串。
C 源程序（文件名 lt11_5.c）：

```
#include<stdio.h>
main()
{
FILE *fp;
char ch,st[20];
if((fp=fopen("string","at+"))==NULL)
{
  printf("Cannot open file strike any key exit! ");
  getch();
  exit(1);
}
printf("input a string:\n");
scanf("%s",st);
fputs(st,fp);
rewind(fp);
ch=fgetc(fp);
while(ch!=EOF)
{
  putchar(ch);
  ch=fgetc(fp);
}
printf("\n");
fclose(fp);
}
```

本例要求在 string 文件末尾加写字符串，因此在程序第 6 行以追加读写文本文件的方式打开文件 string。然后输入字符串，并用 fputs 函数把该串写入文件 string 中。在程序的第 15 行用 rewind 函数把文件内部位置指针移到文件首，然后进入循环逐个显示当前文件中的全部内容。

11.3.3　读写文件的一组数据

C 语言用于读写整块数据的函数可用来读写一组数据，如一个数组元素或一个结构变量的值等。

读数据块函数调用的一般格式为：

```
fread(buffer,size,count,fp);
```

写数据块函数调用的一般格式为：

```
fwrite(buffer,size,count,fp);
```

说明如下。

（1）*buffer*；一个指针，在 fread 函数中表示存放输入数据的首地址，在 fwrite 函数中表示存放输出数据的首地址。

（2） *size*；数据块的字节数。

（3） *count*；要读写的数据块块数。

（4） *fp*；文件指针。

例如：

```
fread(fa,4,5,fp);
```

从 *fp* 所指的文件中每次读 4 个字节（一个实数）送入实数组 *fa* 中，连续读 5 次，即读 5 个实数到 *fa* 中。

【例 11-6】从键盘输入两个学生数据写入一个文件中，然后读出这两个学生的数据显示在屏幕上。

C 源程序（文件名 lt11_6.c）：

```
#include<stdio.h>
struct stu
{
char name[10];
int num;
int age;
char addr[15];
}boya[2],boyb[2],*pp,*qq;
main()
{
FILE *fp;
char ch;
int i;
pp=boya;
qq=boyb;
if((fp=fopen("d:\\jrzh\\example\\stu_list","wb+"))==NULL)
{
printf("Cannot open file strike any key exit! ");
getch();
exit(1);
}
printf("\ninput data\n");
for(i=0;i<2;i++,pp++)
scanf("%s%d%d%s",pp->name,&pp->num,&pp->age,pp->addr);
pp=boya;
fwrite(pp,sizeof(struct stu),2,fp);
rewind(fp);
fread(qq,sizeof(struct stu),2,fp);
printf("\n\nname\tnumber      age       addr\n");
for(i=0;i<2;i++,qq++)
printf("%s\t%5d%7d      %s\n",qq->name,qq->num,qq->age,qq->addr);
fclose(fp);
}
```

本例程序定义了一个结构 *stu* 并声明了两个结构数组 *boya* 和 *boyb*，以及两个结构指针变量 *pp* 和 *qq*，*pp* 指向 *boya*；*qq* 指向 *boyb*。程序的第 16 行以读写方式打开二进制文件 stu_list，输入两个学生数据之后写入该文件中。然后把文件内部位置指针移到文件首，读出两个学生数据在屏幕上显示。

11.3.4 格式化读写文件

格式化读写文件使用 fscanf 和 fprintf 函数，这两个函数的调用格式为：

```
fscanf(文件指针,格式字符串,输入表列);
fprintf(文件指针,格式字符串,输出表列);
```

例如：

```
fscanf(fp,"%d%s",&i,s);
fprintf(fp,"%d%c",j,ch);
```

使用 fscanf 和 fprintf 函数也可以实现【例 11-6】的要求。

【例 11-7】使用 fscanf 和 fprintf 函数实现【例 11-6】的要求。
C 源程序（文件名 lt11_7.c）：

```
#include<stdio.h>
struct stu
{
char name[10];
int num;
int age;
char addr[15];
}boya[2],boyb[2],*pp,*qq;
main()
{
FILE *fp;
char ch;
int i;
pp=boya;
qq=boyb;
if((fp=fopen("stu_list","wb+"))==NULL)
{
   printf("Cannot open file strike any key exit! ");
   getch();
   exit(1);
}
printf("\ninput data\n");
for(i=0;i<2;i++,pp++)
   scanf("%s%d%d%s",pp->name,&pp->num,&pp->age,pp->addr);
pp=boya;
for(i=0;i<2;i++,pp++)
   fprintf(fp,"%s %d %d %s\n",pp->name,pp->num,pp->age,pp->addr);
rewind(fp);
```

```
for(i=0;i<2;i++,qq++)
   fscanf(fp,"%s %d %d %s\n",qq->name,&qq->num,&qq->age,qq->addr);
printf("\n\nname\tnumber    age      addr\n");
qq=boyb;
for(i=0;i<2;i++,qq++)
   printf("%s\t%5d  %7d      %s\n",qq->name,qq->num, qq->age,qq->addr);
fclose(fp);
}
```

与【例 11-6】相比，本程序中 fscanf 和 fprintf 函数每次只能读写一个结构数组元素，因此采用了循环语句来读写全部数组元素。还要注意指针变量 *pp* 和 *qq*，由于循环改变了它们的值，因此在程序的第 25 行和第 32 行分别为其重新赋予了数组的首地址。

11.4　随机读写文件

前面介绍的读写文件的方式都是顺序读写，但在实际问题中常要求只读写文件中某一指定的部分。为了解决这个问题，可移动文件内部的位置指针到需要读写的位置后读写，这种读写称为"随机读写"。

实现随机读写的关键是要按要求移动位置指针，这称为"文件定位"。

11.5　文 件 定 位

移动文件内部位置指针的函数主要有两个，即 rewind 和 fseek 函数。
rewind 函数的调用格式为：

```
rewind(文件指针);
```

它的功能是把文件内部的位置指针移到文件首部。
fseek 函数用来移动文件内部位置指针，其调用格式为：

```
fseek(文件指针,位移量,起始点);
```

说明如下。
（1）文件指针：指向被移动的文件。
（2）位移量：移动的字节数，要求位移量是 long 型数据，以便在文件长度大于 64 KB 时不会出错。当用常量表示位移量时，要求加后缀"L"。
（3）起始点：指定从何处开始计算位移量，规定的起始点有 3 种，即文件首、当前位置和文件尾，表示方法如表 11-2 所示。

表 11-2　起始点的表示方法

起 始 点	表示符号	数字表示
文件首	SEEK_SET	0
当前位置	SEEK_CUR	1
文件尾	SEEK_END	2

例如：

```
fseek(fp,100L,0);
```

把位置指针移到距文件首 100 个字节处。

fseek 函数一般用于二进制文件，在文本文件中由于要执行转换，故往往计算位置会出现错误。

11.6　随机读写文件函数

在移动位置指针之后，即可用前面介绍的任一种读写函数执行读写。由于一般是读写一个数据据块，因此常用 fread 和 fwrite 函数。

【例 11-8】在学生文件 stu_list 中读出第 2 个学生的数据。

C 源程序（文件名 lt11_8.c）：

```
#include<stdio.h>
struct stu
{
char name[10];
int num;
int age;
char addr[15];
}boy,*qq;
main()
{
FILE *fp;
char ch;
int i=1;
qq=&boy;
if((fp=fopen("stu_list","rb"))==NULL)
{
  printf("Cannot open file strike any key exit! ");
  getch();
  exit(1);
}
rewind(fp);
fseek(fp,i*sizeof(struct stu),0);
fread(qq,sizeof(struct stu),1,fp);
printf("\n\nname\tnumber      age      addr\n");
printf("%s\t%5d  %7d      %s\n",qq->name,qq->num,qq->age,qq->addr);
}
```

文件 stu_list 已经建立，本程序用随机读出的方法读出第 2 个学生的数据。程序中定义 *boy* 为 stu 类型变量，*qq* 为指向 *boy* 的指针，以读二进制文件方式打开文件。程序的第

22 行移动文件位置指针，其中的 *i* 值为 1。表示从文件头开始移动一个 stu 类型的长度，然后读出的数据即为第 2 个学生的数据。

11.7　文件检测函数

C 语言中常用的文件检测函数如下。

（1）　文件结束检测函数 feof。

调用格式如下：

```
feof(文件指针);
```

功能：判断文件是否处于文件结束位置，如文件结束，则返回值为 1；否则为 0。

（2）　读写文件出错检测函数 ferror。

调用格式如下：

```
ferror(文件指针);
```

功能：检查文件在用输入输出函数读写时是否出错，如返回值为 0，表示未出错；否则表示有错。

（3）　文件出错标志和文件结束标志置 0 函数 clearerr。

调用格式如下：

```
clearerr(文件指针);
```

功能：本函数用于清除出错标志和文件结束标志，使其为 0 值。

11.8　小　　结

C 语言系统把文件作为一个"流"，按字节处理。

C 语言文件按编码方式分为二进制文件和 ASCII 码文件。

C 语言中用文件指针标识文件，当一个文件被打开时可取得该文件指针。

文件在读写之前必须打开，读写结束必须关闭。

文件可按只读、只写、读写、追加 4 种操作方式打开，还必须指定文件的类型是二进制文件还是文本文件。

文件可按字节、字符串和数据块为单位读写，也可按指定的格式读写。

文件内部的位置指针可指示当前的读写位置，移动该指针可以随机读写文件。

习 题

1. 选择题

（1） 系统的标准输入文件是指（　　）。

A. 键盘　　　　　　　　　　　　　B. 显示器

C. 软盘　　　　　　　　　　　　　D. 硬盘

（2） 若执行 fopen 函数时发生错误，则函数的返回值是（　　）。

A. 地址值　　　　　　　　　　　　B. 0

C. 1　　　　　　　　　　　　　　　D. EOF

（3） 若要用 fopen 函数打开一个新的二进制文件，该文件要既能读也能写，则文件方式字符串应是（　　）。

A. "ab+"　　　　　　　　　　　　B. "wb+"

C. "rb+"　　　　　　　　　　　　D. "ab"

（4） fscanf 函数的正确调用格式是（　　）。

A. fscanf(*fp*，格式字符串，输出列表);

B. fscanf(格式字符串，输出表列,*fp*);

C. fscanf(格式字符串，文件指针，输出列表);

D. fscanf(文件指针，格式字符串，输入列表);

（5） fgetc 函数的作用是从指定文件读入一个字符,该文件的打开方式必须是（　　）。

A. 只写　　　　　　　　　　　　　B. 追加

C. 读或读写　　　　　　　　　　　D. B 和 C 都正确

（6） 利用 fseek 函数可实现的操作是（　　）。

A. fseek(文件类型指针,起始点,位移量);　　B. fseek(*fp*,位移量,起始点);

C. fseek(位移量,起始点,*fp*);　　　　　　D. fseek(起始点,位移量,文件类型指针);

（7） 在执行 fopen 函数时 ferror 函数的初值是（　　）。

A. TURE　　　　　　　　　　　　B. −1

C. 1　　　　　　　　　　　　　　　D. 0

（8） fseek 函数的正确调用形式是（　　）。

A. fseek(文件指针,起始点,位移量);　　　B. fseek(文件指针,位移量,起始点);

C. fseek(位移量,起始点,文件指针);　　　D. fseek(起始点,位移量,文件指针);

（9）若 *fp* 是指向某文件的指针且已读到文件末尾,则函数 feof(*fp*)的返回值是（　　）。

A. EOF　　　　　　　　　　　　　B. −1

C. 1　　　　　　　　　　　　　　　D. NULL

（10） 函数 fseek(*pf*,OL, SEEK_END)中的 SEEK_END 代表的起始点是（　　）。

A. 文件开始　　　　　　　　　　　B. 文件末尾

C. 文件当前位置　　　　　　　　　D. 以上都不对

2. 填空题

（1） 如果 ferro(*fp*)的返回值为一个非 0 值，表示为 _____。

（2） fseed(*fp*,100L,1)函数的功能是 _____。

（3） 对磁盘文件的操作顺序是先 _____ ，后读写，最后关闭。

（4） 系统的标准输入文件是指 _____。

（5） 当顺利执行了文件关闭操作后 fclose()的返回值是 _____。

3. 编程题

把文本文件 B 中的内容追加到文本文件 A 中的内容之后，如文件 B 中的内容为 "I'm ten"；文件 A 中的内容为 "I'm a student！"，追加之后文件 A 中的内容为 "I'm a student！I'm ten."。

附录　C 语言常用的库函数

　　库函数并不是 C 语言的一部分，它是由编译系统根据一般用户的需要编写并提供给用户使用的一组程序。每一种 C 编译系统都提供了一批库函数，不同的编译系统所提供的库函数的数目和函数名，以及函数功能是不完全相同的。ANSI C 标准提出了一批建议提供的标准库函数，其中包括了目前多数 C 编译系统所提供的库函数，但也有一些是某些 C 编译系统未曾实现的。考虑通用性，本附录列出 ANSI C 建议的常用库函数。

　　由于 C 库函数的种类和数目很多，如还有屏幕和图形函数、时间日期函数、与系统有关的函数等，每一类函数又包括各种功能的函数。限于篇幅，本附录不能全部介绍，只从教学需要的角度列出最基本的库函数。读者在编写 C 程序时可根据需要查阅有关系统的函数使用手册。

1. 数学函数

使用数学函数时，应该在源文件中使用预编译命令：

```
#include <math.h>
```

或

```
#include "math.h"
```

函 数 名	函数原型	功　　能	返 回 值
acos	double acos(double x);	计算 arccos x 的值，其中 $-1 \leqslant x \leqslant 1$	计算结果
asin	double asin(double x);	计算 arcsin x 的值，其中 $-1 \leqslant x \leqslant 1$	计算结果
atan	double atan(double x);	计算 arctan x 的值	计算结果
atan2	double atan2(double x, double y);	计算 arctan x/y 的值	计算结果
cos	double cos(double x);	计算 cos x 的值，其中 x 的单位为弧度	计算结果
cosh	double cosh(double x);	计算 x 的双曲余弦 cosh x 的值	计算结果
exp	double exp(double x);	求 e^x 的值	计算结果
fabs	double fabs(double x);	求实型 x 的绝对值	计算结果
floor	double floor(double x);	求出不大于 x 的最大整数	该整数的双精度实数
fmod	double fmod(double x, double y);	求整除 x/y 的余数，% 只适用于整型数据	返回余数的双精度实数
frexp	double frexp(double *val*, int *eptr);	把双精度数 *val* 分解成数字部分（尾数）和以 2 为底的指数，即 val=$x*2^n$, n 存放在 eptr 指向的变量中	数字部分 x $0.5 \leqslant x < 1$

函 数 名	函数原型	功　　能	返 回 值
log	double log(double x);	求 lnx 的值	计算结果
log10	double log10(double x);	求 $\log_{10}x$ 的值	计算结果
modf	double modf(double val, int *iptr);	把双精度数 val 分解成数字部分和小数部分，把整数部分存放在 ptr 指向的变量中	val 的小数部分
pow	double pow(double x, double y);	求 x^y 的值	计算结果
sin	double sin(double x);	求 sin x 的值，其中 x 的单位为弧度	计算结果
sinh	double sinh(double x);	计算 x 的双曲正弦函数 sinh x 的值	计算结果
sqrt	double sqrt (double x);	计算 $\sqrt{x}$，其中 x≥0	计算结果
tan	double tan(double x);	计算 tan x 的值，其中 x 的单位为弧度	计算结果
tanh	double tanh(double x);	计算 x 的双曲正切函数 tanh x 的值	计算结果
log10	double log10 (double);	计算以 10 为底的对数	计算结果
log	double log (double);	求以 e 为底的对数	计算结果
sqrt	double sqrt (double);	开平方	计算结果
cabs	double cabs(struct　complex znum);	求复数的绝对值	计算结果
ceil	double ceil (double);	取上整，返回不比 x 小的最小整数	计算结果
floor	double floor (double);	取下整，返回不比 x 大的最大整数，即高斯函数[x]	计算结果

2. 字符函数

在使用字符函数时，应该在源文件中使用预编译命令：

```
#include <ctype.h>
```

或：

```
#include "ctype.h"
```

函 数 名	函数原型	功　　能	返 回 值
isalnum	int isalnum(int ch);	检查 ch 是否字母或数字	是字母或数字，返回 1；否则返回 0
isalpha	int isalpha(int ch);	检查 ch 是否字母	是字母，返回 1；否则返回 0
iscntrl	int iscntrl(int ch);	检查 ch 是否控制字符（其 ASCII 码在 0 和 0xlF 之间，数值为 0～31）	是控制字符，返回 1；否则返回 0
isdigit	int isdigit(int ch);	检查 ch 是否数字（0～9）	是数字，返回 1；否则返回 0
isgraph	int isgraph(int ch);	检查 ch 是否是可打印（显示）字符（0x21～0x7e），不包括空格	是可打印字符，返回非 0；否则返回 0
islower	int islower(int ch);	检查 ch 是否是小写字母（a～z）	是小字母，返回非 0；否则返回 0
isprint	int isprint(int ch);	检查 ch 是否是可打印字符（其 ASCII 码在 0x21～0x7e 之间），包括空格	是可打印字符，返回 1；否则返回 0
ispunct	int ispunct(int ch);	检查 ch 是否是标点字符（不包括空格）即除字母、数字和空格以外的所有可打印字符	是标点，返回 1；否则返回 0
isspace	int isspace(int ch);	检查 ch 是否空格、跳格符（制表符）或换行符	是，返回 1；否则返回 0
isupper	int isupper(int ch);	检查 ch 是否大写字母（A～Z）	是大写字母，返回 1；否则返回 0

（续表）

函 数 名	函数原型	功　能	返 回 值
isxdigit	int isxdigit(int *ch*);	检查 *ch* 是否一个 16 进制数字 （即 0～9，或 A～F，a～f）	是，返回 1；否则返回 0
tolower	int tolower(int *ch*);	将 *ch* 字符转换为小写字母	返回 *ch* 对应的小写字母
toupper	int toupper(int *ch*);	将 *ch* 字符转换为大写字母	返回 *ch* 对应的大写字母
isascii	int isascii(int *ch*)	测试参数是否是 ASCII 码 0～127	是，返回非 0；否则返回 0

3. 字符串函数

使用字符串中函数时，应该在源文件中使用预编译命令：

```
#include <string.h>
```

或：

```
#include "string.h"
```

函 数 名	函数原型	功　能	返 回 值
memchr	void memchr (void *buf*, char ch, unsigned *count*);	在 *buf* 的前 *count* 个字符中搜索字符 *ch* 首次出现的位置	返回指向 *buf* 中 *ch* 的第 1 次出现的位置指针。若没有找到 *ch*，返回 NULL
memcmp	int memcmp (void *buf1*, void *buf2*, unsigned *count*);	按字典顺序比较由 *buf1* 和 *buf2* 指向的数组的前 *count* 个字符	*buf1*<*buf2*，为负数 *buf1*=*buf2*，返回 0 *buf1*>*buf2*，为正数
memcpy	void *memcpy (void *to*, void *from*, unsigned *count*);	将 *from* 指向的数组中的前 *count* 个字符复制到 *to* 指向的数组中。*From* 和 *to* 指向的数组不允许重叠	返回指向 *to* 的指针
memove	void *memove (void *to*, void *from*, unsigned *count*);	将 *from* 指向的数组中的前 *count* 个字符复制到 *to* 指向的数组中。*From* 和 *to* 指向的数组不允许重叠	返回指向 *to* 的指针
memset	void *memset (void *buf*, char ch, unsigned *count*);	将字符 *ch* 复制到 *buf* 指向的数组前 *count* 个字符中。	返回 *buf*
strcat	char *strcat (char *str1*, char *str2*);	把字符 *str2* 接到 *str1* 后面，取消原来 *str1* 最后面的串结束符'\0'	返回 *str1*
strchr	char *strchr (char *str*,int ch);	找出 *str* 指向的字符串中第 1 次出现字符 *ch* 的位置	返回指向该位置的指针，如找不到，则应返回 NULL
strcmp	int *strcmp(char *str1*, char *str2*);	比较字符串 *str1* 和 *str2*	若 *str1*<*str2*，为负数 若 *str1*=*str2*，返回 0 若 *str1*>*str2*，为正数
strcpy	char *strcpy (char *str1*, char *str2*);	把 *str2* 指向的字符串复制到 *str1* 中去	返回 *str1*
strlen	unsigned intstrlen (char *str*);	统计字符串 *str* 中字符的个数（不包括终止符'\0'）	返回字符个数
strncat	char *strncat (char *str1*, char *str2*, unsigned *count*);	把字符串 *str2* 指向的字符串中最多 *count* 个字符连到串 *str1* 后面，并以 NULL 结尾	返回 *str1*

（续表）

函 数 名	函 数 原 型	功　　能	返 回 值
strncmp	int strncmp (char *str1,*str2, unsigned count);	比较字符串 str1 和 str2 中至多前 count 个字符	若 str1<str2，为负数 若 str1=str2，返回 0 若 str1>str2，为正数
strncpy	char *strncpy (char *str1,*str2, unsigned count);	把 str2 指向的字符串中最多前 count 个字符复制到串 str1 中	返回 str1
strnset	void *setnset (char *buf, char ch, unsigned count);	将字符 ch 复制到 buf 指向的数组前 count 个字符中	返回 buf
strset	void *setset (void *buf, char ch);	将 buf 所指向的字符串中的全部字符都变为字符 ch	返回 buf
strstr	char *strstr (char *str1,*str2);	寻找 str2 指向的字符串在 str1 指向的字符串中首次出现的位置	返回 str2 指向的字符串首次出向的地址，否则返回 NULL
strnicmp	intstrnicmp (char *str1, char *str2, unsigned maxlen);	将一个串中的一部分与另一个串比较，不区分大小写	当 str1<str2 时，返回值是-1; 当 str1=str2 时，返回值是 0; 当 str1>str2 时，返回值是 1
strcspn	int strcspn(char *str1, char *str2);	strcspn()从参数 str1 字符串的开头计算连续的字符，而这些字符都完全不在参数 str2 所指的字符串中。简单地说，若 strcspn()返回的数值为 n，则代表字符串 str1 开头连续有 n 个字符都不含字符串 str2 内的字符	返回字符串 str1 开头连续不含字符串 str2 内的字符数目
strdup	char *strdup (char *str);	将串复制到新建的位置处	返回一个指针，指向为复制字符串分配的空间。如果分配空间失败，则返回 NULL 值
strpbrk	char *strpbrk (char *str1, char *str2);	在串中查找给定字符集中的字符	返回 str1 中第 1 个满足条件的字符的指针，如果没有匹配字符，则返回空指针 NULL
strrchr	char *strrchr (char *str, char c);	查找一个字符 c 在另一个字符串 str 中末次出现的位置（也就是从 str 的右侧开始查找字符 c 首次出现的位置），并返回这个位置的地址。如果未能找到指定字符，那么函数将返回 NULL	使用这个地址返回从最后一个字符 c 到 str 末尾的字符串
strrev	char *strrev (char *str);	串倒转	返回指向颠倒顺序后的字符串指针
Strtod（strtol）	double strtod (char *str, char **endptr);	将字符串转换为 double 型值，strtol 为长整型	返回转换后的浮点型数
swab	void swab (char *from, char *to, int nbytes);	交换字节	计算结果

4.　输入/输出函数

在使用输入/输出函数时，应该在源文件中使用预编译命令：

```
#include <stdio.h>
```

或：

```
#include "stdio.h"
```

函 数 名	函数原型	功　　能	返 回 值
clearerr	void clearer(FILE *fp);	清除文件指针错误指示器	无
close	int close(int fp);	关闭文件（非 ANSI 标准）	关闭成功，返回 0；不成功，返回 -1
creat	int creat(char *filename, int mode);	以 mode 所指定的方式建立文件（非 ANSI 标准）	成功，返回正数；否则返回-1
eof	int eof(int fp);	判断 fp 所指的文件是否结束	文件结束，返回 1；否则返回 0
fclose	int fclose(FILE *fp);	关闭 fp 所指的文件，释放文件缓冲区	关闭成功，返回 0；不成功，返回 非 0
feof	int feof(FILE *fp);	检查文件是否结束	文件结束，返回非 0；否则返回 0
ferror	int ferror(FILE *fp);	测试 fp 所指的文件是否有错误	无错，返回 0；否则返回非 0
fflush	int fflush(FILE *fp);	将 fp 所指的文件的全部控制信息和数据存盘	存盘正确，返回 0；否则返回非 0
fgets	char *fgets(char *buf, int n, FILE *fp);	从 fp 所指的文件读取一个长度为 (n-1) 的字符串，存入起始地址为 buf 的空间	返回地址 buf。若遇文件结束或出错，则返回 EOF
fgetc	int fgetc(FILE *fp);	从 fp 所指的文件中取得下一个字符	返回所得到的字符，出错返回 EOF
fopen	FILE *fopen(char *filename, char *mode);	以 mode 指定的方式打开名为 filename 的文件	成功，则返回一个文件指针；否则返回 0
fprintf	int fprintf(FILE *fp, char *format,args,…);	把 args 的值以 format 指定的格式输出到 fp 所指的文件中	实际输出的字符数
fputc	int fputc(char ch, FILE *fp);	将字符 ch 输出到 fp 所指的文件中	成功，返回该字符，出错返回 EOF
fputs	int fputs(char str, FILE *fp);	将 str 指定的字符串输出到 fp 所指的文件中	成功，返回 0；出错返回 EOF
fread	int fread(char *pt, unsigned size, unsigned n, FILE *fp);	从 fp 所指定文件中读取长度为 size 的 n 个数据项，存到 pt 所指向的内存区	返回所读的数据项个数，若文件结束或出错，返回 0
fscanf	int fscanf(FILE *fp, char *format,args,…);	从 fp 指定的文件中按给定的 format 格式将读入的数据送到 args 所指向的内存变量中（args 是指针）	输入的数据个数
fseek	int fseek(FILE *fp, long offset, int base);	将 fp 指定的文件的位置指针移到 base 所指出的位置为基准，以 offset 为位移量的位置	返回当前位置，否则返回-1
ftell	long ftell(FILE *fp);	返回 fp 所指定的文件中的读写位置	返回文件中的读写位置，否则返回 0
fwrite	int fwrite(char *ptr, unsigned size, unsigned n, FILE *fp);	把 ptr 所指向的 n*size 个字节输出到 fp 所指向的文件中	写到 fp 文件中的数据项的个数
getc	int getc(FILE *fp);	从 fp 所指向的文件中的读出下一个字符	返回读出的字符，若文件出错或结束，返回 EOF
getchar	int getchar();	从标准输入设备中读取下一个字符	返回字符，若文件出错或结束，返回-1
gets	char *gets(char *str);	从标准输入设备中读取字符串存入 str 指向的数组	成功，返回 str；否则返回 NULL

函 数 名	函数原型	功　　能	返 回 值
open	int open(char *filename, int *mode*);	以 *mode* 指定的方式打开已存在的名为 *filename* 的文件（非 ANSI 标准）	返回文件号（正数），如打开失败，返回-1
printf	int printf(char *format*,*args*,…);	在 *format* 指定的字符串的控制下，将输出列表 *args* 的内容输出到标准设备	输出字符的个数。若出错，返回负数
prtc	int prtc(int *ch*, FILE *fp*);	把一个字符 *ch* 输出到 *fp* 所值的文件中	输出字符 *ch*，若出错，返回 EOF
putchar	int putchar(char *ch*);	把字符 *ch* 输出到 *fp* 所指的标准输出设备	返回换行符，若失败，返回 EOF
puts	int puts(char *str*);	把 *str* 指向的字符串输出到标准输出设备，将'\0'转换为回车行	返回换行符，若失败，返回 EOF
putw	int putw(int *w*, FILE *fp*);	将一个整数 i（即一个字）写到 *fp* 所指的文件中（非 ANSI 标准）	返回读出的字符,若文件出错或结束，返回 EOF
read	int read(int *fd*, char *buf*, unsigned *count*);	从文件号 *fp* 所指定文件中读 *count* 个字节到由 *buf* 指定的缓冲区（非 ANSI 标准）	返回实际读出的字节个数,如文件结束，返回 0；出错，返回-1
remove	int remove(char *fname*);	删除以 *fname* 为文件名的文件	成功，返回 0；出错，返回-1
rename	int remove(char *oname*, char *nname*);	把 *oname* 所指的文件名改为由 *nname* 所指的文件名	成功，返回 0；出错，返回-1
rewind	void rewind(FILE *fp*);	将 *fp* 指定的文件指针置于文件头，并清除文件结束标志和错误标志	无
scanf	int scanf(char *format*,*args*,…);	从标准输入设备按 *format* 指示的格式字符串规定的格式，输入数据给 *args* 所指示的单元，*args* 为指针	读入并赋给 *args* 数据个数。如文件结束，返回 EOF；若出错，返回 0
write	int write(int *fd*, char *buf*, unsigned *count*);	丛 *buf* 指示的缓冲区输出 *count* 个字符到 *fd* 所指的文件中（非 ANSI 标准）	返回实际写入的字节数，如出错，返回-1

5. 动态存储分配函数

在使用动态存储分配函数时，应该在源文件中使用预编译命令：

```
#include <stdlib.h>
```

或：

```
#include "stdlib.h"
```

函 数 名	函数原型	功　　能	返 回 值
callloc	void *calloc(unsigned *n*, unsigned *size*);	分配 *n* 个数据项的内存连续空间，每个数据项的大小为 *size*	分配内存单元的起始地址，如不成功，返回 0
free	void free(void *p);	释放 *p* 所指内存区	无
malloc	void *malloc(unsigned *size*);	分配 *size* 字节的内存区	所分配的内存区地址，如内存不够，返回 0
realloc	void *realloc(void *p, unsigned *size*);	将 *p* 所指的以分配的内存区的大小改为 *size*，*size* 可以比原来分配的空间大或小	返回指向该内存区的指针。若重新分配失败，返回 NULL

6. 其他函数

有些函数由于不便归入某一类，所以单独列出。使用这些函数时，应该在源文件中使用预编译命令：

```
#include <stdlib.h>
```

或：

```
#include "stdlib.h"
```

函 数 名	函 数 原 型	功　　能	返 回 值
abs	int abs(int *num*);	计算整数 *num* 的绝对值	返回计算结果
atof	double atof(char *str*);	将 *str* 指向的字符串转换为一个 double 型的值	返回双精度计算结果
atoi	int atoi(char *str*);	将 *str* 指向的字符串转换为一个 int 型的值	返回转换结果
atol	long atol(char *str*);	将 *str* 指向的字符串转换为一个 long 型的值	返回转换结果
exit	void exit(int *status*);	中止程序运行，将 *status* 的值返回调用的过程	无
itoa	char *itoa*(int n, char *str*, int *radix*);	将整数 *n* 的值按照 *radix* 进制转换为等价的字符串，并将结果存入 *str* 指向的字符串中	返回一个指向 *str* 的指针
labs	long *labs*(long *num*);	计算 long 型整数 *num* 的绝对值	返回计算结果
ltoa	char *ltoa(long n, char *str*, int *radix*);	将长整数 *n* 的值按照 *radix* 进制转换为等价的字符串，并将结果存入 *str* 指向的字符串	返回一个指向 *str* 的指针
rand	int *rand*(void);	产生 0~32 767 间的随机整数（0~0x7fff 之间）	返回一个伪随机（整）数
random	int *random*(int *num*);	产生 0~*num* 之间的随机数	返回一个随机（整）数
randomize	void *randomize*();	初始化随机函数，使用时包括头文件 time.h	
putenv	int *putenv*(const char *name*);	将字符串 *name* 增加到 DOS 环境变量中	0，操作成功，-1，操作失败
ecvt	char *ecvt*(double *value*,int *ndigit*,int *dec*,int *sign*);	将浮点数转换为字符串 *Value* 为待转换的浮点数，*ndigit* 为转换后的字符串长度	转换后的字符串指针

反侵权盗版声明

电子工业出版社依法对本作品享有专有出版权。任何未经权利人书面许可，复制、销售或通过信息网络传播本作品的行为；歪曲、篡改、剽窃本作品的行为，均违反《中华人民共和国著作权法》，其行为人应承担相应的民事责任和行政责任，构成犯罪的，将被依法追究刑事责任。

为了维护市场秩序，保护权利人的合法权益，我社将依法查处和打击侵权盗版的单位和个人。欢迎社会各界人士积极举报侵权盗版行为，本社将奖励举报有功人员，并保证举报人的信息不被泄露。

举报电话：（010）88254396；（010）88258888

传　　真：（010）88254397

E-mail：　dbqq@phei.com.cn

通信地址：北京市万寿路南口金家村 288 号华信大厦

　　　　　电子工业出版社总编办公室

邮　　编：100036